동국여지지

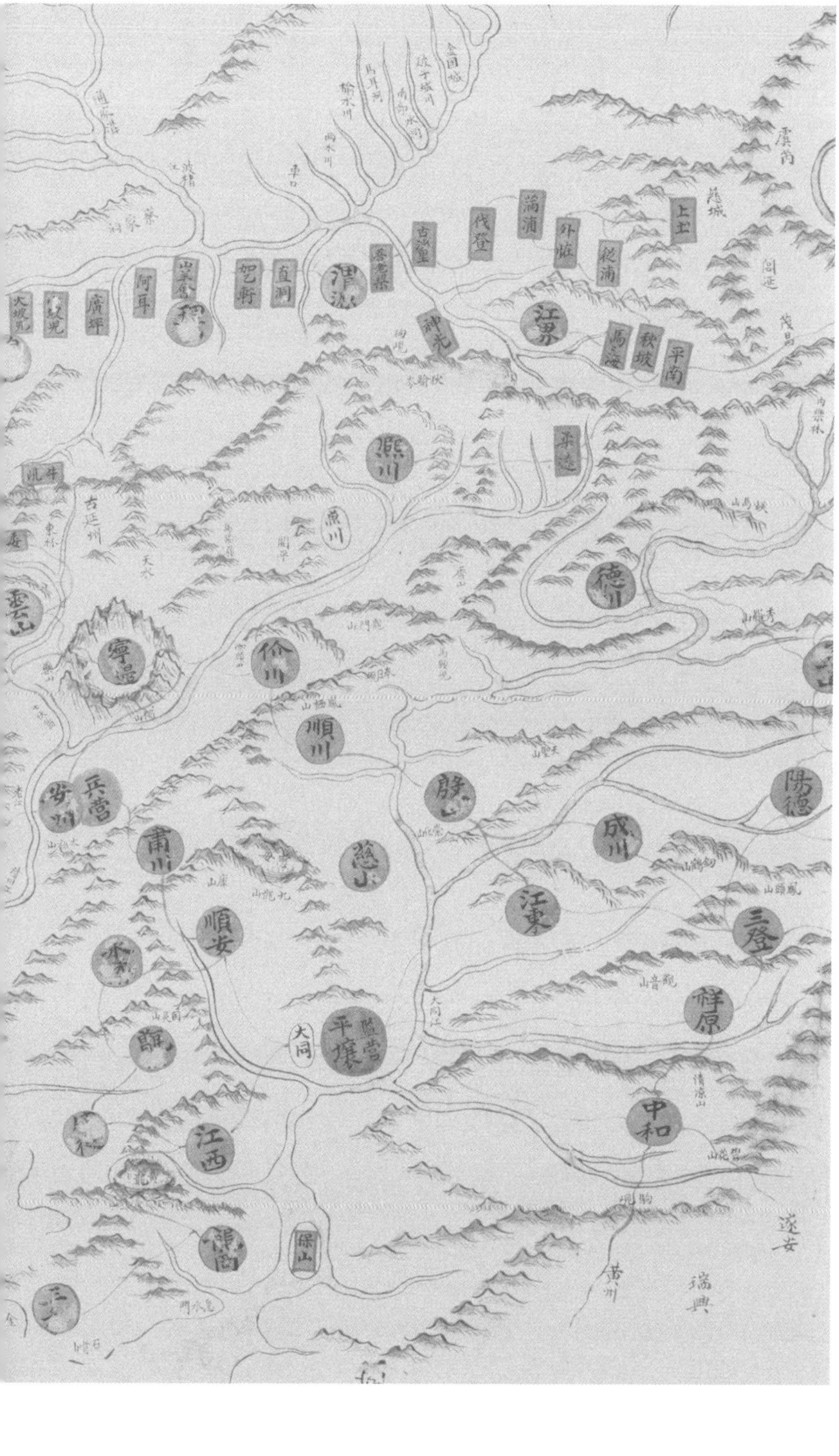

동국여지지 9

평안도

유형원 지음
오세옥 옮김

한국고전번역원

일러두기

1. 이 책의 번역 대본은 서울대학교 규장각한국학연구원 소장 《동국여지지(東國輿地志)》(古4790-51)를 저본으로 한 한국고전번역원 《교감표점 한국고전총간 지리류 5-7 동국여지지 Ⅰ~Ⅲ》이다.
2. 역주는 내용이 간단하면 간주(間註)로, 길면 각주(脚註)로 처리하였다.
3. 한자는 필요한 경우 이해를 돕기 위하여 넣었으며, 운문(韻文)은 원문을 병기하였다.
4. 원문의 오류를 수정하였거나 오류가 의심되는 경우, 교감자료와 중요한 자구(字句)에서 차이가 있는 경우에는 그 내용을 각주로 밝혔다.
5. '한글 맞춤법'의 용법과 다르거나 새로 만든 문장부호는 다음과 같다.

「 」: ' ' 안의 재인용을 나타낼 때 사용한다.

『 』: 「 」안의 재인용을 나타낼 때 사용한다.

…… : 원문의 '云云'을 처리할 때, 각주에서 긴 인용문을 처리할 때, 각주의 표제어가 네 어절 이상일 경우 생략되는 말을 처리할 때 사용한다.

- - : 본문에서 2차 소자(小字) 및 원문 결락의 처음과 끝에 사용한다.

□ : 원문의 글자가 빠진 빈 난을 표기하거나 '결락과 판독 불가 글자에 대한 지침'에 따라 번역할 때 사용한다.

차례

제9권

평안도

平安道

고조선(古朝鮮) **지역이다. 천문으로 미수**(眉宿)**와 기수**(箕宿) **분야이다. 위조선**(衛朝鮮 위만 조선(衛滿朝鮮)) **때에 한 무제**(漢武帝)**가 조선을 멸하고 사군**(四郡)**을 설치하였는데 여기는 낙랑군**(樂浪郡)**이 되었다.** 기자(箕子) 41세손 조선왕 기준(箕準)이 연(燕)나라 사람 위만(衛滿)의 침략을 받아 남쪽 한(韓)나라 땅으로 달아나자, 위만이 스스로 조선의 왕이 되었다. 그 손자 우거(右渠)에 이르러 한 무제가 원봉(元封) 3년(기원전 108)에 장수를 보내 멸하고 조선 땅을 나누어 사군으로 만들었다. 그중 낙랑군은 조선현(朝鮮縣)을 다스렸으니, 바로 조선의 옛 도읍이고 지금의 평양(平壤)이다. 총서(總敍)[1]에 자세히 보인다.

뒤에 고구려(高句麗) **소유가 되었다.** 낙랑군이 혁파되고 고구려 지역이 되었는데, 어느 때였는지는 자세하지 않다. 《삼국사(三國史)》를 살펴보면 한 광무제(漢光武帝) 건무(建武) 연간에 고구려 대무신왕(大武神王)이 낙랑을 습격하여 멸하자, 건무 20년(44)에 황제가 군사를 보내 바다를 건너 낙랑을 정벌하게 하고 그 땅을 취하여 군현으로 삼았다.[2] 이후 다시 고구려가 낙랑을 취한 일이 없다. 《전한서(前漢書)》와 《후한서(後漢書)》 〈지지(地志)〉를 살펴보면 모두 낙랑군이 있고 그 호구가 모두 자세하니, 《전한서》 〈지지〉에 실린 것은 평제(平帝) 원시(元始) 2년(2)의 호적이고, 《후한서》 〈지지〉에 실린 것은 순제(順帝) 영화(永和) 5년(140)의 호적이다. 또 《후한서》에 이르기를 "소제(昭帝)가 임둔(臨屯)과 진번(眞蕃)을 낙랑과 현도(玄菟)에 병합하고,

1 총서(總敍) : 《동국여지지(東國輿地志)》 권수(卷首)에 실려 있다.

2 한……삼았다 : 《삼국사기(三國史記)》 권14 〈고구려본기(高句麗本紀) 2 대무신왕(大武神王)〉과 《삼국유사(三國遺事)》 권1 〈기이(紀異)〉 낙랑국에 보인다.

현도는 다시 고구려 서북쪽으로 이주시키고, 단단대령(單單大嶺)에서 동쪽으로 옥저(沃沮)와 예맥(穢貊)을 모두 낙랑에 예속시켰다. 뒤에 영지가 광대하다고 하여 다시 영동(嶺東) 7현으로 나누고 낙랑동부도위(樂浪東部都尉)를 설치하였다. 광무제 건무 6년(30)에 도위관(都尉官)을 파하고, 드디어 영동을 버리고 그 거수(渠帥)를 다 봉하여 현후(縣侯)로 삼아 모두 세시(歲時)에 조하(朝賀)하도록 하였다. 또 건무 20년에 한인(韓人)인 염사(廉斯)-고을 이름- 사람 소마시(蘇馬諟) 등이 낙랑에 나아가 조공을 바쳤다. 광무제가 소마시를 봉하여 염사읍군(廉斯邑君)으로 삼고 낙랑군에 예속시켜 사시(四時)로 조알(朝謁)하도록 하였다. 23년(47)에 고구려 잠지락(蠶支落)의 대가(大加)[3] 대승(戴升) 등 1만여 구(口)가 낙랑에 나아가 내속하였다. 또 화제(和帝) 때에 두헌(竇憲)이 최인(崔駰)을 장잠(長岑)의 장관으로 내보냈다. 장잠은 낙랑군 속현이다." 하였다.

또 왕부(王符)의 《잠부론(潛夫論)》에 이르기를 "지금 동쪽으로 낙랑에 이르고 서쪽으로 돈황(燉煌)에 달하여, 만리 땅에서 재력을 낭비하고 민중을 손상시킨다." 하였으니, 왕부는 바로 순제 때 사람이다. 또 "질제(質帝)와 환제(桓帝) 연간에 고구려가 다시 요동(遼東)의 서안평(西安平)을 침공하여 대방 영(帶方令)을 죽이고 낙랑 태수의 처자를 사로잡아 갔다." 하고, 또 "헌제(獻帝) 초평(初平) 연간에 산동(山東)의 여러 장수가 옛 낙랑 태수 장기(張岐)를 보내 제호(帝號)에 대한 논의를 가져가서 유우(劉虞)에게 올리게 하였

3 잠지락(蠶支落)의 대가(大加) : 《삼국사기》 14 〈고구려본기 2〉에는 '잠우락부(蠶友落部)의 대가(大家)'로 되어 있다. 대가는 벼슬 이름이다.

다."[4] 하였다. 또 《삼국지》〈위지(魏志)〉를 살펴보면 "삼한(三韓)은 한(漢)나라 때 낙랑군에 속하여 사시로 조알하였다. 환제와 영제(靈帝) 때 한(韓)과 예(穢)가 강성하여 군현이 제어할 수가 없게 되자 백성들이 대부분 한(韓) 땅에 들어갔다. 헌제 건안(建安) 연간에 공손도(公孫度)[5]가 요동을 점거하고 낙랑의 속현인 둔유(屯有) 이남의 황폐한 땅을 나누어 대방군(帶方郡)으로 삼고, 공손모(公孫模)와 장창(張敞) 등을 보내서 유민을 거두어 모았다. 또 위 명제(魏明帝) 경초(景初) 2년(238)에 사마의(司馬懿)를 보내 공손연(公孫淵)을 멸하고 요동, 대방, 현도, 낙랑 사군을 모두 평정하였다. 명제가 대방 태수 유흔(劉昕)과 낙랑 태수 선우사(鮮于嗣)를 보내 바다를 건너서 2군을 정하게 하였다. 또 위 제왕(魏齊王) 정시(正始) 6년(245)에 낙랑 태수 유무(劉茂)와 대방 태수 궁준(弓遵)이 영동의 예(濊)가 고구려에 예속되었다 하여 군사를 일으켜 정벌하니, 불내예후(不耐濊侯) 등이 고을을 들어 항복하였다. 이에 사시로 군에 나아와 주알하게 하였는데, 2군에 정역(征役)이 있을 때는 대우하기를 백성처럼 하였다." 하였다. 그렇다면 서한(西漢)에서부터 동한(東漢), 조위(曹魏) 세대에 이르기까지 낙랑은 항상 중국의 군이었다.

또 《삼국사》를 살펴보면 "고구려 동천왕(東川王) 21년(247)에 평양으로 도읍을 옮겼다." 하였으니 바로 위나라 정시 8년이다. 이 설에 근거한다면

4 헌제(獻帝)……하였다 : 헌제 초평 2년(191)에 발해 태수(渤海太守) 원소(袁紹)와 기주 자사(冀州刺史) 한복(韓馥)을 비롯한 산동의 여러 장수들이 논의하여 유주목(幽州牧)의 유우(劉虞)를 황제로 추대하고자 한 사실을 말한다. 《後漢書 劉虞列傳》 이 일은 유우가 고사하여 성립되지 않았다.

5 공손도(公孫度) : 《진서(晉書)》〈지리지(地理志)〉 등에도 '공손도'로 되어 있는데, 《삼국지(三國志)》〈위서(魏書) 동이전(東夷傳)〉에는 '공손강(公孫康)'으로 되어 있다.

낙랑군이 파하여 고구려 땅이 된 것이 필시 그 이전의 일일 것이다. 그런데 《진서(晉書)》〈지지(地志)〉에 낙랑과 대방 등 군의 기록이 있고, 《삼국사》에서 또 이르기를 "낙랑 태수가 자객을 보내 백제의 분서왕(汾西王)을 살해하여 나라 사람들이 비류(比流)를 세워 왕으로 삼았다." 하였으니 바로 진 혜제(晉惠帝) 영흥(永興) 1년(304)이다. 위나라 정시 8년 이전에 평양이 이미 고구려 땅이 되었다면 진 혜제 때에 이르러서도 낙랑을 여전히 중국의 군이라 한 것은 어째서인가. 두우(杜佑)의 《통전(通典)》에 이르기를 "낙랑군은 후한 말에 공손씨(公孫氏)의 점거지가 되었다가, 위나라와 진(晉)나라가 또 그 땅을 차지하였고, 서진(西晉) 영가(永嘉) 연간 이후에 고구려에 함락되어 편입되었다." 하였고, 《일통지(一統志)》에도 이르기를 "평양은 한(漢)나라 낙랑군인데, 진나라 영가 말에 고구려에 함락되어 편입되었다." 하였고, 《삼국사》에는 "고구려 미천왕(美川王) 14년(313)에 낙랑을 침공하여 2000여 구를 노획하였고, 15년(314)에 대방군을 침공하였다." 하였는데, 이는 진나라 회제(懷帝), 민제(愍帝) 때에 해당된다. 또 미천왕의 아들 고국원왕(故國原王) 4년(334)에 이르러 평양성(平壤城)을 쌓았다고 하였다. 이로 본다면 낙랑군은 진 회제 영가 이후에 고구려에 편입되었다.

보장왕(寶藏王) 때에 이르러 당 고종(唐高宗)이 이적(李勣)을 보내 신라(新羅)와 협공하여 멸하고, 고구려 땅을 나누어 9도독부(都督府)로 삼고, 안동도호부(安東都護府)를 평양에 설치하여 진무하게 하였다. 당(唐)나라 군사가 이윽고 돌아가자 신라가 그대로 그 남쪽 지경을 거두었는데, 그 지역은 대부분 말갈(靺鞨)과 발해(渤海)에 들어갔다. 당나라 총장(總章) 1년(668)에 고구려를 멸하고 안동도호부를 평양에 설치하고는 설인귀(薛仁貴)를 안동도호 총병으로 삼아 진무하게 하였다. 이듬해 고구려

민가 3만 호(戶)를 강회(江淮)와 산남(山南)으로 이주시켰는데, 고구려 대형(大兄) 검모잠(劍牟岑)이 유민들을 거두어 모아 부흥을 꾀하고자 하자 고간(高侃)에게 조서를 보내 정벌하게 하였다. 상원(上元) 2년(675)에 도호부의 치소를 요동주(遼東州)로 옮겼는데, 이때에 평양이 누차 전란으로 파괴되어서 군대를 주둔시킬 수 없었으므로 의봉(儀鳳) 2년(677)에 도호부의 치소를 또 요동의 신성(新城)으로 옮겼다. 그 뒤에 고구려 남쪽 경계가 신라에 편입되었고 그 서북쪽 지역은 대부분 말갈과 발해에 들어갔다.

경덕왕(景德王) 때에 패강(浿江) 이남을 한주(漢州)에 예속시켰다. 고려(高麗) 초에 평양을 정비하고 재건하여 서경(西京)으로 삼았다. 성종(成宗) 때에 패서도(浿西道)를 설치하여 서경, 안북(安北) 소관인 주(州)와 진(鎭)을 관할하게 하였으며, 그 뒤에 북계(北界)라고 칭하였다. 동계(東界)에 대해서는 서계(西界)가 된다. 숙종(肅宗) 때에 서북면(西北面)이라고 개칭하였고, 원종(元宗) 때에 서경 및 여러 성이 배반하여 원(元)나라에 붙으니, 원나라에서 동녕로(東寧路)라고 하고 자비령(慈悲嶺)으로 경계를 정하였다. 충렬왕(忠烈王) 때에 원나라가 비로소 우리에게 돌려주어 다시 여러 성을 설치하고, 원종 10년(1269)에 서북면병마사영 기관(西北面兵馬使營記官) 최탄(崔坦), 삼화현 교위(三和縣校尉) 이연령(李延齡) 등이 난을 일으켜 서경 유수(西京留守)를 살해하고 서경 및 여러 성을 가지고 배반하여 원나라에 붙었다. 원나라가 동녕로라고 하고 자비령으로 경계를 삼았으니, 서북면 54개 성이 모두 원나라에 함몰되었다. 22년이 지난 충렬왕 16년(1290)에 이르러 원나라가 비로소 돌려주었다. 다시 서북면이라고 불렀다. 그 뒤에 서해도(西海道)의 황주목(黃州牧), 안악군(安岳郡), 철화현(鐵和縣), 장명진(長命鎭)을 예속시켰다가 신우(辛禑) 때 도로 서해도에 예속시켰다.

본조 태종(太宗) 때에 고쳐 평안도로 삼았다. 태종 때 영길도(永吉道)의 갑산군(甲山郡) 서면(西面), 여연(閭延) 등지가 본도와의 거리가 너무 멀다는 이유로 소훈두(小薰頭) 서쪽을 떼어 내 여연군(閭延郡)으로 삼았다. 세종조(世宗朝)에 다시 여연의 상무로(上無路)와 우예(虞芮) 등지를 나누어 무창(茂昌)과 우예 2군을 설치하여 예속시켰다. 세조 1년(1455)에 모두 파하고 그 백성들을 내지로 옮겼다. **관할 지역은 부(府) 1개, 대도호부(大都護府) 1개, 목(牧) 3개, 도호부(都護府) 6개, 군(郡) 18개, 현(縣) 13개이다.**

관원

관찰사(觀察使) 1인이다.

병마절도사(兵馬節度使) 2인이다. 1인은 관찰사가 겸한다.

수군절도사(水軍節度使) 2인이다. 1인은 관찰사가 겸하고, 1인은 병마절도사가 겸한다.

병마우후(兵馬虞候), **도사**(都事), **병마평사**(兵馬評事) 각 1인이다.

심약(審藥) 2인이다. 1인은 관찰사도(觀察使道)에, 1인은 절도사도(節度使道)에 둔다.

검률(檢律) 1인이다.

평양부 平壤府

동쪽으로 상원군(祥原郡) 경계까지 50리, 강동현(江東縣) 경계까지 47리이다. 남쪽으로 중화군(中和郡) 경계까지 36리이다. 서쪽으로 강서현(江西縣) 경계까지 57리, 증산현(甑山縣) 경계까지 72리이다. 북쪽으로 순안현(順安縣) 경계까지 49리, 자산군(慈山郡) 경계까지 61리이다. 서울과의 거리는 582리이다.

한전 旱田

수전 水田

건치연혁 建置沿革

본래 단군 조선(檀君朝鮮) 옛 도읍이다. 주 무왕(周武王) 때에 기자(箕子)가 조선에 봉해져서 이곳에 도읍하였고, 전승되어 41세손 기준(箕準)에 이르렀는데 거의 928년이다. 연(燕)나라 사람 위만(衛滿)이 습격하여 점거하고 왕검성(王儉城)으로 삼았다. 그 손자 우거(右渠)에 이르러 한 무제(漢武帝)가 조선을 멸하고 여기에 조선현(朝鮮縣)을 설치하여 낙랑군(樂浪郡) 치소로 삼았다. 서진(西晉) 말에 고구려가 그 땅을 병합하여 평양성(平壤城)이라고 불렀고, 장수왕(長壽王) 15년(427)에 환도성(丸都城)에서 이곳으로 도읍을 옮겼는데, 보장왕(寶藏王) 27년(668)에 이르러 당 고종(唐高宗)이 이적(李勣)을 보내 신라와 함께 고구려를 멸하고 나서 《삼국사(三國史)》 〈고구려지지(高句麗地志)〉에 "장수왕 15년에 도읍을 국내성(國內城)에서 평양으로 옮겼다." 하였는데, 그 〈본기(本紀)〉에는 "산상왕(山上王) 13년(209)에 도읍을 국내성에서 환도성으로 옮겼고, 동천왕(東川王) 21년(247)에 도읍을 평양으로 옮겼으며, 고국원왕(故國原王) 12년(342)에 다시 환도로 옮겼고, 14년(344)에 도로 평양 동황성(東黃城)으로 옮겼다가 장수왕 15년에 다시 평양성에 도읍하였다." 하였으니, 두 가지 설이 서로 어긋난다. 살피건대 두우(杜佑)의 《통전(通典)》에는 "고구려는 동진(東晉) 이후부터 평양성에 거주하였으며 또한 장안성(長安城)이라고도 하였다." 하였고, 《원사(元史)》 〈지지(地志)〉에는 "고구려의 평양성을 또 장안성이라고 하니 한(漢)나라의 낙랑군이다. 진(晉)나라 의희(義熙) 연간 뒤에 그 왕 고련(高璉)이 처음으로 평양성에 거주하였다." 하였고, 《일통지(一統志)》에도 "평양은 바로 한나라 낙랑군의 치소이다. 진나라 의희 연간 뒤에 그 왕 고련이 처음으로 이 성에 거주하였다." 하였으니, 그렇다면 장수왕이 처음 평양에 도읍하였다고 말한 것이 맞을 듯하다. 그러나 산상왕부터 장수왕에 이르기까지 11대 왕 200여 년 사이에 〈본기〉에서 위(魏) 관구검(毌丘儉)과 연(燕) 모용씨(慕容氏)와의 싸움으로 환도성 등이 파괴되었다고 기록한 사실이 위나라와 진나라의 여러 사서(史書)에 부합되니, 국내에서 환도로 옮기고 환도에서 평양으로 옮긴 것은 매우 분명한데, "장수왕이 국내에서 평양으로 옮겼다."라고 한 것은 필시 탈오가 있다. 또 장수왕 이전의 〈본기〉에 실린 내용에는 평양에 거주한 때의 일이 많이 나타나니, 고구려가 평양을 얻은 것은 이미 장수왕 이전의 사실이다. 어찌 이리저리 옮겨 다니다가 장수왕에 이르러서야 도읍으로 정하였겠는가. 고구려가 평양에 도읍을 정한 것이 무릇 230여 년이고, 환도성은 지금 그 소재를 알지 못하는데, 《신당서(新唐書)》 〈지리지(地理志)〉에 "등주(登州) 동북쪽 바닷길은 바다를 건너 압록강(鴨綠江) 어귀에서 배로 100여 리를 가서 이어 작은 배로 물살을 거슬러 동북쪽으로 30리를 올라가면 박작(泊汋) 어귀에 이르러-바로 옛 안평현(安平縣)이다.- 발해의 지경을 만난다. 거기서 또 물살을 거슬러 500리를 가면 환도성에 이른다." 하였다. 그렇다면 환도성은 의당 압록강 동북쪽, 요동(遼東)의 동남쪽에 있어야 한다. 또 당(唐)나라 총장(總章) 2년(669)에 영국공(英國公) 이적이 주달한 장계에 이르기를 "압록강 이북으로 항복하지 않은 성이 11개인데, 그 하나는 안시성(安市城)으로 옛 이름은 안촌홀(安寸忽)이고 혹 환도성이라고도 합니다." 하였으니, 만약 이 말에 근거하면 이른바 안시성이 바로 환도성인가. 안시성은 개주위(蓋州衛) 동북쪽 70리에 있으니, 서로 전하는 말로는 지금의 봉황성(鳳凰城)이 바로 여기라고 한다. 이곳에 안동도호부(安東都護府)를 설치하고 군대를 주둔시켜 진무하였다.

당나라 군대가 이윽고 돌아가자 그 지역이 이후 모두 황폐해졌다. 《고려사(高麗史)》 〈지지(地志)〉에 "그 지역이 모두 신라에 편입되었다."라고 한 것은 잘못되었으니, 《삼국사》 〈지지〉를 상고해 보면 알 수 있다. 고려(高麗) 태조(太祖)가 평양대도호부(平壤大都護府)를 설치하고, 염주(鹽州), 백주(白州), 황주(黃州), 봉주(鳳州) 백성들을 이주시켜 채운 다음 고려 태조가 즉위하여 뭇 신하들에게 이르기를 "평양은 옛 도읍인데 황폐해진 지가 이미 오래되어 가시덤불만 무성하고 번방인들이 그 안에서 사냥하여 그로 인해 군읍이 해를 입고 있다." 하고 이에 염주, 백주, 황주, 봉주 백성들을 이주시켜 채우고, 대도호부로 삼아 왕식렴(王式廉)에게 가서 진무하도록 명하였다. 얼마 뒤에 서경(西京)으로 삼았다. 광종(光宗) 때에 이름을 서도(西都)로 고치고, 성종(成宗) 때에 도로 서경이라고 칭하였다. 목종(穆宗) 초에 또 호경(鎬京)으로 고쳤다. 문종(文宗) 때에 다시 서경으로 삼고, 경기(京畿) 4도(道)를 설치하였다. 인종(仁宗) 때에 묘청(妙淸)의 난을 토벌하고 경기 4도를 떼어 내 6현(縣)을 설치하였다. 원종(元宗) 10년(1269)에 최탄(崔坦) 등이 모반하여 서경 및 여러 성을 가지고 원(元)나라에 귀부(歸附)하니,[6] 원나라가 서경을 동녕총관부(東寧總管府)로 삼았다. 충렬왕(忠烈王) 16년(1290)에 이르러 원나라가 비로소 우리에게 돌려주어 다시 서경 유수(西京留守)를 설치하였다. 공민왕(恭愍王) 때에 고쳐 평양부로 삼았다. 본조에서 그대로 따랐다. 세조(世祖) 때에 진(鎭)을 설치하였다. 관장하는 면은 20개이다. 도내의 주, 현, 각 면은 모두 방(坊)이라고 칭한다. 본부에 또 4부(部)를 설치하였으니, 부내(府內) 및 성 밖 서쪽, 남쪽, 북쪽 10리를 인흥부(仁興部)라고 하고 □□개 방을 관할하고, 부 동쪽 지계를 예안부(禮安部)라고 하고 □□개 방을 관할하고, 서쪽 지계를 의흥부(義興部)라고 하고 □□개 방을 관할하고, 북쪽 지계를 지안부(智安部)라고 하고 □□개 방을 관할한다.

6 원종(元宗)……귀부(歸附)하니 : 최탄(崔坦)이 원종의 동생인 안경공(安慶公) 왕창(王淐)을 세운 임연(林衍)을 친다는 구실로 한신(韓愼) 등과 난을 일으켜 서경(西京)을 비롯한 북계의 54성 및 자비령(慈悲嶺) 이북의 6성을 탈취하여 원나라에 귀부하였다.《高麗史 卷58 地理志3, 卷130 崔坦列傳》

진관

군(郡) 1개 중화(中和)

현(縣) 6개 용강(龍岡), 삼화(三和), 강서(江西), 증산(甑山), 순안(順安), 함종(咸從)

관원

부윤(府尹) 1인이다. 관찰사가 겸한다.

서윤(庶尹), 판관(判官), 교수(敎授), 역학훈도(譯學訓導) 각 1인이다.

군명 郡名

조선성(朝鮮城), 옛 이름이다. 한(漢)나라 때 그대로 조선현(朝鮮縣)으로 삼았다. 왕검성(王儉城), 낙랑(樂浪), 장안(長安), 《당서(唐書)》에 "평양을 또한 장안성(長安城)이라고 한다." 하였다. 서경(西京), 호경(鎬京) 별호는 기성(箕城)이고, 유경(柳京)이라고도 불렀다.

형승 形勝

지경은 험한 바다에 임했고, 땅은 북쪽 변새에 잇닿았다. 《고려사》

북쪽은 산을 등지고, 삼면(三面)은 물로 막혀 있다. 《고려사》 〈김부식전(金富軾傳)〉에 "서경은 북쪽은 산을 등지고, 삼면이 물에 막혀 있다." 하였다.

서북쪽을 제어한다. 고려 이색(李穡)의 〈풍월루기(風月樓記)〉[7]에 "나라의 근간이 되어서 서북쪽을 제어한다." 하였다.

먼 산이 들을 에워싸고 긴 강이 성곽을 감돈다. 본조 권근(權近)의 〈부벽루기(浮碧樓記)〉[8]에 "먼 산이 들을 에워싸고 긴 강이 성곽을 감돈다."[9] 하였고, 또 이르기를 "아래로 긴 강을 굽어보고 멀리 광야(曠野)에 임하였다." 하였다.

땅이 가장 평탄하고 넓다. 명(明)나라 동월(董越)의 〈조선부(朝鮮賦)〉에 "오직 저 서경은 땅이 가장 평탄하고 넓다. 지세에 따라 이름을 붙였으니, 이로써 평양이라고 한 것이다." 하였다.

관서(關西)의 도회지이다. 상류의 여러 물이 모여서 남북으로 띠처럼 둘렀고, 여러 산이 멀리서 서로 감싸고 있는 가운데, 비옥한 들이 평평하고 너르게 펼쳐져 있으니 실로 관서의 한 큰 도회지이다.

강산이 아름답고 화려하다. 《부지(府志)》에 "강산이 아름답고 화려하며, 누대(樓臺)가 저 높이 아득하게 보인다." 하였다.

7 이색(李穡)의 풍월루기(風月樓記) : 〈서경풍월루기(西京風月樓記)〉이다. 《牧隱藁 牧隱文藁 卷1》

8 권근(權近)의 부벽루기(浮碧樓記) : 〈평양성대동문루기(平壤城大同門樓記)〉이다. 《陽村集 卷12》

9 먼……감돈다 : 권근의 〈응제시〔命題〕〉에 실려 있는 시에서 나온 말이다. 8수 가운데 제5수인 소제(小題) 〈서경을 지나다〔道經西京〕〉의 제 3, 4구에 "먼 산은 높고 높아 한 들을 에워싸고, 긴 강은 흘러흘러 옛 마을 감도누나.〔峩峩遠岫圍平野, 衮衮長江繞古村.〕"라고 하였다. 《陽村集 卷1》

풍속風俗

백성들이 서로 훔치지 않으니, 문을 잠그는 일이 없다. 《한서(漢書)》[10]에 "기자(箕子)가 조선에 가서 그 백성들에게 예의와 농잠(農蠶)과 직조법을 가르치고, 백성들을 위해 팔조(八條)의 가르침[11]을 설행하니, 이로써 백성들이 종내 도둑질을 하지 않아서 문은 잠그는 일이 없었으며, 부인들은 정숙하고 신실하여 음란하지 않았다." 하였다.

천성이 유순하다. 《한서》에 "동이(東夷)는 천성이 유순하여 삼방(三方)[12]과 다르다." 하였다.

온유하고 근실함이 풍속을 이루었다. 《후한서(後漢書)》에 "기자가 피신하여 조선에 터를 잡고 팔조의 가르침을 시행하여 사람들에게 금할 것을 알게 하니, 마침내 고을에 음란함과 도둑질이 없어졌으며 밤에도 문을 잠그지 않은 것이 수백 년 동안 행해졌으므로 온통 온유하고 근실함이 풍속을 이루어 삼방과 다르게 되었다." 하였다.

바른 도리로 다스리기가 쉽다. 《후한서》에 "천성이 유순하여 바른 도리로 다스리기가 쉽다." 하였다.

10 한서(漢書) : 《후한서(後漢書)》 〈동이열전(東夷列傳)〉이다. 이하 풍속의 《한서》는 이와 동일하다.

11 팔조(八條)의 가르침 : 고조선 시대의 법률인 '범금팔조(犯禁八條)'를 가리킨다. 기자(箕子)가 제정했다 하여 '기자팔조교(箕子八條敎)'라고도 한다. 《한서(漢書)》 〈지리지(地理誌)〉에 기록이 있는데, 3조목만 기술되어 있다. 첫 번째는 사람을 죽인 자는 즉시 사형에 처한다는 것이고, 두 번째는 남에게 상해를 입힌 자는 곡물로써 배상한다는 것이고, 세 번째는 남의 물건을 훔친 자는 노비로 삼는다는 것이다.

12 삼방(三方) : 중국의 사방으로 번방국인 동이(東夷), 북적(北狄), 서융(西戎), 남만(南蠻)이 있는데, 이를 사해(四海)라고 한다. 《禮記正義 曲禮下第2》 여기서 삼방은 동이를 제외한 북적, 서융, 남만을 지칭하는 것으로 보인다.

가무(歌舞)를 좋아한다. 《후한서》에 "음주와 가무를 좋아한다." 하였다.

음식을 절제한다. 《후한서》에 "고구려는 그 습속이 음식을 절제하고, 궁실(宮室) 꾸미기를 좋아한다." 하였다.

기력(氣力)을 숭상한다. 《남사(南史)》에 "나라 사람들이 기력을 숭상하여 궁시(弓矢)와 칼, 창을 잘 쓰며, 갑옷을 구비하여 전투를 익힌다. 후위(後魏) 때에 여러 나라의 사저(使邸)를 설치하였는데, 제(齊)나라 사신이 첫 번째였고 고구려가 그다음이었다.[13]" 하였다.

빌려주는 데 관대하지 않다. 《요동지(遼東志)》에 "성질이 부드럽고 공손하나 빌려주는 데 관대하지 않고, 의복과 음식이 검소하여 옛날의 유풍(遺風)이 있다." 하였다.

경술(經術)을 좋아하고 숭상한다. 《수서(隋書)》에 "고구려는 경술을 좋아하고 숭상하며 문사(文史)를 사랑하고 즐거워하여 경도(京都 중국 수도)에 유학하러 오는 자들이 왕래하느라 길을 잇고, 혹 죽을 때까지 돌아가지 못하기도 하니, 선철(先哲)의 유풍이 아니라면 그 무엇이 이 지경에 이르게 할 수 있겠는가." 하였다.

귀신을 공경하고 음사(淫祠)가 많다. 《수서》

경서를 읽고 활쏘기를 익힌다. 《당서(唐書)》에 "고구려 사람들은 학문을 좋아하여 궁벽한 마을과 하찮은 집안에서까지 서로 힘쓰고 권면하니, 대로변에 모두 국당(局堂)을 짓고 아직 혼인하지 않은 자제들이 무리를 지어 한데 모여 경서를 읽고 활쏘기를 익힌다." 하였다.

13 제(齊)나라……그다음이었다 : 이 내용은 《남제서(南齊書)》 〈만동남이열전(蠻東南夷列傳)〉에 실려 있다.

○ 이상 기록한 내용은 모두 조선과 고구려의 공통적인 풍속으로서, 본부가 옛 도읍이므로 여기에 기록해 둔다.

백성과 선비들이 생업을 즐거워한다. 고려 이색의 〈풍월루기〉

백성의 본성이 온후하고 진중하며 질박하고 곧다. 본조 권근의 〈성루기(城樓記)〉[14]에 "평양은 기자(箕子)가 도읍한 곳으로 구주(九疇)의 학문[15]과 팔조의 가르침은 우리나라 수천 년 교화의 토대가 되었다. 위만(衛滿)에서부터 고씨(高氏)[16]를 거치는 동안 오로지 무강(武強)을 숭상하여 그 풍속이 크게 변하였고, 왕씨(王氏 고려) 대에 미쳐서는 요(遼), 금(金), 원(元)과 국경을 서로 접하여 점차 오랑캐 풍속에 물들면서 풍속이 사납고 교만해졌다. 이는 마치 기(岐)와 풍(豐)[17]의 땅을 주(周)나라에서 다스리자 인후(仁厚)한 교화를 일으키고, 영진(嬴秦)[18]에서 다스리자 날래고 사나운 기운이 생기는 것과 같다. 대개 백성의 본성이 온후하고 진중하며 질박하고 곧으므로 선(善)으로 인도하면 쉽게 좇아 감화되고 엄하게 다스리면 또한 족히 부강(富強)한 기업을 이룰 수 있다." 하였다.

14 권근의 성루기(城樓記) : 〈평양성대동문루기〉이다. 《陽村集 卷12》

15 구주(九疇)의 학문 : 홍범구주(洪範九疇)를 말한다. 홍범은 나라를 다스리는 큰 법이고 구주는 아홉 가지 종류를 말하는데, 하(夏)나라 우(禹) 임금 때 낙수(洛水)에서 나온 신귀(神龜)의 등에 나타났다는 구장(九章)의 글로 천하를 다스리는 대법(大法)을 말한다. 이는 기자가 주 무왕(周武王)의 물음에 응답한 것으로, 구주는 오행(五行), 오사(五事), 팔정(八政), 오기(五紀), 황극(皇極), 삼덕(三德), 계의(稽疑), 서징(庶徵), 오복(五福)이다. 《書經 洪範》

16 고씨(高氏) : 고구려를 말한다. 시조 동명왕(東明王)이 졸본(卒本)에 나라를 건국하여 국호를 '고구려'라고 하고 '고(高)'를 성씨로 삼았다. 《東史綱目 第1上 甲申》

17 기(岐)와 풍(豐) : 주(周)나라의 도읍인 기주(岐州)와 풍읍(豐邑)을 말한다. 태왕(太王)이 기주에 도읍하고 후에 문왕(文王)이 풍읍으로 옮겼다.

18 영진(嬴秦) : 영(嬴)은 진(秦)나라의 왕성(王姓)으로 진나라를 말한다.

날래고 용맹하며 기걸스럽고 굳세다. 권근의 서(序)[19]에 "평양은 기자의 옛날 봉지(封地)이다. 팔조의 가르침으로 백성들이 예의를 알았으나 주몽씨(朱蒙氏) 이래로 말타기와 활쏘기를 익혀 그 풍속이 마침내 변하여 비록 수(隋)나라와 당(唐)나라의 성대한 병력으로도 굴복시키지 못하였으니, 그 날래고 용맹하며 기걸스럽고 굳셈을 상상할 수 있다." 하였다.

문물의 번화함이 나라 안에서 으뜸이다. 본조 윤두수(尹斗壽)의 《부지(府志)》[20]

산천 山川

금수산(錦繡山) 부 북쪽 5리에 있다. 진산(鎭山)이다. 산 정상은 평탄하고 시원하게 트여 있는데, 을밀대(乙密臺)라고 부른다.

구룡산(九龍山) 부 북쪽 20리에 있다. 혹 대성산(大成山)이라고도 하고, 노양산(魯陽山)이라고도 한다. 옛 기록에는 산 정상에 99개의 못이 있다고 하였는데, 지금은 단지 3개의 못만 있다. 가뭄이 들어 비를 빌면 효험이 있다.

창광산(蒼光山) 부 서남쪽 4리에 있다. 이름을 창관산(蒼觀山)이라고도 한다. 세속에서 전하기를 "고려 김부식(金富軾)이 군사를 거느리고 성을 압박하자 묘청 등이 짚 거적으로 이 산을 덮어 창름(倉廩)이 풍부한 것처럼

19 권근의 서(序) : 〈평양 부윤 이원 공을 보내는 시의 서문〔送平壤府尹李公原詩序〕〉이다. 《陽村集 卷19》

20 윤두수(尹斗壽)의 부지(府志) : 《평양지(平壤志)》를 말한다. 1587년(선조20)에 윤두수가 평안도 관찰사에 부임하여 저술하였다. 위의 내용은 1590년(선조23) 7월에 지은 서문에서 언급하였다.

보이게 하였으므로 이렇게 이름하였다." 한다.

목멱산(木覓山) 부 동쪽 4리에 있다. 황성(黃城)의 옛터가 있으니, 일명 경성(絅城)이라고 한다. 세상에서 전하기를 "고구려 고국원왕이 환도성에 거주하다가 모용황(慕容皝)에게 패하여 이곳으로 옮겨 거주하였다." 한다.

용악산(龍嶽山) 부 서쪽 28리에 있다. 일명 농학산(弄鶴山)이라고 한다.

대보산(大寶山) 부 서쪽 37리에 있다.

위산(葦山) 부 서남쪽 20리에 있다. 남쪽으로 패수(浿水)에 임해 있다.

형제산(兄弟山) 부 북쪽 50리에 있다. 2개의 산이 나란히 솟아 있어 마치 형제처럼 보인다.

마산(馬山) 부 북쪽 40리에 있다. 민간에 전해지기를 용마(龍馬)가 나와 놀았다 하여 이렇게 이름하였다고 한다.

부산(斧山) 부 북쪽 30리에 있다. 민간에 전해지기를 한 용맹한 장수가 여기에서 도끼로 적을 물리쳤으므로 이렇게 이름하였다고 한다. 산 위에 사당이 있어 고을 사람들이 제사 지내는데, 그 제사의 이름을 압병(押兵)이라고 한다.

모란봉(牧丹峯) 금수산에 있다. 고려왕이 일찍이 이곳에 올랐다. ○ 명나라 당고(唐皐)의 시에,

모란이라는 신선 봉우리 있으니	牧丹有仙峯
우뚝 솟아 이 지역 진산이 되었네	雄峙此邦鎭
내가 부벽루에 왔다가	我來浮碧樓
산꼭대기에 오르니 흥이 그지없네	凌顚興未盡

하였다.

덕암(德巖) 대동문(大同門) 밖에 있다. 우뚝 솟아 물을 잘 막아 내므로 부 사

람들이 덕(德)이라고 이름하였다. ○ 명나라 당고의 시에,

참으로 바위가 물을 받아들인 것은 可是巖納水
물이 돌을 돌아가게 하기 위함일세 要使水迴石
견고한 성곽 아무 걱정 없으니 城郭無憂虞
주민들이 모두 은덕으로 여기네 居民盡歸德

하였다. ○ 본조 유근(柳根)의 시[21]에,

큰 바위가 강에 임했는데 모양새가 완고해 巨石臨江面勢頑
신묘한 공 만고토록 진을 편안하게 지켰네 神功萬古鎭磐安
높은 파도도 이곳에선 평온하게 흐르니 雲濤到此流平穩
광풍이 불어도 물결이 일지 않는다네 雖遇顚風不作瀾

하였다.

주암(酒巖) 부 동북쪽 10리에 있다. 민간에 전해지기를 술이 바위틈에서 흘러나와 흔적이 남아 있으므로 이런 이름을 얻었다고 한다.

이암(狸巖) 부 남쪽 3리, 대동강(大同江) 언덕에 있다.

바다〔海〕 부 서쪽 90리에 있다.

대동강(大同江) 옛 이름은 패강(浿江)이다. 그 원류는 둘인데, 하나는 영원군(寧遠郡) 동쪽 지경에서 나와 남쪽으로 흘러 맹산현(孟山縣) 북쪽에 이르러 꺾어져서 서남쪽으로 흘러 덕천군(德川郡) 동쪽에 이르고, 또 서쪽으로 흘러 개천(价川), 순천(順川), 자산(慈山)을 지나 강동현 경계에 이르러 잡파탄(雜派灘)이 된다. 또 하나는 양덕현(陽德縣) 북쪽 지경에서 나와 서

21 유근(柳根)의 시 : 〈부사의 평양 16경 시에 삼가 차운하다〔敬次副使平壤十六景韻〕〉 중 〈덕암(德巖)〉이다. 《西坰集 西坰皇華詩集 卷4》

남쪽으로 흘러 성천부(成川府) 경계에 이르러 비류강(沸流江)이 되고, 또 꺾어져서 남쪽으로 흘러 강동현 경계에 이르러 잡파탄에 합해진다. 여기서부터 서남쪽으로 흘러 부 동북쪽 지경에 이르러 마탄(馬灘)이 되고 부성(府城) 동쪽에 이르러 대동강나루[大同江渡]가 된다. 또 서쪽으로 흘러 부 남쪽에 이르러 평양강(平壤江)과 합해져서 구진익수(九津溺水)라 칭해지고, 강서현에 이르러 이진(梨津)을 지나 용강현(龍岡縣)에 이른 다음 급수문(急水門)을 나가 바다에 들어간다. 살피건대 사마천(司馬遷)의 《사기(史記)》에는 "한(漢)나라가 흥하여 요동(遼東)의 옛 요새를 개수하고 패수(浿水)까지 경계로 삼으니, 위만이 망명하여 동쪽으로 달아나 변방을 나와 패수를 건너 왕검(王儉)에 도읍하였다." 하였으니,[22] 압록강(鴨綠江)을 패수라고 한 것이다. 또 《당서(唐書)》에는 "평양성은 한나라의 낙랑군이다. 산을 따라 구불구불 성곽을 쌓았고 남쪽은 패수와 이어져 있다." 하였으니, 이것은 지금의 대동강을 가리킨다. 또 《고려사》에서 평산부(平山府)의 저탄수(猪灘水)를 패강이라고 하였으니,[23] 그렇다면 백제(百濟)의 시조(始祖)가 북쪽으로 패강을 경계로 삼았다고 한 것이 이곳을 가리킨다. 이렇게 본다면 본국의 경내에는 자연히 패수가 셋이 있게 되는데, 예나 지금이나 많은 사람들이 확실히 알고 있는 것은 오직 대동강이다. ○ 《고려사》 〈악지(樂志)〉에 "기자가 조선에 봉해져서 팔조의 가르침을 베풀어 예속(禮俗)을 일으켰으므로 조야(朝野)가 무사하고 백성들이 기뻐하여 대동강

22 사마천(司馬遷)의……하였으니 : 《사기》 〈조선열전(朝鮮列傳)〉에 실려 있다.

23 고려사에서……하였으니 : 《고려사》 권58 〈지리지3 황주목(黃州牧) 평주(平州)〉에 실려 있는데, 여기서 저탄수(猪灘水)는 '저천(猪淺)'으로 되어 있다.

을 황하(黃河)에 비유하면서 노래를 지어 그 덕을 기렸다." 하였다. ○ 고려 최자(崔滋)의 〈삼도부(三都賦)〉에,

뭇 물줄기 모였으니	衆水所匯
이름이 대동강이다	名爲大同
흰 물빛이 넘실대고 번쩍이며 출렁이니	皛淼滉漾
호경을 안고 풍수를 모아 온 듯	抱鎬斂灃
깨끗하긴 흰 비단을 깐 듯하고	淨鋪素練
해맑기는 청동거울 같다	皎若青銅
중류에서 머리를 돌리니	中流回首
황홀하여 그림 병풍 속에 있는 듯하네	怳然如在畫屛中也

하였다. ○ 본조 권근의 응제시[24]에,

기자의 옛터라 땅이 절로 평탄하고	箕子遺墟地自平
큰 강이 서쪽으로 꺾여 외론 성 안았네	大江西折抱孤城
안개 낀 물결은 아득하게 하늘 멀리 이어졌고	煙波縹緲連天遠
모래톱 물은 깨끗하여 바닥까지 보이누나	沙水澄明徹底淸
온갖 내 받아들여 언제나 쉼 없이 흐르고	廣納百川常混混
삼라만상 다 비추어 한결 더 아름답구나	虛涵萬象更盈盈
기운차게 바다로 들어가는 조종[25]의 뜻은	霈然入海朝宗意
바로 우리 임금이 대국 섬기는 정성인 듯	正似吾王事大誠

24 권근의 응제시 : 〈대동강(大同江)〉이다. 《陽村集 卷1》

25 조종(朝宗) : 《서경》 〈우공(禹貢)〉에 "장강과 한수가 바다로 모여든다.〔江漢朝宗于海〕" 라고 한 데서 나온 말로, 모든 물이 바다로 들어가는 것을 말한다. 뒤에 제후가 천자에게 조알(朝謁)하는 뜻으로 쓰였다.

하였다.

평양강(平壤江) 부 서남쪽 10리에 있다. 그 원류는 순안현 법홍산(法弘山)에서 나와 보통문(普通門) 밖을 지나 대동강에 들어간다.

장고천(長鼓川) 부 북쪽 40리에 있다. 원류는 법홍산에서 나와 대동강에 들어간다.

박금천(薄金川) 부 북쪽 9리에 있다. ○ 고려 김극기(金克己)의 시에,

한 줄기 빠른 내가 처음 발원한 곳은	一道飛川始發源
속세와 동떨어진 곳 유산[26]의 뿌리라네	紅衢斷處乳山根
달고 서늘한 맛이 차 달이기에 알맞으니	甘涼氣味宜烹茗
고달파라, 도성 사람들 떠들썩하게 물 길어 가네	苦被都人汲引喧

하였다.

적교포(狄橋浦) 부 서쪽 25리에 있다. 원류는 부 서쪽 사이현(沙伊峴)에서 나와 평양강에 들어간다.

연포(燕浦) 부 남쪽 10리에 있다. 원류는 부 동쪽 당동(唐洞) 소지(召池)에서 나와 남쪽으로 흘러 대동강에 들어간다.

석포(石浦) 부 서쪽 11리에 있다. 그 서쪽 언덕에 바위가 있으므로 이렇게 이름하였다.

양명포(楊名浦) 부 서쪽 5리에 있다. 고려 묘청의 난 때에 김부식이 적의 군량이 소진된 것을 알고 토산(土山)을 쌓았는데, 양명포를 넘어 적의 성곽

26 유산(乳山) : 중국 호북성(湖北省) 황안현(黃安縣) 서쪽에 있는 산 이름이다. 신선이 사는 벼랑이 있고 포박자(抱朴子)가 연단(鍊丹)하던 곳이라 전해진다. 여기서는 박금천의 원류가 나오는 산을 말한다.

서남쪽 모퉁이에 다다르자 포기(砲機)를 만들어 토산 위에 설치하였다. 높고 크게 만들어 날리는 돌의 무게가 수백 근이나 되니, 성루를 쳐서 가루처럼 부수고, 이어 화구(火毬)를 던져 불태워 버리니, 적이 감히 가까이하지 못하였다. 토산은 높이가 8장(丈), 길이가 70여 장, 너비가 18장이었다. 고려 강종(康宗) 2년(1213)에 포구 물속에서 큰 독 같은 바위가 저절로 육지로 나와 120보쯤 이동하였다.

백은탄(白銀灘) 부 동북쪽 4리에 있으니 바로 대동강 여울이다. 물살이 치솟아 격동하여 항상 흰 포말이 있으니, 바라보면 은과 같으므로 이렇게 이름하였다. 명나라 당고의 시에 "강물이 넘실넘실 흘러가는데, 이 여울에 백은이 떠 있네.〔江水浩浩去 玆灘浮白銀〕" 한 것이 바로 이곳이다.

마탄(馬灘) 부 동쪽 40리에 있다. 본조 조위(曺偉)의 시[27]에 "패강은 밤낮으로 도도히 흐르다가, 급한 여울 사납게 쳐서 높은 파도 무너뜨리네.〔浿江日夜流滔滔 奔灘怒薄崩洪濤〕" 한 것이 바로 이곳이다. 묘청의 난 때 적이 관군을 막아 지킬 계책을 세우자 김부식이 후군이 적고 약함을 염려하여 밤에 보병과 기병 1000명을 보내 증강하였다. 적이 이를 모르고 이른 새벽에 마탄과 자포(紫浦)를 건너 곧장 후군을 공격하였다. 이에 관군이 출격하여 승세를 타고 크게 격파하니, 적이 모두 서로 짓밟으며 강으로 달려가 빠져 죽었다.

남포(南浦) 옛 이름은 당포(唐浦)이다. 부 남쪽 5리에 있으니 바로 대동강이다. 고려 정지상(鄭知常)의 시에 "비 갠 긴 둑에 풀빛이 진한데, 남포에서

27 조위(曺偉)의 시 : 〈평양팔절(平壤八絶)〉 중 〈마탄의 봄물 불 때〔馬灘春漲〕〉이다. 《梅溪集 卷3》

임 보내니 노랫가락 구슬퍼라.〔雨歇長堤草色多 送君南浦動悲歌〕" 한 것이 바로 이곳이다.

구진익수(九津溺水) 부 남쪽 10리에 있다. 대동강이 여기에 이르러 평양강과 합해진다. 일명 마둔진(麻屯津)이라고 한다.

보음통지(甫音筒池) 부 남쪽 20리에 있다.

율사지(栗寺池) 부 동쪽 30리에 있다.

흘이방지(訖伊方池) 부 서쪽 40리에 있다.

일영지(日影池) 함구문(含毬門) 안에 있다.

월영지(月影池) 함구문 밖에 있다.

도영지(倒影池) 읍영문(挹影門) 안 풍월루(風月樓) 북쪽에 있다.

장흥지(長興池) 다경문(多景門) 북쪽에 있다. 연꽃이 가장 무성하다.

계림지(桂林池) 정양문(正陽門) 밖 추양대(秋陽臺) 서쪽에 있다.

대설지(大舌池), 소설지(小舌池) 모두 보통문 안 서쪽에 있다. 가물 때에 키〔箕〕를 씻으면 효험이 있다.

능라도(綾羅島) 둘레가 12리이다. 백은탄 북쪽에 있다.

두로도(豆老島) 둘레가 21리이다. 부 서남쪽 10리에 있다.

독발도(禿鉢島) 둘레가 19리이다. 부 서남쪽 12리에 있다.

두단도(豆段島) 둘레가 6리이다. 부 서남쪽 10리에 있다.

이로도(伊老島) 둘레가 23리이다. 부 서남쪽 35리에 있다.

벽지도(碧只島) 둘레가 22리이다. 부 서남쪽 25리에 있다.

기자정(箕子井) 외성(外城) 안 기자전(箕子田) 가운데에 있다. 기자 때 판 것이다. 부 안에 우물과 샘물 맛이 모두 좋지 않은데, 오직 이 우물의 맛은 가장 좋다.

문정(文井), 무정(武井) 두 우물은 모두 영명사(永明寺) 안 구제궁(九梯宮) 옛터 안에 있다. 서로 전하기를 동명왕(東明王) 때 판 것이라 한다.

대정(大井) 부 남쪽 30리에 있다.

우정(牛井) 부 동쪽 20리에 있다. 세속에서 전하기를 두 우물에 용이 있어 가물 때 비를 빌었다고 한다.

토산 土産

명주실〔絲〕, 삼〔麻〕, 종이〔紙〕, 지국(紙局)에서 만드는 것이 품질이 가장 좋다. 먹〔墨〕, 자기(磁器), 운모(雲母), 수박〔西瓜〕, 품질이 상등이다. 만청(蔓菁), 순채〔蓴〕, 연밥〔蓮實〕, 백부자(白附子), 우여량(禹餘糧), 고본(藁本), 대극(大戟), 승마(升麻), 반하(半夏 끼무릇뿌리), 택사(澤瀉), 숭어〔秀魚〕, 웅어〔葦魚〕, 면어(綿魚), 민어(民魚), 향어(鱌魚), 뱅어〔白魚〕, 쏘가리〔錦鱗魚〕, 누치〔訥魚〕, 굴〔石花〕, 자하(紫蝦 곤쟁이), 게〔蟹〕, 조개〔蛤〕

성곽 城郭

부성(府城) 동쪽으로 대동강을 굽어보고 북쪽으로 금수산에 닿아 있다. 돌로 쌓았다. 둘레가 2만 4539자이고 높이가 12자이다. 6개의 문을 세웠는데, 동쪽 문은 장경(長慶), 서쪽 문은 보통(普通), 남쪽 문은 함구(含毬), 북쪽 문은 칠성(七星), 정동쪽 문은 대동(大同), 정남쪽 문은 정양(正陽)이라고 한다. 고려 성종 때 쌓았다. 우리 태종(太宗) 6년(1406)에 고쳐 쌓았다.

외성(外城) 부 남쪽 5리, 당포(唐浦) 위에 있다. 돌로 쌓은 것은 둘레가 8200자이고, 흙으로 쌓은 것은 1만 205자이다. 2개의 문이 있는데, 남쪽 문은 차피(車避), 서쪽 문은 다경(多景)이라고 한다. 지금은 다 헐고 무너졌다. 세상에서 전하기를 "이 성은 곧 기자 때에 쌓은 것이다." 한다. 그러나 연대가 까마득히 멀어서 사실 여부를 알 수 없다. 고려 태조 5년(922)에 "처음 서도(西都)의 재성(在城)을 쌓기 시작하여 무릇 6년 만에 끝냈다." 한 것이 아마 바로 이 성인 듯하다. 《주관육익(周官六翼)》[28]에 이르기를 "재(在)는 방언(方言)으로 견(畎 이랑)이다." 하였다.

공서 公署

관찰사영(觀察使營) 성안 남쪽에 있다.

대동도 찰방사(大同道察訪司) 대동문 안에 있다. 대동(大同), 생양(生陽), 안정(安定), 숙녕(肅寧), 안흥(安興), 가평(嘉平), 신안(新安), 운흥(雲興), 임반(林畔), 양책(良策), 소곶(所串), 의순(義順) 12개 역을 관할한다. 찰방 1인이 있다.

28 주관육익(周官六翼) : 고려 말 문신 김구용(金九容)이 찬술한 책이다. 각사(各司), 각부(各府)에 대한 전고(典故)를 모아 그 관을 둔 연유를 탐지하고, 육방(六房)으로 강(綱)을 삼고 각각 소관된 일을 분류하여 목(目)을 만들었다. 《牧隱藁 牧隱文藁 卷9 周官六翼序》

학교 學校

향교(鄕校) 부 서쪽 1리, 성안에 있다. 고려 태조 13년(930)에 서경에 행차하여 처음 학교를 설치하고 수재(秀才) 정악(廷鶚)을 명하여 서학박사(書學博士)로 삼았다.

인현서원(仁賢書院) 선조(宣祖) 때에 본도 선비들이 기자의 유택(遺澤)을 사모하여 창광산 아래에 서원을 세웠다. 인현(仁賢)이라고 사액(賜額)하고 그 강당을 홍범당(洪範堂)이라고 하였으니, 서원은 바로 예전 신호사(神護寺)의 옛터이다.

강학당(講學堂) 부 남쪽에 있다.

궁실 宮室

영숭전(永崇殿) 부성(府城) 안에 있다. 우리 태조의 수용(睟容 어진(御眞))을 봉안하였다. 전(殿)은 바로 고려 장락궁(長樂宮)의 옛터이니, 고려 숙종(肅宗), 예종(睿宗)이 서경에 행차할 때마다 뭇 신하들과 장락궁에서 연회를 하였다. 이지저(李之氐)의 시에 "대동강 물은 유리처럼 푸르고, 장락궁의 꽃은 금수처럼 붉어라.〔大同江水琉璃碧 長樂宮花錦繡紅〕" 한 것이 바로 이곳이다.

대동관(大同館) 객관(客館)이다. 칙서각(勅書閣)이 있다. ○ 명나라 당고의 시[29]에,

29 당고의 시 : 《신증동국여지승람》 권51 〈평안도 평양부〉 궁실에는 모두 52구가 실려 있다. 여기에 인용된 것은 1~7구, 34~36구, 51~52구이다.

내가 압록강을 건너 我過鴨綠江
열흘 만에 평양에 이르니 十日到平壤
이곳이 조선의 서경 朝鮮此西京
기자의 유향이 있네 箕子有遺響
성 남쪽은 패수를 임하여 城南臨浿水
정대가 족히 구경할 만하네 亭臺足幽賞
쾌재정에 때로 한번 올라가 보고[30] 快哉時一登
부벽루에서 문득 멀리 그리워하네[31] 浮碧動遐想
수레를 달려 동문을 나서서 驅車出東門
마음먹고 경치를 다 탐방하였네 銳意極搜訪
이번 놀이에서 얻은 기이한 경관을 玆遊得奇觀
돌아가 친구들에게 자랑하리라 歸以詑吾黨

하였다.

청화관(淸華館) 대동관 남쪽에 있다. 서윤(庶尹) 임중(林重)이 중수하였고, 성현(成俔)이 기문을 지었다. 삼청각(三淸閣)이 있다.

진서각(鎭西閣) 관찰사 본영 안에 있다. 또 추향당(秋香堂)이 있는데, 국화가 많이 심어져 있으므로 이렇게 이름하였다. 관찰사 이계맹(李繼孟)이 세웠다.

향사당(鄕射堂) -원문 다수 결락-에 있다.

30 쾌재정에……보고 : 원시에서 이 구 뒤의 대구는 "나머지는 한눈에 보이네〔餘者歸指掌〕"이다.

31 부벽루에서……그리워하네 : 원시에서 이 구 앞의 대구는 "올라 보매 흥이 미진하여〔登臨興未濃〕"이다.

보루관(報漏觀) -원문 5, 6자 결락-에 있다. 중종(中宗) 때 세웠고, 뒤에 관찰사 김수(金睟)가 별도로 십자각(十字閣)을 세웠다.

교서국(校書局) -원문 4, 5자 결락-에 있다. 가정(嘉靖) 갑자년(1564, 명종19)에 관찰사 정종영(鄭宗榮)이 처음 지었다. 집이 모두 53칸이다.

연무정(演武亭) 함구문 성 밖에 있다. 서윤 홍세공(洪世恭)이 세웠다.

부벽루(浮碧樓) 금수산 동쪽의 을밀대 아래에 있다. 깎아지른 절벽 위에서 아래로 강물을 굽어보고 있다. 가정 연간에 조사(詔使) 허국(許國)이 이곳에 올라 말하기를 "부벽루의 승경은 소주(蘇州), 항주(杭州)와 더불어 우열을 가리기 어렵다. 소주와 항주는 번화하고 화려하기가 천하에 비견할 데가 없지만 모두 사람의 힘을 빌어 이룩한 것이다. 그런데 부벽루 주변의 청류벽(淸流碧), 도서(島嶼), 봉만(峯巒)은 모두 하늘이 낸 작품이니, 부벽루가 소주와 항주보다 뛰어나다."라고 하였다. 고려의 학사(學士) 김황원(金黃元)이 이 누각에 올라 고금의 제영(題詠)을 보고는 자기 성에 차지 않아서 바로 제판(題板)을 불사르고 종일토록 난간에 기대어 있다가 단지 한 연구(聯句)를 얻었는데, 이르기를 "긴 성 한쪽에는 넘실넘실 물이요, 큰 들 동쪽 끝에는 점점이 산이로다.〔長城一面溶溶水 大野東頭點點山〕" 하였다.

○ 고려 이색의 시[32]에,

어제 영명사에 들렀다가	昨過永明寺
잠시 부벽루에 올랐었네	暫登浮碧樓
텅 빈 성엔 한편의 조각달이요	城空月一片
예스런 돌엔 천추의 구름이로다	石老雲千秋

32 이색의 시 : 〈부벽루(浮碧樓)〉이다. 《牧隱藁 牧隱詩藁 卷2》

기린마가 가서 돌아오지 않으니 麟馬去不返
천손이 어느 곳에서 노니는고[33] 天孫何處遊
길게 읊조리며 바람 부는 언덕에 서니 長嘯倚風磴
산은 푸르고 강은 저대로 흐르누나 山青江自流

하였다. ○ 본조 권근의 시[34]에,

좋은 날 말 나란히 하고 성문 나가 노니니 勝日聯鞍出郭遊
산 앞 높은 다락이 긴 강 굽어보고 있네 山前傑閣俯長流
평평한 들 밖에 멀리 나무 숲 아름답고 娟娟遠樹平郊外
옛 나루터에 둥실둥실 조각배 떠 있네 泛泛扁舟古渡頭
천년이라 번화로움 갈음하여 오가지만 千載繁華相代謝
사시의 풍경이야 어찌 끝이 있을손가 四時風景豈終休
올라가 동쪽 남쪽 한참을 서글피 바라보며 登臨悵望東南久
아득한 안개 파도에 객의 시름 보내노라 縹緲煙波送客愁

하였다. ○ 명나라 장녕(張寧)의 시에,

강물 푸르고 맑아라 봄 하 깊고 江流綠淨春無底
대지의 울창한 숲이 봄물에 새겨졌네 地核蘢葱嵌春水
서려 있는 안개 기운 엉겨 아니 흩어지고 輪囷蜃氣氷不散
열두 개의 고운 난간 씻은 듯이 환하구나 十二雕欄滉如洗
밝은 강물에 짙은 쪽빛 하늘이 거꾸로 잠기고 空明倒浸蔚藍天

33 기린마가……노니는고 : 천손(天孫)은 고구려의 시조인 동명왕(東明王)을 가리킨다. 동명왕이 일찍이 여기서 기린마를 기르다가 뒤에 그 말을 타고 하늘에 조회(朝會) 갔다는 고사가 있다. 《新增東國輿地勝覽 卷51 平安道 平壤府》

34 권근의 시 : 〈부벽루 시에 차운하다〔次浮碧樓詩韻〕〉이다. 《陽村集 卷5》

천궁 우거진 물가엔 따스한 향기 은은히 풍기네 煖香半落蘼蕪渚
녹색 구름 옅게 끼고 푸른 안개 잠겼는데 綠雲淺淡翠煙沈
사람은 유리거울 비추는 속에 앉았는 듯 人在琉璃鏡光裏

하였다. ○ 명나라 기순(祁順)의 시에,

화려한 난간 붉은 기둥이 깊고 맑은 강물 굽어보는데 畫欄朱棟瞰深淸
산이 빙 둘러 있고 두 언덕이 평평하구나 山勢迴環兩岸平
넓디 넓은 물결에는 찬 빛이 항시 떠 있고 萬頃寒光浮不去
발에 가득한 파란 빛은 걷어도 도로 생기네 一簾飛翠捲還生
청천 방초 같은 시구[35]는 짓기 어려우나 晴川芳草難爲句
들판 나루, 외로운 배는 감정 자아내기 쉽다네 野渡孤舟易感情
양부의 놀이[36] 지금은 적막한데 兩部戲遊今寂寞
가경은 유독 남아 서경을 장하게 하네 獨留佳景壯西京

하였다.

풍월루(風月樓) 읍호루(挹灝樓) 문 안에 있다. 고려 공민왕 때에 도순문사 임정(林整)이 세웠다. ○ 이색의 기문[37]에 이르기를 "누는 바로 영선점(迎仙店)의 옛터이다. 동남쪽의 뭇 산이 자리 밑에 있는 듯하고, 강물이 다시

35 청천(晴川)……시구 : 당(唐)나라 최호(崔顥)의 시 〈황학루에 올라〔登黃鶴樓〕〉의 "비 갠 강엔 선명한 한양의 나무, 방초 금세 무성해진 앵무주로다.〔晴川歷歷漢陽樹, 芳草萋萋鸚鵡洲.〕"라는 구절을 말한다. 이 시는 이백(李白)으로부터 당나라 칠언율시 가운데 제일이라는 격찬을 받을 만큼 뛰어난 시로 유명하다.

36 양부(兩部)의 놀이 : 양부는 양부악(兩部樂)으로, 좌부(坐部)와 입부(立部)의 음악을 합칭한 것이기도 하고, 대악서(大樂署)의 관악(管樂)과 현악(絃樂)을 합칭한 것이기도 하다. 평양이 도읍이었을 때 성대한 풍악이 연주된 연회를 비유한 말이다.

37 이색의 기문 : 〈서경풍월루기〉이다. 《牧隱藁 牧隱文藁 卷1》

그 앞을 흐른다. 좌우에 연못을 파고 연꽃을 심으니, 올라서 바라보는 좋은 경치가 부벽루와 서로 백중(伯仲)이 되겠고 화려함은 그보다 낫다." 하였다. ○ 권근의 시[38]에,

거마 다니는 한길에 우뚝 솟은 누각	車馬街頭敞綺樓
올라 둘러보니 경치가 도리어 그윽하다	登臨四顧境還幽
버들 언덕에 바람 불어 푸른 실이 춤추고	風來柳岸翠絲舞
연못에 달 비치니 향 안개 떠오르네	月照荷池香霧浮
우물 정 자 그은 터[39]엔 교목이 늙어 있고	畫井地平喬木老
신선 맞은 일은 가고 큰 강만 흐르는구나	迎仙事往大江流
지금도 옥 수레 이따금 순수하니	今逢玉輦時巡狩
명도란 으레 상유[40]를 택했구려	須信名都控上游

하였다.

애련당(愛蓮堂) 풍월루 북쪽 연못 안에 있다. 또 못에 걸쳐 다리를 놓았으니 이름을 능허(凌虛)라고 하고 그곳을 통해 드나들었다. 서윤 이원손(李元孫)이 세웠다.

망월루(望月樓) 대동관 서쪽에 있다. 명나라 오희맹(吳希孟)이 이름을 선월루(先月樓)로 고쳤다.

읍호루(挹灝樓) 대동문루(大同門樓)이다. 관찰사 안윤덕(安潤德)이 이렇게

38 권근의 시 : 〈서도잡영(西都雜詠)〉 중 〈풍월루(風月樓)〉이다. 《陽村集 卷1》

39 우물……터 : 기자(箕子)가 평양에 도읍을 정하고 정전제(井田制)를 실시하였는데, 평양 외성에 남아 있는 그 터를 말한다.

40 상유(上游) : 상류(上流)와 같은 말이다. 국가에서 중요한 지역을 뜻하기도 하는데, 여기서는 경치 좋은 곳이라는 뜻으로 쓰였다.

이름 지었다. 위에 큰 종을 매달아 새벽과 저녁을 알렸다.

망원루(望遠樓) 부성 동쪽 대동강 언덕에 있다.

영귀정(詠歸亭) 부 남쪽 5리, 남포 가에 있다.

연광정(練光亭) 덕암 성 위에 있다. 정덕(正德) 연간에 관찰사 허굉(許硡)이 세웠다.[41] 세상 사람들이 온 세상의 경관이 뛰어난 누각들을 칭할 때 반드시 부벽루와 연광정을 으뜸으로 친다. ○ 명나라 당고의 기문에 대략 말하기를 "연광정은 성문에서 멀지 않다. 정자는 사면이 탁 트이고, 그 앞이 덕암인데, 바위가 강에 기대어 부딪치는 물살을 잘 막아서 성안의 주민들이 모두 은덕이라 여기므로 이렇게 이름하였다. 그 왼편으로 3, 4리쯤이 금수산이요, 산 꼭대기에 을밀대가 있는데 매우 평탄하고 탁 트였으며, 위에 사허정(四虛亭)이 있고, 산에 다시 우뚝 솟은 봉우리가 있는데 모란봉이라고 부른다. 산턱에 부벽루가 있어 역시 강에 의지하였고, 아래에 기린굴(麒麟窟)이 있는데 동명왕이 말을 기르던 곳이다. 또 조천석(朝天石)이 있고, 앞에 능라도가 있으니 백은탄과 이어져 있다. 동북쪽으로 또 10여 리에 주암이 있으니, 모두 정자의 왼편에 모여 있다. 그 오른편이 읍호루인데 성의 동문(東門) 위에 있으며 또 남쪽으로 5리쯤 거리에 정전제(井田制)가 남아 있으니 정자의 오른쪽이다. 그 뒤에 풍월루가 있고 누 앞에 연못이 있으며 연못 안에 작은 섬이 있다. 또 그 뒤가 쾌재정(快哉亭)이니 이 정자는 대동관 안에 있다. 또 금수산에서 일어난 한 줄기 산이 꿈틀꿈틀 서쪽으로 뻗어 엎드렸다 다시 일어난 곳에 무덤이 있으니, 기자의 관패(冠佩)를 간수

41 정덕(正德)……세웠다 : 정덕 14년인 1519년(중종14)에 허굉(許硡)이 평안도 관찰사로 부임하였는데, 이때 세운 것으로 보인다.《中宗實錄 14年 1月 26日》

해 둔 곳[42]이다.

이상이 모두 이 정자가 있는 곳인데, 유독 연광(練光)이라고 이름한 것은 대개 패수에서 취하였다. 대저 천하의 물건 중에 도(道)에 견줄 만한 것으로 물만 한 것이 없다. 물이야말로 참으로 도가 깃든 것이다. 그러므로 움직이는 것〔動〕은 물의 본성〔性〕이요, 텅 빈 것〔虛〕은 물의 체(體)요, 누인 명주〔練〕는 물의 형상〔形〕이요, 빛나는 것〔光〕은 물의 용(用)이다. 형상은 본성에 합해져서 떨어질 수 없는 것이고, 용은 체에 근본하여 갈라질 수 없는 것이다. 물이 쉼 없이 움직이는 것이 아니라면 누인 명주 같은 빛깔이 때로는 다함이 있고, 텅 비어 받아들이는 것이 아니라면 빛나는 것의 용이 때로는 없어질 것이니, 어찌 물이 그리 귀한 것이 되겠는가. 군자가 도에 뜻을 두매 어찌 또한 물에서 구하지 않겠는가. 그러므로 형상을 실천함은 본성을 다하는 것이요, 용을 통달시키는 것은 반드시 체로 돌아가는 것이다. 만일 본성을 버리고서 형상을 말하고 용을 말하면서 체를 남긴다면 이목구비의 욕망이 혹 사욕(私欲)에 구속되어 삶을 후하게 하는 부귀(富貴)와 이달(利達)이 족히 나의 삶을 해치게 될 것이다. 공자가 '물이여, 물이여.' 한 것은 물에서 취한 뜻이 있으니, 동국(東國)의 많은 학문하는 선비가 연광이라고 정자의 이름을 지은 것은 우리 공자가 남긴 뜻에서 알게 된 것이 있어서가 아니겠는가 여겨진다. 그렇지 않고 흐릿하고 불순하여도 그 혼탁함을 알지 못하고 그윽하고 잔잔하여도 그 맑은 줄을 모르는 채 물살이 빠지면 함께 들어가고 솟구치면 함께 나왔다 하면서 스스로 산수 사이에서 즐긴다 말하고, 술 마시고 시 읊고 하다가 맑은 흐름과 세차

42 관패(冠佩)를……곳 : 무덤을 뜻한다.

게 흐르는 여울을 굽어보는 따위는 진실로 이 정자를 이름 지은 당초의 뜻이 아니거니와, 또한 어찌 우리들이 오늘 기이한 경관을 대하여 통쾌해하는 뜻이겠는가." 하였다. ○ 명나라 공용경(龔用卿)의 시에,

성 위의 높은 성이 푸른 강을 굽어보고	城上高城俯碧江
아득히 안개 낀 배 천 척 늘어서 있네	茫茫煙艇列千艘
물고기 수도 없이 물에 들락날락하고	游魚出水沒無數
흰 새 한 쌍은 맑은 모래에 내려앉네	白鳥晴沙下一雙
석벽에 구름 비끼니 먼 곳 나무 흔들리고	石壁橫雲搖遠樹
바다 바람은 물결치고 찬 창에 들어오네	海風吹浪入寒窓
금옥 비친 수면 참으로 비단 같고	浮金沈碧眞如練
한번 높은 하늘 바라보매 바다까지 다하네	一望層霄盡海邦

하였다. ○ 명나라 화찰(華察)의 시에,

청명한 햇빛 몇 천 리 비추는데	晴光幾千里
높은 정자가 맑은 물가에 서 있네	危亭落淨川
홀연 패옥 소리 들리니	忽聞環佩響
아마 능파선[43]이 있는가 보이	疑有凌波仙

하였다. ○ 본조 이이(李珥)의 시[44]에,

연광정 높은 누각 강가에 솟았는데	練光高閣臨江渚
십 리 펀펀한 물결 거울처럼 열렸구나	十里平波寒鏡開

43 능파선(凌波仙) : 물 위를 걷는다는 아름다운 수신(水神) 이름이다. 상고 시대 복희씨(伏羲氏)의 딸 복비(宓妃)가 낙수(洛水)에서 익사하여 수신이 되었다는 전설이 있다.《藝文類聚 卷8 洛水 洛神賦》

44 이이(李珥)의 시 : 〈연광정(練光亭)〉이다.《栗谷全書 卷2》

교목 가지 저 너머로 흰 새 맴돌다 사라지고　喬木遙看白鳥沒
옛 성 저 멀리 푸른 구름이 감싸고 돌아드네　古城迴抱青雲回
손 들어 그 옛날 교진[45]을 그리며　擧手遐思揖喬晉
돛 달아 곧장 봉래산 오르고 싶네　掛帆直欲超蓬萊
바람 앞에 옷깃 헤치고 술잔 잡으니　當風披襟動霞酌
지는 해도 날 위해 머물러 배회하네　落日爲我猶徘徊

하였다.

쾌재정(快哉亭) 대동관 북쪽에 있다. ○ 당고의 시에,

그윽한 정자가 빈관을 맞이하고　幽亭候賓館
맑은 바람이 때때로 불어오네　淸風有時來
더위가 활짝 가심을 보아라　試看滌煩暑
이 경치가 자못 쾌한지고　此景殊快哉

하였다. ○ 본조 이상의(李尙毅)의 시[46]에,

승경지에 세운 층층 누각 나는 듯하여　選勝翬層構
높은 난간에 기대니 나그네 마음 트이네　憑高豁客心
맑은 강물 포구 끝까지 통하고　江明通極浦
먼 들판은 평평한 숲을 둘렀네　郊迥帶平林
지나가는 비에 비낀 석양 숨어들고　過雨藏斜照
돌아가는 구름은 옅은 그늘 희롱하네　歸雲弄薄陰

45 교진(喬晉) : 주 영왕(周靈王)의 태자인 왕자교(王子喬)이다. 일명 진(晉)이라고 하므로 합칭한 것이다. 그는 뒤에 신선이 되어 승천했다고 한다.
46 이상의(李尙毅)의 시 : 〈쾌재정 시에 차운하다(次快哉亭)〉이다. 《少陵集 卷1》

난대에 부는 바람 갈수록 빨라지니　　蘭臺風轉駛
애오라지 다시 가슴 활짝 열어젖히네　　聊復快開襟

하였다.

함벽정(涵碧亭) 부벽루 북쪽에 있다.

열운정(閱雲亭) 대동도 찰방의 관사 위에 있다. 본조 양사언(楊士彥)이 이름 지었다.

을밀대(乙密臺) 금수산 정상에 있다. 평탄하고 툭 트이어 있다. 사허정(四虛亭)이라고도 칭한다. ○ 명나라 사도(史道)의 시에,

금수산 산 위 정자는　　錦繡山上亭
온 대가 평평하기 손바닥 같아라　　一臺平如掌
아마도 천상의 신선이 있어서　　恐有天上仙
바람 타고 때로 오가나 보이　　乘風時來往

하였다.

봉황대(鳳凰臺) 부 서남쪽 10리, 옛 다경루(多慶樓) 서쪽에 있다. 세 개의 산과 두 줄기로 흐르는 물의 경치가 빼어나다. 본조 김시습(金時習)의 시[47]에 "봉황대 언덕에 봄풀 푸른데, 봉황은 이미 가서 지금 돌아오지 않았네.〔鳳凰臺畔春草綠 鳳凰已去今不返〕" 한 것이 바로 이곳이다.

47 김시습(金時習)의 시 : 〈봉황대(鳳凰臺)〉이다. 《梅月堂集 梅月堂詩集 卷9》

봉수 烽燧

부산 봉수(斧山烽燧) 북쪽으로 순안현의 독자산(獨子山)에 응하고, 남쪽으로 작약산(作藥山)에 응한다.

작약산 봉수(作藥山烽燧) 부 서쪽 14리에 있다. 남쪽으로 솟당재(所叱堂岾)에 응하고, 북쪽으로 부산에 응한다.

솟당재 봉수(所叱堂岾烽燧) 부성 안에 있다. 남쪽으로 화사산(畫寺山)에 응하고, 북쪽으로 작약산에 응한다.

화사산 봉수(畫寺山烽燧) 부 남쪽 26리에 있다. 남쪽으로 중화군의 운봉산(雲峯山)에 응하고, 북쪽으로 솟당재에 응한다.

불곡 봉수(佛谷烽燧) 부 서쪽 100리에 있다. 북쪽으로 영유현(永柔縣)의 대선곶(大船串)에 응하고, 남쪽으로 마항(馬項)에 응한다.

마항 봉수(馬項烽燧) 부 서쪽 96리에 있다. 북쪽으로 불곡에 응하고, 남쪽으로 가막(加幕)에 응한다.

가막 봉수(加幕烽燧) 부 서쪽 98리에 있다. 북쪽으로 마항에 응하고, 남쪽으로 철화(鐵和)에 응한다.

철화 봉수(鐵和烽燧) 부 서쪽 99리에 있다. 북쪽으로 가막에 응하고, 남쪽으로 증산현의 토산(兔山)에 응한다.

우역 郵驛

대동역(大同驛) 대동문 안에 있다. 찰방사 본역(本驛)이다.

차문원(車門院) 다경루 서쪽 2리에 있는데, 또한 옛 성문(城門)이다.

봉국원(奉國院) 부 동북쪽 30리에 있다.

재송원(栽松院) 부 남쪽 11리에 있다. 원(院) 곁에 소나무 몇 십 그루가 있으며, 손님을 전별하는 곳이다. 재송정(栽松亭)이라고도 한다.

부산원(斧山院) 부산에 있다.

대비원(大悲院) 부 동쪽 1리에 있다.

대정원(大井院) 부 남쪽 30리, 대정 곁에 있다.

보통원(普通院) 보통문 밖에 있다.

우정원(牛井院) 부 동쪽 20리, 우정 곁에 있다.

강복원(降福院) 부 서북쪽 15리에 있다.

학궁원(鶴宮院) 안학궁(安鶴宮) 북쪽에 있다.

관량 關梁

비전교(碑前橋) 영숭전 앞에 있다.

경창문동교(慶昌門洞橋) 보통문 동쪽에 있다.

열운교(閱雲橋) 열운정 동쪽에 있다. 세속에서 찰방우교(察訪隅橋)라고 칭한다.

청석교(青石橋) 함구문 안에 있다.

법수두교(法獸頭橋) 현복현(玄福峴) 동쪽에 있다.

삼청교(三淸橋) 삼청관(三淸館) 동쪽에 있다.

영제교(永濟橋) 재송원 서북쪽에 있다.

슬화천교(瑟和川橋) 평양강 상류에 있다.

동천교(銅川橋) 강서현 지경에 있다.

연창교(連滄橋) 부 서남쪽 12리에 있다.

통한교(通漢橋) 부 서남쪽 5리에 있다.

대제교(大濟橋) 중화군 지경에 있다.

대동강나루〔大同江渡〕 일명 패강나루〔浿江渡〕라고 한다. 부성 동쪽 1리에 있으니, 바로 대동강 관도(官渡)이다. ○ 명나라 장녕(張寧)의 시에,

평양 외론 성을 새벽에 떠나가는데	平壤孤城發曉裝
화려한 뱃전에 풍악 울리고 봄볕이 고와라	畫船簫鼓麗春陽
새 나는 저편에 구름 다하니 청산 솟아 있고	鳥邊雲盡青山出
나루 어귀에 조수 드니 푸른 바다 아득하네	渡口潮通碧海長
황은은 온 대지와 같음을 함께 기뻐하노니	共喜皇恩同大地
내 몸이 타향에 있음을 깨닫지 못하겠구나	不知身世是他鄕
푸른 술통은 자주 서로 권하지 말라	清樽且莫頻相勸
사신의 행렬은 동풍에 갈 길 아득하다	四牡東風路渺茫

하였다. ○ 명나라 고윤(高閏)의 시에,

상국의 밝은 조서 반포하느라	上國頒明詔
먼 지방에서 와 근신 접하였네	遐方接近臣
그림배는 나루를 비껴 멀리 나가고	畫船斜渡遠
고상한 연회엔 얕은 술잔 자주 오가네[48]	高宴淺斟頻
언덕 버들은 안개 끼어 어둡고	岸柳和煙暗
강에 핀 꽃은 비 맞아 새롭네	江花帶雨新

48 얕은……오가네 : 술을 조금씩 마시며 풍류를 즐기는 광경을 묘사하였다. 《녹창신화(綠窓新話)》 〈상강근사(湘江近事)〉에 "조금씩 술을 음미하면서 미인의 고운 노랫소리를 듣는다.〔淺斟低唱〕"라는 송(宋)나라 한림학사(翰林學士) 도곡(陶穀)의 일화가 나온다.

만나서 시 지어 읊는 이들은　　眼看題詠者
모두 강을 건네줄 분들이시네[49]　　俱是濟川人

하였다.

묘사 廟祠

숭인전(崇仁殿) 성안에 있다. 고려 숙종 10년(1105) 어가가 서경에 행차하였을 때에 정당문학(正堂文學) 정문(鄭文)이 건의하여 기자사(箕子祠)를 세우고 중사(中祀)로 제사를 지냈다. 본조 장헌왕(莊憲王 세종) 12년(1430)에 증수하여 비를 세웠고, 광해군(光海君) 4년(1612)에 숭인전이라고 이름을 고쳤다. 그리고 선우씨(鮮于氏)를 기자의 후손이라 하여, 선우식(鮮于寔)을 전감(殿監)으로 삼아 그 사당을 지키게 하고 자손들이 세습하게 하였다. ○ 변계량(卞季良)의 〈기자사비(箕子祠碑)〉[50]에 "선덕(宣德) 3년 무신년(1428, 세종10) 여름 4월 갑자일(12일)에, 국왕 전하께서 전지(傳旨)하신 것은 대략 '옛날에 주 무왕(周武王)이 은(殷)나라를 이긴 뒤에 은나라의 태사(太師)를 우리나라에 봉하여 마침내 그의 신하가 되지 않으려는 뜻을 이루게 하였다. 우리 동방의 문물과 예악이 중국을 본떠서 지금까지

49 모두……분들이시네 : 영접 나온 사신들을 높여서 일컬은 말이다. 은 고종(殷高宗)이 부열(傳說)에게 명하기를 "내가 만일 큰 냇물을 건너게 된다면 그대를 배와 노로 삼으리라.〔若濟巨川, 用汝作舟楫.〕" 한 데서 온 말로, 전하여 재상 등 제왕을 보좌하는 관리를 지칭한다. 《書經 說命上》

50 변계량(卞季良)의 기자사비(箕子祠碑) : 〈기자묘비명 병서(箕子廟碑銘幷序)〉이다. 《春亭集 春亭文集 卷12》

2000여 년이 된 것은 오직 기자의 가르침에 힘입어서이다. 다만 그 사우(祠宇)가 좁고 누추하여 경배(敬拜)하기에 걸맞지 않으므로 우리 부왕(父王)께서 일찍이 중수하라 명하셨고, 내가 그 뜻을 이어받아 그 일을 감독하여 이제 준공되었다. 이에 마땅히 비석에 새겨 영원히 후대에 보여야 하니, 사신(史臣)이 그 글을 지으라.' 하였다. 신 변계량은 명을 받들고 삼가 떨려서 감히 사양하지 못하였다. 신이 가만히 생각건대 공자(孔子)가 문왕(文王)과 기자를 아울러 《주역(周易)》에서 열기하였고,[51] 또 '삼인(三仁)'으로 일컬었으니,[52] 기자의 덕을 이루 다 찬양할 수 없다. 생각건대 옛날 우(禹) 임금이 수토(水土)를 평정할 때 하늘이 〈홍범(洪範)〉을 주어 이륜(彝倫)이 펴졌다. 그러나 그 설이 일찍이 한 번도 우(虞), 하(夏)의 글에 보이지 않다가 1000여 년을 지나 기자에 이르러서야 비로소 그 설이 나왔으니, 그때에 기자가 무왕을 위하여 〈홍범〉을 진술하지 않았다면 〈낙서(洛書)〉의 천인(天人)의 학(學)을 후세 사람들이 무엇으로부터 알았겠는가.[53] 기자가 사도(斯道)에 공이 있음이 어찌 우연이겠는가.

기자는 무왕의 스승이다. 무왕이 그를 다른 나라에 봉하지 않고 우리 조

51 공자(孔子)가……열기하였고 : 《주역》 〈명이괘(明夷卦)〉의 첫 번째 단전(彖傳)에서 문왕과 기자를 열기하였다.

52 삼인(三仁)으로 일컬었으니 : 공자가 은(殷)나라 말기의 충신인 미자(微子), 기자(箕子), 비간(比干)을 두고 "은나라에 인한 이가 세 분이 있었다.〔殷有三仁焉〕"라고 하였다. 《論語 微子》

53 그때에……알았겠는가 : 〈낙서(洛書)〉는 하(夏)나라 우(禹) 임금 9년 치수(治水) 때에 낙수(洛水)에서 나온 신귀(神龜)의 등에 쓰여 있었다는 글로, 《서경》에 기록된 홍범구주(洪範九疇)의 근원이 되었다. 《사기》에 "무왕(武王)이 은(殷)을 정벌하고 기자(箕子)를 찾아가 천도(天道)를 묻자 기자가 〈홍범〉을 말해 주었다." 하였다. 《史記 宋微子世家》

선에 봉하여 조선 사람들이 아침저녁으로 직접 가르침을 받아서 군자는 대도(大道)의 요지를 얻어 듣고, 소인(小人)은 지극한 정치의 은택을 입게 되어 그 교화가 길에 떨어진 물건을 줍지 않기에 이르렀으니, 이것이 어찌 하늘이 동쪽 나라를 후대하고자 인현(仁賢)을 내려 이 백성을 은혜롭게 한 것으로서 사람의 힘이 미칠 수 없는 것이 아니겠는가. 정전(井田)의 제도와 팔조(八條)의 금법(禁法)이 해와 별처럼 빛나서 우리나라 사람들이 대대로 그 가르침을 따랐으니, 천 년이 지난 뒤에도 마치 그 당시에 사는 듯하여 초연히 공경하는 마음으로 우러러보기를 절로 그만둘 수 없는 것이다.

삼가 생각건대 우리 공정대왕(恭定大王 태종)께서 총명하게 옛것을 상고하시고, 즐겁게 경사(經史)를 보셨고, 우리 전하께서는 하늘이 주신 예지(睿智)의 자질로써 성학(聖學)을 계속해서 밝히셨으니, 그 홍범구주(洪範九疇)의 도(道)도 대개 정신이 모여 마음이 융합된 것이다. 이 때문에 친히 짓고 계술하여 그 덕을 높이고 공을 갚는 전례(典禮)를 이룩함이 지극한 정성에서 나왔으니, 이는 진실로 전대의 군왕이 짝할 수 있는 바가 아니다. 그리하여 경사(卿士)와 백성들이 서로 이끌고 일어나 이를 교훈으로 삼고 실행하자, 천자의 성덕(盛德)을 가까이함으로써 베풀어 주시는 복을 받을 수 있었다는 데 의심이 없다. 아아, 성대하도다! 대개 약간의 집을 짓고 제전(祭田)을 두어서 제수(祭需)를 공급하게 하고, 부역을 면제시켜 쇄소(灑掃)를 맡게 하며, 부윤(府尹)에게 명하여 향사(享祀)를 삼가 받들게 하니, 묘궁(廟宮)의 일은 대체로 부족함이 없을 것이다. 신 변계량이 감격을 이기지 못하여 삼가 절하고 머리를 숙여 명(銘)을 바친다. 명은 다음과 같다.

아아, 기자는 嗚呼箕子
문왕과 짝이 되어 文王爲徒

진실한 〈홍범〉의 允也洪範
제훈을 펴시었네 帝訓是敷
은나라의 스승일 뿐 아니요 匪直師殷
실로 무왕의 스승이니 實師武王
은나라는 버려 망하였고 殷棄以亡
주나라는 찾아 흥했도다 周訪以昌
크나큰 천하에 大哉天下
안위를 맡은 몸이 身佩安危
거두어 동방에 오니 斂而東來
하늘의 은혜로세 天其我私
가르치고 다스려서 以敎以治
팔조의 법 밝히니 八條其章
어느 어리석은 자 밝아지지 않으며 孰愚不明
어느 유약한 자 강해지지 않으리 孰柔不强
《한서》에 칭찬하여 漢書稱美
길에 떨어진 물건을 줍지 않는다고 했고 道不拾遺
오랑캐를 중국으로 만들었다고 俾夷爲華
당나라에서 비석을 세웠네 唐有其碑
부지런한 우리 임금 亹亹我王
끊어진 학문을 환히 이어 光紹絶學
그 이치를 깊이 아시고 心契其理
그 법을 몸소 행하여 躬行其法
짓고 계술하니 旣作乃述

사우가 장엄하네 祠宇翼翼
우뚝 솟은 그 당에 有峙其堂
편안히 계신 신께 神御攸寧
세시로 제사 지내 歲時享祀
정성껏 공경하네 克敬克誠
아아, 소신이 嗟嗟小臣
경전에 잠심하다가 潛心遺經
이제 왕명을 받들어 今承王命
머리 숙여 명을 지으니 稽首撰銘
성덕의 환한 빛이 盛德之光
억만년에 미치소서 彌萬億齡"

하였다.

사직단(社稷壇) 부 서쪽에 있다.

문묘(文廟) 향교에 있다.

단군사(檀君祠), **동명왕사**(東明王祠) 숭인전 곁에 있다. 두 사당이 사우를 같이하는데, 단군은 서쪽에 있고 동명왕은 동쪽에 있으며 모두 남향이다. 매년 봄가을로 향축(香祝)을 내려 중사(中祀)로 제사 지낸다. 본조 장헌왕 11년(1429)에 처음 설치하였다. ○ 권근의 응제시[54]에,

전설을 듣자니 옛날 태곳적에 聞說鴻荒日
단군이 나무 아래 내려왔다고 檀君降樹邊

54 권근의 응제시 : 〈명제(命題)〉 10수 중 〈상고 시대 개벽한 동이왕(始古開闢東夷主)〉이다. 《陽村集 卷1》

임금 되어 동쪽 나라 다스렸으니	位臨東國土
저 중국 요 임금 때와 같다오	時在帝堯天
전해 온 세대가 얼마인지 모르나	傳世不知幾
햇수로는 진작에 천 년이 넘었고	歷年曾過千
뒷날 기자의 대에 와서도	後來箕子代
똑같이 조선이라 이름하였다오	同是號朝鮮

하였다.

성황사(城隍祠) 부 서쪽 4리에 있다.

여단(厲壇) 부 북쪽에 있다.

평양강사(平壤江祠) 봉황대 위에 있다. 사전(祀典)에 서독(西瀆)이라고 하여 중사(中祀)로 실려 있다.

구진익수사(九津溺水祠) 부 서쪽 9리에 있다. 남쪽 언덕에 바위가 있으니 원두(猿頭)라고 한다. 매년 봄가을로 향을 내려 제사 지내니, 하사(下祀)로 실려 있다.

대동강사(大同江祠) 대동문 밖 강가에 있다.

무열사(武烈祠) 부 -원문 2, 3자 결락-에 있다. □□ 때에 사당을 세워 명나라 만력 □□에 왜군을 정벌한 장리(將吏)에게 보답하는 제사를 지냈다. 병부 상서(兵部尚書) 석성(石星), 도독(都督) 이여백(李如栢)이 정위(正位)에 있고,[55]

55 병부……있고 : 무열사에는 석성(石星), 이여송(李如松), 양원(楊元), 이여백(李如栢), 장세작(張世爵) 5인을 향사하였다. 제독 이여송 이하 3인은 이여송의 표하관으로 양원은 좌협대장(左脇大將)이고 이여백은 중협대장(中脇大將)이고 장세작은 우협대장(右脇大將)이다. 이여백은 도독첨사로서 이여송의 아우이다. 5인의 화상이 모두 있었는데, 정묘호란 때 화재로 인해 석성과 이여백의 화상만 남게 되었다.《燃藜室記述 別集 祀典典故 諸祠》

그 제의(祭儀)는 종향(從享)이라고 한다.

능묘 陵墓

기자(箕子) 묘 부성 북쪽 토산(兎山) 위에 있다. 본부로 하여금 묘도(墓道)를 수리하게 하고 제전(祭田) 및 수호(守戶)를 두었다. ○ 명나라 예겸(倪謙)의 시에,

태사의 옥체가 이 깊은 산에 묻히셨다기로	太師埋玉此山深
초장을 마련하여 한 잔을 부으려 하네	欲奠椒漿試一斟
종사 보존하려는 뜻은 응당 미자와 같고	存祀應同微子志
안인함은 곧 비간과 한마음이었지	安仁卽是比干心
묘대에 구름이 따스한데 푸른 솔이 어우러졌고	墓臺雲暖蒼松合
옹중[56]에 봄이 깊어 파란 이끼 돋았네	翁仲春深碧蘚侵
듣건대 동국 사람이 보본[57]을 숭상하여	聞說東人崇報本
세시에 제사 올려 흠향하시기 바란다네	歲時祠享望來歆

하였다. ○ 본조 이이의 시[58]에,

옥마가 동쪽으로 와서 우리 선대를 열었으니	玉馬東來啓我先

56 옹중(翁仲) : 묘소 앞에 세워 둔 석상(石像)을 일컫는다.

57 보본(報本) : 조상의 은혜에 보답하는 정성을 말하는데, 바로 제사를 지칭한다. 《예기》 〈교특생(郊特牲)〉에 "오직 사의 제사에는 구승으로 제물을 갖추게 하니, 근본에 보답하여 시초에 돌이키는 뜻이다.〔唯社, 丘乘共粢盛, 所以報本反始也.〕"라고 한 말에서 나왔다.

58 이이의 시 : 〈중국 사신 황홍헌이 연도에서 지은 글에 차운하다〔次黃天使洪憲沿途諸作〕〉 중 〈기자묘(箕子廟)〉이다. 《栗谷全書 卷2》

깊이 미우의 탄식[59]으로 인현을 우러르네 嘆深微禹仰仁賢
감히 도회로써 몸 둘 곳을 삼으려 하였으니 敢將韜晦爲身地
다만 간정[60]함이 하늘에 부끄럽지 않다네 秖是艱貞不愧天
옛 묘는 처량하게 찬 안개 속에 있고 古墓凄涼寒煙裏
사당은 새벽 구름 가에 환히 빛난다 明宮翬映曉雲邊
남긴 옛 풍속 지금 그대로 남았는데 遺風舊俗今猶在
서글퍼라 다시 환생시킬 길이 없네 怊悵無因作九泉

하였다.

동명왕(東明王) 묘 부 동남쪽 □□리, 중화부(中和府) 지경 용산곡(龍山谷)에 있다. 세속에서는 진주묘(眞珠墓)라고 부른다.

사찰 寺刹

영명사(永明寺) 금수산 부벽루 서쪽 기린굴 위에 있다. ○ 고려 예종(睿宗)의 시에,

59 미우(微禹)의 탄식 : 우 임금의 치수(治水)한 공적을 칭송한 말이다. 《춘추좌씨전(春秋左氏傳)》 소공(昭公) 원년에 "아름답도다, 우 임금의 공이여. 밝은 덕이 멀도다. 우 임금이 아니었다면, 나는 아마 물고기가 되었을 것이다.〔美哉禹功! 明德遠矣. 微禹, 吾其魚乎.〕" 하였다.

60 간정(艱貞) : 군자가 소인에게 해침을 당하는 어려운 때를 만나 정도를 굳게 지킨다는 뜻이다. 《주역》 〈명이괘(明夷卦) 단전(彖傳)〉에 "어려울 때에 정함이 이로움은 그 밝음을 감춘 것이다. 안에 있어 어려우나 그 뜻을 바르게 하였으니, 기자가 이것을 사용하였다.〔利艱貞, 晦其明也. 內難而能正其志, 箕子以之.〕"라고 하고, 전(傳)에 "기자가 몸이 국내에 처하여 환난에 가까웠으나 그 밝음을 감추어 스스로 바른 뜻을 지켰으니, 기자가 사용한 도(道)인 것이다." 하였다.

청강 서쪽 벽에 솟아 있는 연궁 　 清江西壁聳蓮宮
물상이 초연하여 낭풍[61]에 비길 만하네 　 物像超然擬閬風
성을 둘러싼 봉우리들은 저마다 아스라하고 　 繞郭峯巒爭縹緲
숲에 가득한 꽃과 나무들은 다투어 울긋불긋 　 滿林花木鬪靑紅
비 오는 날 수레와 배가 다락 아래 꽉 찼고 　 雨天輪楫塡樓下
달밤에 생황 노랫가락 물속에 둥실 떴네 　 月夜笙歌泛水中
이제 비단으로 덮여 있는 부왕의 필적을 뵈니 　 今見罩紗神考跡
감상은 예전 그대로, 뜻이 무궁하구나 　 感傷依舊意無窮

하였다. ○ 고려 곽여(郭輿)의 시에,

부처의 절이 옛날 임금의 궁궐과 이어졌으니 　 佛宇相連舊帝宮
소나무 가래나무 천고토록 유풍 간직하였네 　 松楸千古有遺風
유리 전당이 공중에 엉겨 푸르고 　 琉璃殿屋凝空碧
수놓은 비단 주렴이 물에 비쳐 불그레하네 　 錦繡簾旌炤水紅
고요한 밤 배는 맑은 거울 속에 비껴 있고 　 夜靜船橫淸鏡裏
달 밝은 다락은 그림 병풍 속에 의지했네 　 月明樓倚畫屛中
십 년에 한 번 행행하사 사흘을 지내는 동안 　 十年一幸經三日
눈에 가득한 부연 물결, 지취가 무궁하구나 　 滿目煙波趣不窮

하였다.

주암사(酒巖寺) 주암 곁에 있다.

홍복사(弘福寺) 부 남쪽에 있다. 지금은 없어졌다.

61 낭풍(閬風) : 낭풍잠(閬風岑)을 말한다. 현포(懸圃)의 별칭으로 곤륜산(崑崙山) 꼭대기에 있다는 신선의 거처이다.

인왕사(仁王寺) 성 남쪽에 있다. 지금은 없어졌다.

광법사(廣法寺) 대성산(大城山)에 있다.

동망일사(東望日寺) 소라산(所羅山)에 있다.

서망일사(西望日寺) 서산(西山)에 있다.

장경사(長慶寺) 부성 안에 있다. 지금은 없어졌다.

두타사(頭陀寺) 대성산에 있다.

회룡사(回龍寺), 용악사(龍嶽寺) 모두 용악산에 있다.

송태사(松泰寺) 대보산에 있다.

용천사(用泉寺) 사기리산(沙器里山)에 있다.

환희사(歡喜寺) 백록산(白鹿山)에 있다.

화원사(花元寺) 자화산(慈化山)에 있다.

천림사(天林寺) 건지산(巾之山)에 있다.

원명사(元明寺) 눌산(訥山)에 있다.

고적 古蹟

기자궁(箕子宮) 유지(遺址)가 정양문(正陽門) 밖에 있다.

기자전(箕子田) 외성(外城) 안에 있다. 기자가 밭 형태를 구획하였으니 유적이 완연하여 세상에서 정전(井田)이라고 칭한다. ○ 본조 한백겸(韓百謙)의 〈기전설(箕田說)〉[62]에 "정전 제도는 선유(先儒)가 상세히 논하였다. 그러나 그 설이 모두 맹자(孟子)를 조종(祖宗)으로 삼고 있으므로 특히 주

62 한백겸(韓百謙)의 기전설(箕田說) : 〈기전유제설(箕田遺制說)〉이다. 《久菴遺稿 上》

(周)나라 제도에 대해 유독 자세하고, 하(夏)나라와 은(殷)나라 제도에 대해서는 징험할 자료가 없다. 주자(朱子)의 조법(助法)에 대한 의론도 추측하고 헤아린 데서 나온 것이어서 서로 참고하고 조사하여 밝힌 내용이 없다. 그런즉 그것이 과연 당시 제작한 뜻에 실제로 부합하는지를 터득해서 아는 자가 없으니, 옛것을 좋아하는 선비들이 적이 병통으로 여기는 것이다. 만력(萬曆) 정미년(1607, 선조40) 가을 아우 유천공(柳川公 한준겸(韓浚謙))이 관서(關西) 관찰사로 나갔을 때, 내가 부모님을 뵈러 평양에 이르러 처음으로 기전(箕田) 제도의 유적을 보게 되었다. 천맥(阡陌)이 모두 남아 어지럽지 않고 정돈되어 있으니, 옛 성인이 관리하고 계획하여 오랑캐를 바꾸어 중국으로 만들려는 뜻을 천년 뒤에 오히려 상상해 볼 수 있었다. 옛말에 '중국이 예를 잃음은 징험이 사이(四夷)에 있다.' 하였으니, 그 말이 믿을 만하지 않은가. 그 땅에 나아가 자세히 살펴보면, 그 전형(田形)과 묘법(畝法)이 지금 《맹자》에서 논한 정자(井字)의 제도와 같지 않은 점이 있다. 그중 함구문과 정양문 밖에 있는 것이 구획이 가장 분명하니, 그 제도는 대개 전자형(田字形)이다. 하나의 전(田)에 4구(區)가 있고 각각의 구는 모두 70묘(畝)이다.

대로(大路) 안에서 횡(橫)으로 보면 4전 8구로 되어 있고, 종〔竪〕으로 보아도 또한 4전 8구로 되어 있으니,[63] 4전은 사상(四象)의 형상이고 8구는 팔괘(八卦)의 형상인가. 8개씩 64개가 네모반듯하여 그 법상(法象)이 꼭

63 횡(橫)으로……있으니 : 대본에는 '橫而見之, 亦有四田八區.'로 되어 있는데, 《구암유고》 상 〈기전유제설〉에 근거하여 '之' 뒤에 '有四田八區, 竪而見之'를 보충하여 번역하였다.

〈선천방도(先天方圖)〉[64]와 유사하다. 옛사람이 만든 제도가 어찌 본받아 취한 바가 없겠는가. 이어서 생각해 보니, 아, 이는 대개 은나라 제도이다.

《맹자》에 이르기를 '은나라 사람은 70묘에 조법(助法)을 썼다.' 하였으니, 70묘는 본래 은나라 사람의 분전(分田) 제도이다. 기자는 은나라 사람이니, 그가 들과 밭을 구획하고 나눌 때 의당 종국(宗國)을 모방했을 것이고 주나라 제도와 같지 않을 것임은 거의 의심할 것이 없다. 오직 이 천맥은 수천 년 이래 무릇 몇 번의 변이를 거치고 몇 번의 개정을 거쳐서 한자 한치의 어긋남도 없이 보존되기는 어려웠지만, 그 대략은 1묘의 길로서 구를 경계 짓고 3묘의 길로서 전을 경계 지었다. 그리고 그 3면〔旁〕의 9묘 되는 대로가 성문을 경유하여 영귀정(詠歸亭) 나루터까지 다다르게 되니, 흡사 왕래하는 큰 통행로이지 오로지 밭 사이의 경계를 위해 만든 것이 아닌 듯하다. 그러나 그것이 필시 16전 64구로서 구획하여 1전(甸)을 삼았으니 또한 경계라는 뜻이 없지 않을 것이다. 이것 외에도 밭 경계의 길이 혹 경작지를 침범하여 옛 밭을 잃는 일도 있을 것인데, 그런즉 후인들이 제작한 본의를 모르고 필시 3묘로 기준을 삼아 정정하고 다시 대중(大中)의 구분을 두지 않아 팔괘의 법상을 비록 찾을 수 없더라도 70묘를 1구로 삼고 4구를 1전으로 삼아 둘둘이 서로 나란히 해서 간다면 한 야전이 모두 동일하게 될 것이다.

반고(班固)의 《한서(漢書)》〈형법지(刑法志)〉를 살펴보면 '4정(井)이 1읍(邑)이 되고 4읍이 1구(丘)가 되고 4구가 1전(甸)이 되며, 1전에 64정(井)이 있다……' 하였는데, 그 정, 읍, 구, 전의 명칭이 비록 주나라 제도에

64 선천방도(先天方圖) : 송나라 소옹(邵雍)이 64괘를 배열하여 만든 역상도(易象圖)이다.

서 사용된 것이긴 하나 4개씩 묶어 상위 단위의 수(數)를 만들고 가로 세로 각각 4개로 방형(方形)을 이루었으니, 이 기전(箕田)과 실로 정확하게 합치된다. 반고는 매우 박학하였으니, 아마도 이렇게 답습한 내력이 있을 것이다.

애석하게도 그 전적(田籍)이 완전하지 않아서 그 제도를 다 알아낼 수 없다. 지면이 뾰족하고 경사지거나 기울고 외진 곳에 있어서 방형을 이루지 못한 곳은 혹 1~2개의 전(田), 혹 2~3개의 구(區)로 지세를 따라 설정하였는데, 이것은 향인들이 전하여 '여전(餘田)'이라 칭하였다고 한다. 비록 주나라의 정전 제도도 그 지형이 먹줄로 친 듯이 반듯하지 못하여 정전을 설정할 수 없는 곳도 내버리고 쓰지 않지는 않았을 것이니, 그 제도도 이렇게 하지 않을 수 없었을 것이다. 그중에 공전(公田)이나 여사(廬舍)의 제도는 비록 상고할 수가 없으나 그 전제가 이미 정(井)자형이 아니라면 《맹자》에서 '가운데에 공전이 있고 여덟 집이 모두 100묘씩 사유한다.'라고 한 제도와는 이미 현격한 차이가 있다. 생각건대 은나라 때는 비록 들판에 있는 밭을 받았더라도 그 여사는 반드시 밭 부근에 있는 것이 아니라 모두 촌락이나 성읍 안에 모여 있었을 것이며, 그 공전 또한 모두 한 모퉁이 지역에 있지 분명 사전(私田) 중앙에 끼어 있지 않았을 것이다. 그리하여 파종, 김매기, 수확 등의 작업을 할 때 거리의 원근이 같지 않아서 백성들에게 괴로운 점이 있었을 것이다. 또한 점차 문화가 갖추어지고 길흉의례가 번다해져서 70묘로는 부모님을 봉양하고 장사 지내는 비용을 마련하기에도 부족하였을 것이다. 그러므로 희주(姬周 주나라)가 천하를 통치하게 되자 하늘을 따르고 백성의 사정을 생각하여 100묘로 늘리는 동시에 정전법을 만들어 여덟 집이 1개 정전을 함께 경작하게 하고 중앙에 공전을 두었다. 그리하여 봄철에는 백성들이 들에 있는 집에 나가 있고 겨울철에는 성안에 있는 집으로 모여 있게 함으로써 그 제도가 비로소 완비되었으며, 질박한 데서부터 형식을 갖추게 된 것이니 그 제도의 변혁과 면적의 증감은 당시 실정에 따라 이렇게 하지 않을 수 없었던 것이다. 그렇다면 정전법으로 토지를 나눈 것은 오랜 옛일이 아니라 사실 주나라 사람에서부터 시작된 것이다.

간혹 주자의 '구혁(溝洫)[65]을 바꾸느라 인력의 소비가 많았다.'라는 말을 가지고 맹자의 말에 대해 의심을 하기도 하는데, 이는 그렇지 않은 듯하다. 《맹자》에서는 '편안하게 해 주기 위한 방법으로 백성을 부리면 아무리 힘들더라도 원망하지 않는다.'라고 하였다. 주자 또한 일찍이 논하기를 '혁명으로 시대를 바꾸어 크게는 건정(建正)[66]으로 역수(歷數)를 운용하고, 작게는 문자를 통일하고 수레바퀴 궤도를 같게 하였으니,[67] 아울러 모두 고쳐 만듦으로써 한 시대의 이목을 새롭게 하였다.'라고 하였다. 그렇다면 하물며 이 제도가 백성들에게 재산을 일정하게 하여 실로 인정(仁政)을 펴는 큰 일인데, 어찌 작은 비용을 따지느라 폐습을 그대로 답습하여

65 구혁(溝洫) : 주나라 때 전지(田地) 사이에 있던 수로(水路)인데, 10부(夫)의 전지 사이에 있는 것을 구(溝), 100부의 전지 사이에 있는 것을 혁(洫)이라 하였다. 《周禮 地官司徒 遂人》

66 건정(建正) : 건인(建寅)과 같다. 옛날 하후씨(夏后氏)가 인월(寅月)로 세수(歲首)를 삼았으니, 즉 지금의 음력이다. 《논어집주(論語集註)》 〈위령공(衛靈公)〉의 "하나라의 역법을 시행하며〔行夏之時〕"라고 한 글에 대한 주희(朱熹)의 주에 "하나라의 역법이란 인방에 선 달로 세수를 삼는 것을 말한다.〔夏時, 謂建寅之月爲歲首也.〕" 하였다.

67 문자를……하였으니 : 《중용장구(中庸章句)》 제28장에 "지금 천하에 수레는 바퀴의 궤도가 똑같으며, 글은 문자가 똑같다.〔今天下, 車同軌, 書同文.〕"라고 한 데서 온 말이다.

함께 변화되지 않을 수 있겠는가. 아아, 관민(關閩)의 제현들[68]이 모두 왕을 보필할 만한 인재로서 난세에 태어나서 삼대(三代)의 제도를 회복하는 것을 자기 임무로 생각하였다. 그리하여 남아 있는 경전들을 수습하고 옛날 제도를 논술하는 데 거의 미진한 곳이 없게 천명하였는데, 그래도 막연한 감이 있어서 하나로 통일된 의론을 찾지 못하였다. 만약 당시에 이 땅에 와서 이 제도를 직접 보았더라면 그들이 선왕이 전제를 만든 의의를 설명하는 데 필시 손바닥을 가리키듯이 소상하게 하였을 터인데 그럴 수 없었던 것이 유감스럽다." 하였다.

○ 유근(柳根)이 말하기를[69] "구암(久菴) 한공(韓公)의 〈기전설(箕田說)〉을 살펴보면 '기전은 함구문과 정양문 밖에 있는 것이 구획이 가장 분명하다. 그 제도가 모두 전(田)자형으로 되어 4구로 나뉘어 있는데 구마다 모두 70묘이다. 구를 경계 짓는 길은 너비가 1묘이고 전을 경계 짓는 길은 너비가 3묘로써 전부 16개의 전에 총 64개 구이다. 64개 구의 삼면에 또 9묘의 길이 있는데 성문을 경유하여 강가에까지 이른다. 지면이 뾰족하고 경사지거나 기울고 외진 곳에 있어서 방형을 이루지 못한 곳은 혹 1~2개의 전, 혹 2~3개의 구로 지세를 따라 설정하였는데, 이것은 향인들이 지금까지도 전하여 「여전(餘田)」이라고 하였으니 이 또한 모두 70묘이다.' 하였다.

아, 고금의 사람들이 이 지역을 지나면서 이 밭을 본 자가 얼마나 많겠

68 관민(關閩)의 제현들 : 관민은 염락관민(濂洛關閩)을 줄인 말이다. 즉 염계(濂溪)의 주돈이(周敦頤), 낙양(洛陽)의 정호(程顥)·정이(程頤) 형제, 관중(關中)의 장재(張載), 민중(閩中)의 주희(朱熹)를 일컫는 말로, 송대(宋代)의 성리학자들을 가리킨다.

69 유근(柳根)이 말하기를 : 〈기전도설발(箕田圖說跋)〉이다. 《西坰集 西坰文集 卷6》

는가마는 단지 완연한 고적만 감상할 따름이었다. 유독 공은 후대에 태어나 옛것을 좋아하여 천여 년 후에 옛 성인의 토지를 분배하고 재산을 제정한 뜻을 구하고자 하여 도설을 만들어서 사람마다 기전(箕田) 1구가 70묘가 된다는 것을 분명히 알게 하였다. 이는 바로 《맹자》에서 '은나라 사람은 70묘'라고 한 설과 부절처럼 딱 들어맞으니, 어찌 요행한 일이 아닌가. 《맹자》에 이르기를 '사방 1리(里)가 정(井)이니 정은 900묘이다. 그 가운데가 공전(公田)이다.' 하였으니, 대개 정자형으로 만들면 바로 9구가 만들어진다. 8가(家)가 모두 8구에 각 100묘를 사유하고, 공전 100묘의 구에 나아가 그중 20묘로 여사를 지어 8부(夫)가 거주하니, 그들이 경작하는 공전은 모두 10묘이다. 이것이 주나라 제도이다. 《맹자》에 이르기를 '은나라 사람은 70묘에 조법을 썼고, 주나라 사람은 100묘에 철법(徹法)을 썼으니, 그 실제는 모두 10분의 1을 한 것이다. 철(徹)은 통한다는 뜻이요, 조(助)는 빌린다는 뜻이다.' 하였다. 《맹자》에서는 주나라 사람의 100묘 제도를 논하면서 실로 자세하게 하고, 은나라 사람에 이르러서는 단지 70묘에 조법을 썼다고만 하였다. 당시 제후들이 모두 주나라 때의 장부를 버렸으니, 하물며 은나라의 제도가 어찌 보존되어 여전히 남아 있는 것이 있었겠는가. 주 부자(朱夫子 주희)의 시대는 맹자의 시대와 또 머니, 주나라 제도로써 추단하여 밝히지 않을 수 없었다. 그리하여 해석하기를 '상(商)나라 사람이 처음으로 정전제를 만들어 630묘의 땅을 9구로써 구획하였으니 1구는 70묘이다. 가운데는 공전으로 삼았으며, 그 밖은 8가에 각각 1구씩 주었다. 다만 8가의 힘을 빌려서 공전을 도와 경작하게 하되, 그들의 사전에는 다시 세금을 부과하지 않았다.' 하였다. 또 이르기를 '가만히 헤아려 보니 상나라 제도 또한 의당 이와 같아서 14묘를 여사로 삼고 1부(夫)

가 실제로 공전 7묘를 경작하였을 것이니 이 또한 10분의 1에 불과하다.' 하였다. 주자가 은나라 제도를 상고하지 못했으니 이로써 저것을 헤아려 그 제도로 삼은 것이 응당 이와 같게 되었다. 옛날 한퇴지(韓退之 한유(韓愈))가 〈석고부(石鼓賦)〉를 지은 것은 대개 공자가 진(秦)나라에 이르지 못하여 그 글을 볼 수 없었음을 한탄한 것이다. 만약 주 부자가 이 도설을 보았다면 다시 어떻다 여겼겠는가. 그 공전과 여사의 제도도 감히 억측하고 헤아릴 수 없다. 이 전형(田形)에 나아가 보면 4구는 4부가 받은 밭이고 8구는 8부가 받은 밭이다. 70묘의 가운데에 나아가서 7묘로서 공전을 삼은 것은 주 부자의 주장대로라면 또한 10분의 1이 되는 것이 맞다. 여사의 경우 주나라 때 제도가 크게 구비되었으나 오히려 공전 20묘를 취하여 8부의 여사로 삼았으니, 이것이 1부의 거처이고 2묘 반에 지나지 않는다. 만약 1부가 받은 구를 취하여 7묘로써 공전을 삼아 힘을 빌어 경작하도록 하고, 다시 63묘에 세금을 부과하지 않는다면 비록 1, 2묘로서 여사를 지어 거처하더라도 또한 자연 10분의 1 제도에는 해가 되지 않을 것이다. 1부의 거주지가 70묘 안에 있거나 아니면 혹 도성에 집이 있거나 산에 집이 있는 자가 들에 있는 밭을 받아 왕래하며 경작할 경우 등은 모두 상고해 낼 수가 없다." 하였다.

○ 허성(許筬)이 말하기를[70] "서경의 남쪽에 밭이 있는데, 서로 전하기를 기자의 정전이라고 한다. 학사, 대부로서 동서로 행차하여 이 도읍을 지나는 자들은 모두 길을 우회해서 지나는데, 다만 그 전제(田制)가 일반과 다름을 보고 옛 유적이라고 여길 뿐이지 실로 그 처음이 주나라 정전이 아니

70 허성(許筬)이 말하기를 : 〈기전도설후어(箕田圖說後語)〉이다. 《岳麓集 卷2》

라 바로 은나라 제도임을 알지 못한다. 정미년(1607, 선조40) 가을에 구암(久菴) 한 시랑(韓侍郎 한백겸)이 관서에 가서 옛 나라의 형승을 두루 살피다가 마침내 정전이라는 것에 이르러서는 둘러보다 못해 감회가 일고 감회가 일다 못해 자로 측량하기에 이르렀다. 그 경계 지어진 소로를 따라 천맥을 정하고 묘법으로 대략 계산하니 바로 70묘씩의 전자형이었다. 대저 70묘의 조법을 실시한 것은 바로 은나라 사람의 통용된 법이다. 이때 주나라 법이 천하에 아직 널리 펴지지 못하였는데 기자는 은나라 왕실의 남은 원로로서 우리나라에 봉해졌으니, 은나라 사람이 은나라 법을 시행한 것은 당연한 일이다. 그렇다면 70묘씩의 전자형이 어찌 기자가 우리나라에 직접 전한 법이 아니겠는가. 은나라 전제는 연대가 한참 멀고 전적도 전하는 것이 없으므로 주 부자의 명철함으로도 고증할 길이 없어서 주나라 제도에 따라 추측하여 알아냈으니 옛것을 좋아하여 널리 연구하는 학사들이 지금까지 유감으로 생각하였던 것이다. 그런데 하루아침에 직접 찾아내서 천년 전의 일을 목격하였으니 어찌 통쾌한 일이 아니겠는가.

다만 공전, 사전이라는 것이 필시 제도가 있을 것인데 상고할 만한 기록이 없으니 이 점이 한 가지 유감이다. 그 그림에 나아가 추정해 보면 대개 9묘 대로 안에 70묘가 되는 것이 64구이고 사방으로 나열되어 있으니, 《역(易)》의 방도(方圖)[71]와 같다. 8구가 1행처럼 된 것이 8이고 그 1행 8구 가운데 나아가 그중 1구를 내어 공전을 삼고, 그 나머지 7구는 7가가 각각 1구씩 받아 사전으로 삼는다. 그 공전 가운데에 7가가 각각 3묘를 받

71 역(易)의 방도(方圖) : 송나라 소옹(邵雍)이 64괘를 배열하여 만든 역상도(易象圖)이다. 선천방도(先天方圖)라고도 한다.

아 여사를 지으니 3묘에 7가를 곱한 21묘를 제하면 남은 공전은 49묘이고 7가가 나누면 함께 경작하는 것 또한 각각 7묘이니, 사전 70묘와 통하면 10분의 1이 된다. 비록 명문화된 기록은 없지만 그 제도가 어찌 그렇지 않겠는가. 그 4구로써 1방단(方段)을 삼는 것은 대개 그 둘을 합하면 8이 되어 나열하지 않아도 또한 8구 1행의 뜻이니, 어찌 의미 없이 8로 만들고 4로 만들었겠는가. 이와 같다면 반드시 정전을 쓰지 않더라도 오히려 조법으로 삼을 수 있을 만하다. 아, 지금 기자 시대로부터 수천 년이 지났는데, 남은 제도가 서로 전하여 지금까지 없어지지 않은 것도 이미 다행한 일이거니와 그것이 은나라 제도임을 밝혔으니 공에서 시작된 것이 또한 한 가지 다행이다." 하였다.

구제궁(九梯宮) 고구려 동명왕의 궁이다. 옛터가 영명사 안에 있고, 궁 터 안에 문정(文井), 무정(武井) 2개의 우물이 있는데, 세상에서 전하기를 동명왕 때 판 것이라 한다. 또 청운(青雲), 백운(白雲) 2개의 다리가 있는데 자연적으로 만들어진 것이고 인력을 빌리지 않았다. ○ 고려 예종의 시에,

동명왕 대궐 가는 길 험하기도 하여	路險東明闕
수레 멈추고 소 멍에를 풀어놓았네	停輪解駕牛
옛 성이 절벽에 비껴 서 있고	古城橫絶巘
높은 누각이 찬 강을 굽어보누나	高閣枕寒流
화전은 항시 문이 열렸고	藻殿常開戶
주렴은 갈고리를 아니 내리네	珠簾不下鉤
승경 놀이 참으로 아쉬우니	勝遊眞可惜
가을 깊어지면 다시 오길 기약하네	後約更高秋

하고,

옛 궁 남은 터가 층층 봉우리에 있으니　古宮遺址在層巒
걸음걸음 올라와 보매 안계가 널찍하구나　步履登臨眼界寬
넓은 벌 세 편에는 산이 뾰족뾰족하고　曠野三邊山簇簇
긴 하늘 한 면에는 바다가 질펀하네[72]　長天一面海漫漫

하였다. ○ 고려 김극기(金克己)의 시에,

옥우가 공중에 드높이 솟아 있으니　玉宇撑空起
겹겹의 궁전이 몇 해를 지내 왔는가　重宮閱幾年
봉여가 지금 와서 풍속을 살피는데　鳳輿今問俗
기린을 타고 옛날에 신선 되어 올라가셨네　麟馭昔升仙
고갯마루는 채찍을 묻은 언덕이요　嶺杪藏鞭隴
바위 가에는 차를 달이던 샘물이 있네　巖阿試茗泉
굴은 깊어 땅 밑을 뚫었고　窟深穿地底
사다리는 멀리 하늘가에 기대어 있네　梯迥倚天邊
호경에서 술 마시던 주왕의 즐거움이요[73]　飮鎬周王樂
분수에서 노래한 한제의 사로다[74]　歌汾漢帝篇
먼 데 사람이 이 승경을 찾았으니　遠人尋勝景
끝없이 이어진 먼 길을 누가 기억하랴　誰記路綿綿

72 옛……질펀하네 : 정총(鄭摠)의 〈구제궁(九梯宮)〉이다.《復齋集 上》

73 호경(鎬京)에서……즐거움이요 : 천하가 평안해지자 주 무왕(周武王)이 호경에서 군신들과 함께 술을 마시며 즐거워한 일을 말한다.《毛詩正義 小雅 魚藻 鄭玄箋》

74 분수(汾水)에서……사(辭)로다 : 한 무제(漢武帝)의 〈추풍사(秋風辭)〉를 가리킨다. 한 무제가 하동(河東)을 순시할 적에 배를 띄우고 신하들과 어울려 술을 마시다가 매우 즐거워지자 〈추풍사〉를 지어 불렀다 한다.《漢書 武帝紀》

하였다.

기린굴(麒麟窟) 구제궁 내의 부벽루 아래에 있다. 동명왕이 이곳에서 기린마(麒麟馬)를 길렀으므로 후인들이 비를 세워 기록해 두었다. 세속에서 전하기를 왕이 기린마를 타고 이 굴에 들어와 땅속에서 굴 남쪽으로 솟아난 바위를 따라 올라가 하늘에 조회하였다고 하는데, 그 말발굽 자국이 지금까지 바위 위에 남아 있고 그 바위를 조천석(朝天石)이라고 부른다. ○ 고려 이색의 시[75]에,

기린은 백운 서린 굴을 떠나갔고	麟去白雲窟
용은 향초 자라는 물가에 돌아갔네	龍歸芳草洲
강산은 어제와 같은데	江山如昨日
나그네만 홀로 누정에 오르네	有客獨登樓

하였다. ○ 본조 이첨(李詹)의 시에,

아득히 지난 일이 괴상하고 신비하여	往事悠悠怪且神
성 동쪽에 있는 굴을 기린굴이라 하네	城東有窟號麒麟
동명왕이 여기서 하늘에 올라 조회하였으니	明王從此朝天上
큰 바위가 의연히 물가에 있다네	巨石依然在水濱
원수[76] 원류 깊어 세상 피할 만한데	沅水源深堪避世
구지 구멍[77] 좁아 겨우 한 몸 들어가네	仇池穴窄謹容身

75 이색의 시 : 〈재차 부벽루에 들르다〔再過浮碧樓〕〉이다. 《牧隱藁 牧隱詩藁 卷3》

76 원수(沅水) : 중국 호남성(湖南省)에 있는 원강(沅江)을 말한다. 전국 시대 초(楚)나라의 굴원(屈原)이 조정에서 쫓겨난 뒤로 이 원수와 상수(湘水) 사이를 유랑하며 시를 읊었다고 한다. 《楚辭 九章 惜往日》

77 구지(仇池) 구멍 : 구지는 감숙성(甘肅省)에 있는 산 이름이다. 정상에 못이 있는데 골이

전해 오는 말은 담소할 거리로 족하니 流傳足可供談笑

지나는 나그네야 진위 따질 것 뭐 있으랴 過客何煩辨僞眞

하였다.

장안성(長安城) 부 북쪽 20리의 대성산(大城山) 동북쪽에 흙으로 쌓은 옛 성이 있는데, 둘레가 5160자이다. 서로 전하기를 장안성이라 한다. 고구려 평원왕(平原王)이 평양에서 옮겨 와 살았다. 장안성 안에 안학궁(安鶴宮) 옛터가 남아 있다. 김부식이 말하기를[78] "《당서(唐書)》에는 '평양성을 또한 장안성이라고 한다.' 하였는데, 고기(古記)에는 '평양에서 장안으로 옮겼다.' 하였다. 두 성이 같은 성인지 다른 성인지 알 수 없다." 하였다.

대성산성(大城山城) 돌로 쌓았다. 둘레가 2만 4300자이다.

적두산성(赤頭山城) 평양강 서쪽에 있다. 흙으로 쌓았다. 둘레가 5100자이다. 고려 김부식이 쌓았는데, 묘청이 반란을 일으켰을 때 김부식이 군대를 이곳에 주둔시켰다.

패강진(浿江鎭) 신라 선덕왕(宣德王) 3년(782)에 한산주(漢山州)를 순행(巡幸)하고, 민가를 패강진으로 옮겼다. 헌덕왕(憲德王) 8년(816)에 우봉 태수(牛峯太守) 백영(白永)에게 명하여 패강장성(浿江長城)을 쌓게 하였다. 혹은 이르기를 "진(鎭)은 황해도 평산부(平山府)의 패강에 있다." 한다.

춘양대(春陽臺) 관풍전(觀風殿) 북쪽에 있다. 세속에서 상밀덕(上密德)이라고 칭한다. 본조 이준경(李浚慶)이 관찰사가 되었을 때, 일찍이 손님과 함께 이 누대에 올라 강산을 완상하며 말하기를 "반드시 성인인 연후에야

깊어 서른여섯 굽이를 돌아야 정상에 오른다고 한다. 《宋書 氐胡列傳》

78 김부식이 말하기를 : 《삼국사기(三國史記)》 권37 〈지리지4 고구려〉에 실려 있다.

이 지역에 도읍할 수 있다. 그렇지 않다면 이러한 승경을 대하고는 필시 탐락하고 황음해져서 망하게 될 것이 틀림없다." 하였다.

추양대(秋陽臺) 정양문 서쪽에 있다. 세속에서 하밀덕(下密德)이라고 칭한다.

관풍전(觀風殿) 옛터가 을밀대 남쪽에 있다. 김부식이 서경 도적[79]을 쳐서 평정하고 군대의 위의를 갖추어 경창문(景昌門)으로 들어와 관풍전 서서(西序)에 앉아 오군병마장좌(五軍兵馬將佐)들의 하례를 받고, 사람을 보내 여러 성황(城隍)과 신묘(神廟)에 제사 지내고, 성안 백성들을 위무하여 예전처럼 편안히 지내게 하였다.

대화궁(大花宮) 옛터가 부 북쪽 30리에 있다. 고려 인종 6년(1128)에 임원역(林原驛)을 옮겨 새 궁을 짓고 뒤에 대화(大花)라고 칭하였다. 처음 터를 닦을 때에 묘청이 최홍재(崔弘宰) 등 재신(宰臣) 3, 4인 및 역사를 담당한 원리(員吏)로 하여금 모두 공복(公服) 차림으로 차례로 서게 하고, 장군 4인은 갑옷을 입고 칼을 차고 사방에 서게 하고, 졸병 120인은 창을 들고 300인은 횃불을 들고 20인은 초를 들고 둘러서게 한 뒤에, 묘청이 한 가운데 서서 길이가 360보(步)가 되는 흰 삼줄 네 가닥을 사면으로 당기며 술법을 쓰면서 스스로 말하기를 "이것은 태일옥장보법(太一玉帳步法)으로, 선사(禪師) 도선(道詵)이 강정화(康靖和)에게 전수하고 강정화가 내게 전수하였고, 내가 늘그막에 백수한(白壽翰)을 얻어서 전수하였으니, 뭇 사람이 알 바가 아니다." 하였다. 드디어 대궐을 지어 팔성(八聖)을 대궐 안에 봉안(奉安)하되 백두 성인(白頭聖人)을 선두로 하였다. 정지상(鄭知常)이

79 서경 도적 : 묘청(妙淸)을 말한다.

제문(祭文)을 짓기를,

"빨리 하지 않아도 신속하고 행하지 않아도 이르나니[80] 이것을 득일(得一)한 신령[81]이라 하며, 곧 없으면서도 있고 곧 실(實)하면서도 허(虛)한 것은 대개 본래의 부처를 이른다. 오직 하늘의 명만이 만물을 제어할 수 있으며 땅의 덕이라야 사방에 왕 노릇을 할 수 있다. 마침내 평양의 중앙에 이 대화의 터를 잡아서 궁궐을 새로 세웠으니 삼가 음양에 순종하였도다. 그 사이에 여덟 신선을 모시고 백두를 받들어 우두머리를 삼았도다. 생각하니 밝은 빛이 계시는 듯하오며 신묘한 작용이 앞에 나타나려 하나이다. 황홀하도다! 지진(至眞)은 비록 표현할 수 없어도 고요함은 오직 실재의 덕이시니 바로 이것이 여래(如來)로다. 명하여 그림을 그려 장엄하게 하였으니 현관(玄關)[82]을 두들기며 흠향하기를 비나이다."

하였으니, 묘청 등이 요망한 술수로 꾸미고 속이는 것이 대부분 이와 같았다.

주궁(珠宮) 옛터가 부 서쪽 10리에 있다.

용언궁(龍堰宮) 옛터가 부 북쪽 4리에 있다. 예종 때에 술사(術士)가 참설(讖說)로 서경 용언(龍堰)에 나아가 궁궐을 창건하고 때때로 순행(巡幸)하기를 왕에게 권유하니, 왕이 내인(內人) 정극공(鄭克恭)과 사천 소감(司天少監) 최자현(崔資顯), 태사 영(太史令) 음덕전(陰德全), 주부 동정(注簿同

80 빨리……이르나니 : 《주역》 〈계사전 상(繫辭傳上)〉에 "신묘하기 때문에 빨리 하지 않아도 신속하고 행하지 않아도 이른다."라고 하였다.

81 득일(得一)한 신령 : 득일은 득도(得道)이다. 《노자(老子)》 15장에 "하늘은 맑음으로 득일하고 땅은 평안함으로 득일하고 신은 영험으로 득일한다. 계곡은 채움으로 득일하고 만물은 태어남으로 득일하고 제후는 천하를 바룸으로 득일한다." 하였다.

82 현관(玄關) : 불교 용어로 도(道)로 들어가는 법문(法門)을 말한다.

正) 김위제(金謂磾) 등을 보내 용언 옛터의 지상(地相)을 보게 하고, 양부(兩府) 및 장령전(長齡殿)의 수교(讎校)를 맡은 유신(儒臣)들에게 명하여 회의하게 하니, 모두 괜찮다고 하였다. 유독 오연총(吳延寵)이 말하기를 "남경(南京)의 역사가 지금 겨우 끝나 백성들이 피곤하고 재력이 궁핍하니 새 궁을 일으킴이 불가합니다. 만일 순어(巡御)하시려면 옛 궁만 못합니다." 하였으나, 받아들여지지 않았다. 평장사(平章事) 최홍사(崔弘嗣) 등이 또 태사관(太史官)의 장주(狀奏)를 근거로 하여 아뢰기를 "송도(松都)에 임어(臨御)하신 지 지금 200여 년이니, 제왕의 기업을 늘이시려면 마땅히 새로 용언궁을 창건하고 그리로 이어(移御)하여 조회를 받고 새 법령을 반포하소서." 하니, 오연총이 반박하기를 "지금 용언궁을 짓는 데 세 가지 불가함이 있습니다. 총명한 문종(文宗)께서도 오히려 술수(術數)에 현혹되어 서경에 좌우궁을 지었다가 깨닫고 후회하고는 아무런 효험이 없다고 여기어 마침내 순어하지 않아 헛되이 재물과 인력만 낭비하였으니 그 불가함의 첫째요, 근자에 남경을 개창(開創)한 지 8년이 되도록 아무런 길(吉)한 응험이 없으니 그 불가함의 둘째요, 서경의 옛 궁이 지금 구하는 용언과 거리가 멀지 않아 지세(地勢)의 길흉이 다르지 않을 것이 틀림없는데, 하물며 징험할 만한 분명한 비결이 없는 터에 조종의 옛 궁을 버리고 따로 새 궁궐을 짓느라 여염집들을 훼철하고 백성들을 소동하게 함이 그 불가함의 셋째입니다. 삼가 바라건대 영명한 판단으로 의심치 마시고 옛 궁에 순어하여 사직의 장구한 계책을 강구하고, 함부로 공역(工役)을 일으켜 백성들의 원망을 사지 마소서." 하였으나, 왕이 끝내 최홍사 등의 말을 좇으니, 당시의 여론이 애석히 여겼다.

영춘루(迎春樓), **청원루**(淸遠樓), **다경루**(多景樓) 모두 부 서쪽 9리, 양명

포(楊命浦) 위에 있다. 마주한 언덕에 돌을 쌓고 그 위에 누대를 걸쳐 지어 누대 아래로 배가 지나다닐 만하다. 지금은 유지(遺址)만 있다. ○ 고려 최자의 〈삼도부〉에 "창해에 연해 있는 다경루, 반공에 우뚝 솟은 청원루.〔多景連滄海 淸遠撑半空〕"라고 하였다. ○ 《고려사》를 살펴보면 "예종 11년(1116)에 당포고성(唐浦古城) 문루(門樓)에 행차하여 주연을 베풀고 즐기며 감상하다가 이름을 다경루라고 지었다."라고 하였는데, 누가 있었던 곳이 지금 지목하는 곳과 같지 않다. 두 곳으로 놔두고 아는 자를 기다린다. ○ 김부식이 묘청을 토벌하고 강을 따라 성을 쌓았으니 선요문(宣耀門)에서 다경루에 이르기까지 모두 1734칸〔間〕이었다.

유미정(有美亭) 상안전(常安殿) 안에 있다. 고려 숙종 7년(1102)에 미화정(美花亭)에서 곡연(曲宴)[83]을 베풀고, 사액을 고쳐 유미정이라고 하였다. 이어 직접 시 1편을 짓고 사신(詞臣)들에게 화답하여 올리도록 명하였다.

첨성대(瞻星臺) 유지(遺址)가 부 남쪽 3리에 있다.

용덕부(龍德部) 고려 선종(宣宗) 3년(1086)에 용덕부 남쪽 거리에 지경(地鏡)이 나타났는데, 모두 70여 보(步)로 물에 그림자가 비친 것 같았다. 숙종 10년(1105)에도 용덕부 제연(梯淵) 길에 지경이 또 나타났다. 세속에서 전하기를 이 땅을 명월리(明月里)라 한다.

제연(梯淵) 부 남쪽 3리에 있으니, 바로 대동강 하류이다. 선종이 이 못에 행차하여 누선(樓船)을 타고 주연을 베풀고 강물을 따라 대동강에 이르러 활쏘기를 관람하였다. 숙종 7년(1102)에 왕이 이 못에 행차하였을 때 잠수질을 잘하는 금군(禁軍)에게 명하여 옛 사다리 터를 찾도록 하였는데, 금군

83 곡연(曲宴) : 임금이 궁중 내원(內苑)에서 베푸는 소연(小宴)을 말한다.

이 아뢰기를 "땅 밑으로 10자 거리에 초석이 있습니다." 하였다.

기린각(麒麟閣) 부 북쪽 5리에 있다. 인종 5년(1127)에 왕이 서경에 행차하여 기린각에 나아가 승선(承宣) 정항(鄭沆)에게 명하여 《서경(書經)》〈열명(說命)〉과 〈주관(周官)〉을 강(講)하게 하고, 정지상(鄭知常)에게 〈무일(無逸)〉을 강하게 하였다. 호종한 신하들과 서경의 문신 수십 인이 시를 지었으므로 술과 음식을 하사하였다. 10년(1132)에 또 이곳에 행차하였다.

임원역(林原驛) 옛터가 부 북쪽 20리에 있다.

중흥사(重興寺) 병현(竝峴)에 있다. 김부식이 묘청을 토벌할 때에 우군(右軍)이 중흥사에 주둔하였다.

금강사(金剛寺) 유지(遺址)가 부 동북쪽 8리에 있다.

흥국사(興國寺) 유지가 부성 안에 있다.

마읍산(馬邑山) 《대명일통지(大明一統志)》에 "평양성 서남쪽에 있다. '당(唐)나라 소정방(蘇定方)이 마읍산을 빼앗고 마침내 평양을 포위하였다.'[84]라고 한 것이 바로 이곳이다." 하였는데, 지금은 어느 산을 가리키는지 알지 못한다.

명환 名宦

고려

왕식렴(王式廉) 평양이 황폐한 지 오래되어 가시덤불이 우거지고 번인(蕃

84 당(唐)나라……포위하였다 : 《구당서(舊唐書)》〈소정방열전(蘇定方列傳)〉에 실려 있다.

人)들이 그 안에 드나들면서 사냥하므로 군읍이 피해를 입었다. 태조가 즉위하여 백성을 이주시켜 부(府)를 설치하고 왕식렴이 가서 진무하였다. 왕식렴은 충성스럽고 용맹하며 근실하고 신중한 인물로서 오랫동안 평양을 진무하였고, 항상 사직을 보위하고 국토를 개척하는 것을 자신의 임무로 삼았다. 혜종(惠宗)이 승하하자 왕규(王規)가 반란을 일으켰는데, 왕식렴이 군사를 이끌고 들어가 보위하여 그 변란을 평정시켰다.

정악(廷鶚) 태조 13년(930)에 왕이 서경에 행차하여 학교를 창설하고 정악을 서학박사(書學博士)로 삼아 육부(六部)의 생도들을 모아 가르치라고 명하였다. 뒤에 그가 학교를 흥기시켰다는 말을 듣고 비단을 하사하여 권장하였고, 또 곡식 100섬을 하사하여 학보(學寶)[85]로 삼게 하였다.

최사위(崔士威) 현종(顯宗) 2년(1011)에 서경 유수(西京留守)가 되었다.

이방(李昉) 현종 2년에 서경 부유수(西京副留守)가 되었다.

장영(張瑩) 현종 4년(1013)에 서경 유수가 되었다.

채충순(蔡忠順) 현종 13년(1022)에 내사시랑평장사(內史侍郞平章事)로서 서경 유수를 겸하였다.

이공(李龔) 현종 22년(1031)에 사공 좌복야(司空左僕射)로서 판서경유수(判西京留守)가 되었다.

원영(元穎) 덕종(德宗) 2년(1033)에 서경 부유수가 되었다.

이장용(李藏用) 고종조(高宗朝)에 과거에 급제하여 서경 사록(西京司錄)에

85 학보(學寶) : 고려 때 국가에서 학교 교육을 장려하기 위한 목적으로 마련한 자금을 말한다. 《고려사절요(高麗史節要)》 권1 태조 13년에 "보(寶)란 것은 방언이다. 돈과 곡식을 기부하여 그 본전은 남겨 두고 이자를 취하여 오래도록 이롭게 이용하는 까닭에 보라고 이른다." 하였다.

조용되었다. 공손하고 검소하며 일을 잘 처리하였다.

채정(蔡靖) 고종 초에 서경 유수가 되었다. 청렴한 덕이 있었으므로 백성들이 그 정사를 그리워하였다.

강감찬(姜邯贊) 현종 9년(1018)에 서경유수 내사시랑에 제수되었다. 왕이 손수 고신(告身 임명장)에 쓰기를 "경술 연간에 오랑캐의 난이 일어나 적이 한강변까지 깊숙이 들어왔는데, 그 당시에 강공(姜公)의 계책을 쓰지 않았더라면 온 나라가 모두 오랑캐가 되었을 것이다."라고 하였다.

왕가도(王可道) 성종조(成宗朝)에 과거에 급제하여 서경 장서기(西京掌書記)에 보임되었다. 현종 5년(1014)에 상장군 김훈(金訓)과 최질(崔質) 등이 난을 일으켜 이로부터 무신이 권세를 부리자 흉악한 자들이 대각(臺閣)에 포진하여 조정의 기강이 문란해졌다. 왕가도가 화주 방어사(和州防禦使)로서 임기를 마치고 서울에 돌아왔는데, 마음에 분노가 격발하여 비밀리에 일직(日直) 김맹(金猛)에게 말하기를 "왜 한 고조(漢高祖)가 운몽(雲夢)에서 노닐던 것[86]을 본받지 않는가?" 하니, 김맹이 그 뜻을 알아듣고 은밀하게 왕에게 아뢰었다. 왕은 왕가도가 일찍이 서기(書記)가 되어 인심을 얻은 적이 있으므로 곧 임시로 서경유수 판관에 임명하여 먼저 가서 준비하게 하였다. 다음 해에 왕이 서경에 행차하여 뭇 신하들과 장락궁(長樂宮)에서 연회를 벌였는데, 김훈 등이 취한 틈을 타서 군사를 데리고 가서 습격하여 마침내 김훈과 최질을 주살(誅殺)하였다.

86 한……것 : 한 고조 때에 한신(韓信)이 반란을 일으킨다는 소문이 돌자 진평(陳平)이 말하기를 "군사를 보내 반란군을 토벌하기는 어려울 것입니다. 폐하가 초(楚)의 운몽(雲夢)으로 놀러 가시면 그가 반드시 마중 나올 것이니, 그때에 무사를 시켜 잡으소서." 하여 그 말을 따라 한신을 사로잡았다는 고사를 말한다.《史記 高祖本紀》

김심언(金審言) 목종조(穆宗祖)에 내사시랑평장사에서 외직으로 나가 서경 유수가 되었다. 분명하고 신중하게 정사를 행하고, 농사를 권면하고 백성을 구휼하였으므로 당시 명망이 몹시 높았다.

곽상(郭尙) 숙종 7년(1102)에 좌복야 서경유수사(左僕射西京留守使)가 되었다.

김약온(金若溫) 예종 때에 서경 유수가 되었다.

김정순(金正純) 김부식을 따라 서도(西都)를 토벌하여 평정시켰다. 뒤에 유수를 겸하였다.

조위총(趙位寵) 의종(毅宗) 말기에 병부 상서(兵部尙書)로서 서경 유수가 되었다. 정중부(鄭仲夫) 등이 의종을 시해하고 명종(明宗)을 세우니, 조위총이 군사를 일으켜 정중부 등을 주살하기를 도모하자 절령(岊嶺) 이북 40여 성(城)이 다 호응하였다. 당시 의종을 아직도 장사 지내지 않았는데, 조위총이 임금을 시해하고 장사 지내지 않은 죄를 성토(聲討)하자 그제야 발상(發喪)하고 희릉(禧陵)에 장사 지냈다. 명종이 윤인첨(尹鱗瞻)을 보내어 서경을 공격해 격파하고 드디어 조위총을 죽였다.

정의(鄭顗) 고종 4년(1217)에 서경 분사(西京分司)로 나갔다. 그때 마침 성주(成州) 사람 최광수(崔光秀)가 서경 병마사(西京兵馬使)를 죽이고 그 성(城)을 점거하여 고구려를 다시 일으키겠다고 호언하면서 격서(檄書)를 전하며 선동하였다. 이에 정의가 교위(校尉) 필현보(畢玄甫), 신죽(申竹) 등 10여 인을 거느리고 가서 최광수를 공격하여 죽이고 그의 당(黨) 8인을 주살하고 나머지는 불문에 부치자 성안이 마침내 안정되었다. 고종이 크게 기뻐하여 중랑장(中郞將)에 특별히 제수하고 여러 관직을 거쳐 대장군(大將軍)에 제수하였다. 강화(江華)로 도읍을 옮긴 다음 해에 필현보가 서경에서 배반하니, 조정에서 정의를 보내어 선유(宣諭)하게 하였다. 정의가 대동강에 이르니, 종자(從者)가 서둘러 들어가지 말기를 청하자 정의가 분연히 말하기를 "왕명을 받고 나왔으니 어찌 감히 조금이라도 지체하겠는가." 하였다. 필현보를 만나자, 필현보는 정의를 얻는 것을 기뻐하여 그를 주장(主將)으로 삼으려고 한편으로는 달래고 한편으로는 협박하였으나, 정의는 끝내 굴복하지 않다가 해를 당하였다.

장일(張鎰) 고종 39년(1252)에 서경에 다시 유수관(留守官)을 설치하여 이응(李凝)을 부유수로 삼고, 장일을 사록 겸 장서기(司錄兼掌書記)로 삼았다.

방우선(方于宣) 충선왕(忠宣王) 3년(1311)에 평양부윤 겸 안정도존무사(平壤府尹兼安定道存撫使)가 되었다.

장선(張瑄) 충선왕 4년(1312)에 검교평리 행 평양 부윤(檢校評理行平壤府尹)이 되었다.

장항(張沆) 충혜왕조(忠惠王朝)에 첨의평리(僉議評理)를 거쳐 외직으로 나가 평양 부윤이 되었다. 청렴 정직하고 선행을 좋아하였으며 마음을 다하여 공무를 봉행하였다.

윤택(尹澤) 공민왕이 서경에 머물고 있을 때 윤택이 검열로서 권서경참군(權西京叅軍)이 되어 접대를 위한 제반 설비를 법도 있게 하니, 왕이 매양 그 어짊에 감탄하였다. 얼마 후에 발탁하여 부윤으로 삼고자 하였으나 자급이 낮기 때문에 판관으로 승진시켰다.

최영(崔瑩) 공민왕조에 평양부윤 겸 서북면순문사(平壤府尹兼西北面巡問使)가 되었다. 당시 전란의 상처가 회복되지 않아 굶주려 죽은 이들이 즐비하였는데, 최영이 진제장(賑濟場)을 널리 설치하고 양식과 종자를 지급하여 농사를 권려하였으며, 전사자들의 유해를 묻어 주었다.

임정(林整) 공민왕 때 안주 만호(安州萬戶)에서 도순문사 겸 평양부윤으로 승진하였다. 군사를 통제하고 백성을 위무하여 위엄과 은혜가 아울러 드러났다.

본조

이거이(李居易) 태조조(太祖朝)에 서북면 병마도절제사(西北面兵馬都節制使)로서 평양 부윤을 겸하였다.

황희(黃喜) 공정왕조(恭定王朝 태종)에 도순문사로서 평양 부윤을 겸하였다. 후중(厚重)하고 청렴 간명하였으며 대체(大體)를 견지하였다.

이원(李原) 공정왕 4년(1404)에 평양 부윤이 되고, 다음 해에 또 서북면 도문찰리사(西北面都問察理使)를 겸하였다. 청백함으로 자신을 단속하였는데 정무(政務)에는 관대하였다.

권제(權踶) 장헌왕조(莊憲王朝 세종)에 평안도 관찰사로서 평양 부윤을 겸하였다.

한확(韓確) 장헌왕조에 병조 판서를 거쳐 외직으로 나가 평안도관찰사 겸 평양부윤이 되었다. 관대하고 후중하게 다스려서 관리와 백성들이 서로 편안해하였다.

안숭선(安崇善) 장헌왕조에 관찰사로서 평양 부윤을 겸하였다.

기건(奇虔) 노산(魯山) 1년(1453)에 관찰사로서 평양 부윤을 겸하였다. 청렴하고 강직하였으며 위엄과 은혜를 아울러 행하여 옛 양리(良吏)의 풍도가 있었다.

현석규(玄碩圭), 김지경(金之慶) 관찰사 겸 평양부윤이 되었다. 재임 기간에 치적이 있었다.

이파(李坡) 관찰사로서 평양 부윤을 겸하였다.

이계손(李繼孫) 강정왕조(康靖王朝 성종)에 관찰사로서 평양 부윤을 겸하였다. 잘 다스려서 품계가 자헌대부(資憲大夫)로 올랐다. 귀후소(歸厚所)를 설치하여 관곽(棺槨)을 많이 비축해 두고 백성들이 사서 쓰게 하였으므로 공사(公私)간에 도움을 주었다.

안침(安琛) 관찰사 겸 평양부윤으로서 학교를 일으키고 선비를 기르는 일에 힘썼다.

이계맹(李繼孟) 공희왕(恭僖王 중종) 7년(1512)에 관찰사 겸 부윤이 되었다. 정무를 행하는 데 관후(寬厚)하였다. 일찍이 흉년이 들자 그 때문에 일 없는 사람들을 고용하여 덕암 위에 작은 정자를 지었는데, 헌납 김정국(金正國)이 굶주린 백성을 부려 큰 누관(樓觀)을 지었다고 잘못 전해 듣고는 계문하여 체직되게 하였다. 뒤에 이계맹이 조정에 들어와 참찬이 되었을 때 김정국이 검상(檢詳)으로서 찾아뵙고 사죄하자, 이계맹이 안으로 들여 함께 술을 마시며 "이는 잘못 들은 것이니, 어찌 유감을 남겨 두겠는가. 내가 일찍이 그대의 지절(志節)을 가상히 여겼으니 더욱 힘써서 태만하지 마시게." 하였으니, 그의 성정이 화통하여 사심이 없는 것이 이와 같았다.

유담년(柳聃年) 공희왕조에 관찰사 겸 평양부윤이 되었다. 사람 볼 줄을 알아서 임무를 잘 맡겼으며, 백성들에게 혜택을 주는 정사를 많이 행하였다.

윤은보(尹殷甫) 관찰사 겸 평양부부윤이 되었다. 침중(沈重)하고 말이 적었으며 공무에만 전력하였다.

안당(安瑭) 대동도 찰방(大同道察訪)이 되었다. 당시 역로(驛路)가 잔폐한 상황이었는데 안당이 부임하여 폐단을 없애고 병통을 살펴 조목조목 간명하고 합당하게 하니 적폐가 모조리 혁파되었다. 본부가 일찍이 부당하게 역졸을 부렸으므로 안당이 누차 감사에게 고하여 그만두기를 청하였으나 받아들여지지 않자 사직하고 돌아갔다. 이에 감사가 간곡히 사과하여 마침내 돌아와 결국 법대로 하게 되었으니, 이졸(吏卒)이 경애하고 존숭하였다.

이원손(李元孫) 공희왕조에 평양 서윤(平壤庶尹)이 되었다. 백성에게 거두어들이는 데에 법도가 있었고 관아의 경비 또한 여유가 있었다. 어염(魚鹽)에 대해 더욱 잘 살펴서 조금도 침탈하고 기만하는 폐단이 없게 하였다. 백성과 관리들이 추모하여 "임인년의 규정〔壬寅規〕"이라고 말하며 비석을 세워 공적을 새겨 기렸다.[87]

이준경(李浚慶) 영정왕조(榮靖王朝 인종)에 관찰사 겸 평양부윤이 되었다. 중후하고 청렴 간명하였다. 수재(水災)로 인해 1년을 더 재임하여 구제하는 데 마음을 다하였으므로 굶주려 죽은 백성이 없었다.

이윤경(李潤慶) 이준경의 형이다. 공헌왕조(恭憲王朝 명종)에 관찰사 겸 평양부윤이 되었다. 청렴하고 검소하기가 비할 데가 없었다. 감영에서 죽었다.

정종영(鄭宗榮) 공헌왕조에 관찰사 겸 평양부윤이 되었다. 유사(儒士)들에게 학업을 권장하여 학교를 정비하고 서원을 세웠으며 인서국(印書局)을 설치하였다.

김연광(金鍊光) 판관이 되었다. 백성들의 폐해를 힘써 없애고 공무에 진심

87 백성과……기렸다 : 임인년은 1542년(중종37)으로 이원손이 평양 서윤으로 재임한 시기이다. 이원손이 은혜로운 정사를 베푼 것을 추모하여 부 사람들이 유애비(遺愛碑)를 세워 기리고, 기일(忌日)에는 여기서 제사를 지냈다고 한다.《연행록선집 조천기 상 갑술년 22일》 이원순 묘갈명에는 "지금까지 부중에서 '임인년의 규정'이라고 칭하니, 이는 공이 정한 것을 가리킨다." 하였다.《西坰集 西坰文集 卷7 刑曹參議知製敎李公墓碣銘》

을 다하였으므로 백성들이 추모하였다.

김계휘(金繼輝) 소경왕조(昭敬王朝 선조)에 관찰사 겸 평양부윤이 되었다. 모든 정무를 총체적으로 관리하였고 선비를 사랑하고 학교를 일으켰다. 당시 흉년과 여역이 닥쳤는데, 해결할 방편을 마련하고 진휼하는 데에 진심을 다하였다.

윤두수(尹斗壽) 관찰사 겸 부윤이 되었다. 《평양지(平壤志)》를 찬술하였다.

이원익(李元翼) 임진왜란 -원문 2, 3자 결락- 소경왕(昭敬王)이 서쪽으로 행차하였을 때, 이원익이 일찍이 안주(安州)에서 은혜로운 정사를 행하였다 하여 특별히 순찰사로서 평양 부윤을 겸하게 하였다. 당시 난리로 온갖 것들이 소실된 뒤에 질고(疾苦)에 시달리는 백성들이 길에 가득한 상황인 데다 명나라 대군이 지원하러 나왔으므로 사무가 매우 번다하였는데, 이원익이 좌우로 응대하여 모두 적절하게 조처하였다. 청렴하고 간명함이 비할 데가 없었고 정성껏 위무하고 인도하니 백성들이 사랑하고 공경하기를 부모와 같이 하여 서쪽 백성들이 그 정사를 편안하게 여겼다. 부임한 지 4년 만에 우의정에 제수되어 조정에 불려 들어가자 사민들이 생사(生祠)를 세워 사모하였다.

한준겸(韓浚謙) 선조 40년(1607)에 관찰사 겸 평양부윤이 되었다. 군중을 다스리는 데 관대하게 하였고 일을 제도하는 데 법이 있었으니 원근 사람들이 그 위엄과 미더움에 감복하였다. 광해군 때에 요동(遼東)과 심양(瀋陽) 지역이 오랑캐에 함락되자 또 한준겸을 도원수로 삼았으므로 나아가 평양을 진수(鎭守)하여 서쪽 변방을 방어하였다.

장만(張晩) 인조(仁祖) 초기에 도원수로서 나아가 평양을 진수하였다. 부원수 이괄(李适)의 반란군이 서울에 들이닥치자 장만이 추격하고 토벌하여 평정하였다. 그 공으로 왕성부원군(王城府院君)에 봉해졌다.

인물 人物

고조선

대부(大夫) 예(禮) 조선후(朝鮮侯)의 신하이다. 기자의 후손이 대대로 조선을 다스렸는데, 주나라 말기에 연백(燕伯)이 왕을 참칭하고 동쪽으로 땅을 침략하려고 하였다. 이에 조선후가 군사를 일으켜 연나라를 정벌하고자 하였는데, 대부 예가 간언하여 중지하고, 이에 예를 서쪽으로 보내 연백을 설득하게 하니, 연나라가 멈추어 침략하지 않았다.

고구려

온달(溫達) 평원왕(平原王) 때 사람이다. 어려서 빈천하고 용모가 시들하여 우스꽝스러웠으니, 사람들이 "바보 온달"이라고 하였다. 평원왕의 어린 딸이 많이 울어서 왕이 매양 겁주면서 말하기를 "울음을 그치지 않으면 바보 온달에게 시집보낸다." 하였다. 자라서 혼인할 나이가 되자 딸이 다른 데 시집가려고 하지 않고 혼자 온달한테 가서 아내가 되었다. 후주 무제(後周武帝)가 요동을 침략하자 온달이 선봉이 되어 항전하여 수급을 많이 베었으므로 여러 군대가 승세를 타고 분격하여 대첩을 거두니, 왕이 칭찬하며 이르기를 "이는 내 사위이다." 하고 공을 논하여 벼슬을 내려 대형(大兄)으로 삼았다. 영양왕(嬰陽王)이 즉위하자 온달이 고하기를 "신라가 우리 한수(漢水) 북쪽 땅을 갈라 저들의 군현으로 삼았으니 백성들이 통한히 여기며 일찍이 부모의 나라를 잊은 적이 없습니다. 부디 대왕께서는 신을 불초하다 여기지 마시고 군사를 주어 출정하게 해 주신다면 반드시 우리 땅을 되찾을 것입니다." 하니, 왕이 허락하였다. 온달이 떠날 때에 임하여 맹세하기를 "계립현(鷄立峴)과 죽령(竹嶺) 서쪽을 우리 땅으로 돌리지 못한다면 돌아오지 않겠다." 하였다. 드디어 신라군과 아단성(阿旦城) 아래에서 만나 싸우다가 전사하였다. 장사를 지낼 때에 널〔柩〕이 움직이려 하지 않으므로 공주가 널을 어루만지며 말하기를 "죽고 삶이 결정되었으니, 아, 돌아가십시오." 하자 드디어 널이 들려 장사 지냈다. 왕이 듣고 비통해 하였다.

이문진(李文眞) 영양왕 때 태학 박사(太學博士)가 되어 국사(國史)를 정리하였다.

을지문덕(乙支文德) 자질이 침착하고 굳세며 지략이 있고 아울러 문장을 지을 줄도 알았다. 영양왕 때 대신(大臣)이 되었다. 수(隋)나라 군사가 요동을 침공하자 을지문덕이 그 진영에 나아가 거짓으로 항복하여 허실을 살폈다. 돌아와 압록수(鴨綠水)를 건널 때 우중문(于仲文)과 우문술(宇文述) 등이 추격하였다. 을지문덕은 우문술의 군사가 굶주린 것을 알았으므로 지치게 할 셈으로 싸우다가 달아나기를 반복하였다. 우문술은 하루 일곱 번 싸워 이기고 동쪽으로 살수(薩水)를 건너 평양성과 30리 떨어진 곳에 진을 쳤다. 을지문덕은 우중문에게 시를 지어 보내고[88] 다시 사신을 보

88 시를 지어 보내고 : 시는 다음과 같다. "신책은 천문을 꿰뚫었고, 묘산은 지리에 통달했네. 싸움에 이겨 공이 이미 높거니, 족함을 알아 원컨대 그치시라.〔神策究天文, 妙算窮地理. 戰勝功旣高, 知足願云止.〕"《東文選 卷19 贈隋右翊衛大將軍于仲文》

내 거짓으로 항복하면서 군사를 돌리기를 청하였다. 우문술은 사졸이 지쳐 있는 것을 보고 또 평양성이 험하여 당장 함락시키기 어려우므로 드디어 군사를 돌려 살수에 이르렀다. 군사가 반쯤 건넜을 때 을지문덕이 뒤에서 공격하여 수나라 군사를 크게 격파하니 다른 여러 군대도 모두 흩어져 달아나 돌아갔다. 처음 수나라 9군(軍)이 요수(遼水)를 건넜을 때 30여만 명이었는데, 돌아와 요동성에 이르러서는 고작 2700명이었다고 한다.

고연수(高延壽), 고혜진(高惠眞) 모두 고구려의 종성(宗姓)이다. 보장왕(寶藏王) 때에 당 태종(唐太宗)이 고구려를 정벌하자 고연수가 북부 누살(北部耨薩)이 되고 고혜진이 남부 누살(南部耨薩)이 되어 병사 15만 명을 거느리고 안시성(安市城)을 구원하러 가서 군진을 40리에 걸쳐 설치하였다. 황제가 바라보고 두려워하는 기색이 있었는데, 이적(李勣), 장손무기(長孫無忌)와 함께 직접 공격하여 고구려 군사가 크게 패하였다. 고연수, 고혜진은 당나라에 사로잡혔는데, 황제가 고연수를 홍로 경(鴻臚卿)에, 고혜진을 사농 경(司農卿)에 제수하였다. 고구려는 큰 성마다 욕살(褥薩)[89] 1인을 두었으니, 지금의 도독(都督)과 같다.

고려

김지(金贄) 본래 양주(梁州) 사람인데, 아버지 김연(金衍)이 평양에 이주하여 살았다. 관직이 통사 사인(通事舍人)에 이르렀다. 김지는 사장(詞章)으로 칭송을 받아 누차 급사(給事)에 제수되고 직한림원(直翰林院)을 겸하

89 욕살(褥薩) : 누살(耨薩)을 말한다. 《삼국사기》 등 문헌에 '褥'과 '耨'가 혼용되어 있어 진위가 불분명하여 그대로 번역하였다.

였다.

김맹(金猛) 김지의 아들이다. 과거에 급제하고 관직을 누차 옮겨 좌습유(左拾遺)가 되었다. 현종 초에 발탁하여 근시(近侍)로 두고 급하게 처리할 일을 관장하게 하였다. 관직은 참지정사에 이르고 의춘현 개국남(宜春縣開國男)의 훈작을 하사받았다. 죽은 뒤에 문정(文定)의 시호를 받았다. 덕종(德宗) 때 김맹이 공훈이 있다고 해서 그 아들 김덕부(金德符)를 서용하였다.

오선각(吳先覺) 서경 장서기가 되었다. 묘청의 난에 거짓으로 어리석은 체하며 따르지 않았다. 문려(門閭)에 정표하였다.

정지상(鄭知常) 어려서부터 총명하였고 시를 잘 짓기로 소문이 났다. 과거에 수석으로 합격하였다. 인종 때에 관직이 기거주(起居注)에 이르렀다. 시의 운격(韻格)이 호방하고 자유로우며 절구(絶句)에 더욱 공교하였다. 뒤에 묘청의 당으로 지목되어 주살되었다.

조인규(趙仁規) 상원군(祥原郡)에 보인다.

황수(黃守) 대대로 본부에 거주하였다. 충숙왕(忠肅王) 때에 부의 잡재서승(雜材署丞)이 되었다. 부모의 나이가 모두 70여 세이고 아우와 누이 5인이 있었는데, 매일 세끼에 맛난 음식을 장만하여 부모에게 먼저 올리고 물러나 형제들과 함께 한솥밥 먹기를 20여 년 동안 하였고, 자손들도 따라 익혀 조금도 태만히 하지 않았다. 찬성사(贊成事) 강융(姜融)이 직접 그 마을을 방문하고 보고하였다.

본조

이은영(李殷榮) 진사(進士)이다. 성품이 청렴하고 삼가며, 남의 과실을 말하지 않았다. 아들 이응허(李應虛)가 청산 현감(青山縣監)이 되었는데, 떠

나갈 때 경계하여 말하기를 "삼가 나 때문에 음식물을 보내느라 고을 사람에게 폐를 끼치지 말라." 하였다. 그 아들이 감히 어기지 못하였으니, 빈궁함을 편안히 여겨 지키는 것이 이와 같았다.

김질(金質) 성품이 순수하고 효성스러웠다. 부모가 세상을 떠나 여묘살이 3년을 지냈는데 상을 마치고도 끊임없이 애모하여 조금도 해이하거나 태만히 하지 않았다. 일이 보고되자 그 마을에 정표(旌表)하였다. 나이가 100세를 넘겼는데도 여전히 건강했다고 한다.

김양언(金良彦) 성품이 지극히 효성스러웠다. 책을 읽고 향교에 나아가 학습하였다. 아버지가 전공(戰功)으로 훈련원 정(訓鍊院正)이 되었는데, 심하(深河)의 전투[90]에서 죽자 김양언은 북쪽을 바라보며 오랫동안 울부짖었다. 복상이 끝나고도 여전히 소복을 입고 '복수' 두 글자를 새겨 몸에 차고 전사한 사람들의 자손 500여 인을 모집하여 밤낮으로 복수할 길만 모색하였으며, 얼음이 얼면 그 군사를 거느리고 변방을 지켰다. 인조 2년(1624)에 이괄(李适)이 모반하자 김양언이 말하기를 "이 적을 멸하지 못한다면 앞으로 복수하기를 바랄 수 있겠는가." 하고, 원수에게 청하여 선봉이 되어 힘써 싸웠다. 이괄의 난이 평정되자 태인 현감(泰仁縣監)에 제수되었는데, 김양언이 말하기를 "녹훈(錄勳)되는 것은 내 본심이 아니다. 어찌 복수라는 이름을 빌려서 관작을 얻는 미끼로 삼을 수 있겠는가." 하고 세 번 글을 올려 사양하고 그대로 변방에서 수자리 살았다. 인조 5년(1627)

90 심하(深河)의 전투 : 1618년(광해군10)에 후금(後金)이 요동(遼東)을 침범하자 명(明)나라의 요청으로 원병(援兵)을 보냈는데, 심하에 이르러 서로 대치하다가 크게 패전한 전투를 말한다. 이때 김양언(金良彦)의 아버지 김덕수(金德秀)와 그 아우 김덕봉(金德奉) 및 김양언의 아우인 김의검(金義儉)이 모두 전사하였다.《仁祖實錄 8年 7月 3日》

에 오랑캐가 침략하자 김양언이 안주(安州)에 있으면서 절도사에 예속되었다. 그 무리에게 일러 말하기를 "오직 한 번 죽는 것이니 충효의 귀신이 됨을 잃지 말고 1보도 물러나서는 안된다." 하니, 모두 그러겠다고 답하였다. 시석(矢石)을 무릅쓰고 버텨서 적군을 사살한 수가 매우 많았다. 급기야 성이 함락되자 전력을 다하여 거리에서 항전하였고 화살이 다 없어지자 검을 들고 분격하여 몸에 10여 군데 상처를 입었는데, 사방을 둘러보아도 구원병이 없자 마침내 못물에 몸을 던져 죽었다. 판중추부사(判中樞府事)에 증직하고 그 마을에 정표하였다.

선우협(鮮于浹) 어린아이 때 꿈에서 기자를 만나고 자라서는 학문에 힘쓰고 사려를 깊이 하였으며, 남이 알아주기를 구하지 않았다. 인조 때에 그의 어짊을 천거하는 이가 있어[91] 특별히 성균 사업(成均司業)을 두어 그를 제수하였다. 누차 불러들였으나 나가지 않으니, 향인들이 그 덕에 감화되어 선(善)을 행하는 자들이 매우 많았다.

열녀 列女

돈아(頓娥) 양갓집 딸이다. 그 아버지가 봄철에 얼음이 언 못에서 고기잡이하다가 익사하였는데, 돈아가 얼음 못 언덕에서 슬프게 울부짖다가 즉시 물속으로 몸을 던졌다. 다음 날 두 사람의 시신이 서로 포옹한 채 물 위로

91 인조……있어 : 1648년(인조26) 좌의정 이경석(李景奭)이 관학(館學)의 교육이 무너졌으니 사업(司業)을 두어야 한다고 언급하고 선우협(鮮于浹)이 경학에 대한 조예가 깊고 행실이 독실하다고 하면서 천거하였다고 한다.《西溪集 卷12 領議政白軒李公神道碑銘》

떠올라 마을 사람이 그들을 매장하였다. 본조 선조(宣祖) 때에 관찰사 노식(盧植)이 그 묘를 수축하도록 하고 비석을 세워 표지하였다. 사람들이 그 못을 이름하여 도화담(桃花潭)이라고 하였다.

중화군中和郡

동쪽으로 상원군(祥原郡) 경계까지 40리이다. 남쪽으로 황해도 황주(黃州) 경계까지 12리이다. 서쪽으로 강서현(江西縣) 경계까지 53리이다. 북쪽으로 평양부(平壤府) 경계까지 6리이다. 서울과의 거리는 540리이다.

한전旱田

수전水田

건치연혁建置沿革

본래 고구려의 가화압(加火押)이었는데, 신라 헌덕왕(憲德王) 때에 고쳐 당악현(唐嶽縣)으로 삼았다. 고려가 서경(西京)에 편입시켰다. 인종(仁宗) 14년(1136)에 묘청(妙清)의 난을 평정하고, 갈라서 중화현(中和縣)을 설치하였다가 곧이어 서경에 예속시켰다. 인종 때 묘청의 난을 평정하고 서경기(西京畿) 4도(道)를 나누어 중화(中和), 강동(江東), 강서(江西), 순화(順和), 삼등(三登), 삼화(三和) 등 6현(縣)을 설치하고, 당악(唐嶽), 황곡(荒谷) 등 9촌(村)을 중화현에 합치고 영(令)을 두었다가 곧이어 서경에 예속시켰다. 충숙왕(忠肅王) 때에 승격시켜 군(郡)으로 삼았다. 태조(太祖)의 공신 김락(金樂)과 김철(金哲)의 고향이라 하여 승격시켰다. 본조에서 그대로 중화군으로 삼았다. 관장하는 면은 14개이다.

관원

군수(郡守), 훈도(訓導) 각 1인이다.

지금 증보하건대 □□ 때에 승격시켜 도호부(都護府)로 삼았다.[92]

군명 郡名

당악(唐嶽)

산천 山川

청량산(淸涼山) 군 북쪽 1리에 있다. 진산(鎭山)이다.

해압산(海鴨山) 군 서쪽 48리에 있다.

용산(龍山) 군 동쪽 20리, 평양부와의 경계에 있다.

정토산(淨土山) 군 서쪽 1리에 있다.

동악산(洞嶽山) 일명 수월산(水月山)이라고 한다. 군 동쪽 60리에 있다.

92 □□……삼았다 : 1413년(태종13)에 단부(單府) 고을을 도호부(都護府)로 고쳤다는 기사가 나오는데, 여기서 도호부를 삼았다는 기록은 이때를 말한 것으로 보인다.《太宗實錄 13年 10月 15日》

운취산(雲鷲山) 일명 석가산(釋伽山)이라고 한다. 군 동쪽 50리에 있다.

곤개산(坤開山) 일명 건산(乾山)이라고 한다. 군 서쪽 10리에 있다.

운봉산(雲峯山) 군 서쪽 3리에 있다.

오랑산(於郎山) 군 동쪽 10리에 있다.

대동강(大洞江) 군 서쪽 40리에 있으니, 바로 평양 대동강(大同江) 하류이다.

대교천(大橋川) 군 서북쪽 7리에 있다.

진주지(眞珠池) 군 동쪽 20리에 있다.

칭정(秤井) 군 남쪽 대거불리(大去不里)에 있다. 둘레가 10자이다. 5리까지 졸졸 흐르다가 땅속으로 스며든다.

마정(馬井) 군 서쪽 20리에 있다. 둘레가 50자이고, 깊이는 헤아릴 수가 없다. 가뭄 때 비를 빌면 효험이 있다. 우물물이 솟아 나와 작은 내가 되고 서쪽으로 흘러 대동강 하류에 들어간다.

토산 土産

명주실〔絲〕, 삼〔麻〕, 숭어〔秀魚〕, 수유(酥油)

학교 學校

향교(鄕校) 군 동쪽 2리에 있다.

궁실 宮室

객관(客館)

봉수 烽燧

운봉산 봉수(雲峯山烽燧) 북쪽으로 평양부의 화사산(畫寺山)에 응하고, 남쪽으로 황해도 황주(黃州)의 천주산(天柱山)에 응한다.

우역 郵驛

생양역(生陽驛) 군 서쪽 2리에 있다. ○ 명(明)나라 축맹헌(祝孟獻)의 시에,

나그네 몸 일찍 두루 다녔으니	旅況曾嘗遍
내 생애 진정 뜬구름과 같았지	吾生信若浮
또다시 황제께 조회하러 갔다가	又仍朝北極
바로 예전에 놀던 곳을 찾게 되었네	仍得訪前遊
어찌 산천이 가로막힌 것을 꺼리랴	豈憚山川阻
임금의 은혜를 유독 많이 받았는데	偏承雨露濡
땅귀신도 이별을 안타까워하는 듯	坤靈如惜別
반나절을 나를 머물게 할 줄을 아네	半日解相留

하였다.

다림원(多林院) 군 동쪽 10리에 있다.

보제원(普濟院) 군 동쪽 30리에 있다.

구현원(駒峴院) 군 남쪽 15리에 있다. 신구(新舊) 감사가 인수(印綬)를 교대

하는 곳이다.

양화원(陽和院) 군 남쪽 3리에 있다.

관량 關梁

이진나루〔梨津渡〕 군 서쪽 40리에 있으니, 바로 대동강진〔大同江津〕으로 가는 길과 통한다.

사묘 祠廟

사직단(社稷壇) 군 서쪽에 있다.

문묘(文廟) 향교에 있다.

성황사(城隍祠) 청량산에 있다.

여단(厲壇) 군 북쪽에 있다.

사찰 寺刹

길상사(吉祥寺) 청량산에 있다.

고봉사(高峯寺) 해압산에 있다.

수월사(岫月寺) 동악산에 있다.

용산사(龍山寺) 운취산에 있다.

봉승사(峯昇寺) 곤개산에 있다.

용흥사(龍興寺), **안양사**(安養寺) 모두 정토산에 있다.

신수암(申秀菴) 운봉산에 있다.

고적 古蹟

송현폐현(松峴廢縣) 군 서쪽 30리에 있다. 본래 고구려 부사파의현(夫斯波衣縣)인데, 신라 헌덕왕 때 송현(松峴)으로 고쳤다. 고려 때에 편입시켰다.

고당악현(古唐嶽縣) 군 북쪽 10리에 있다. 지금은 당촌리(唐村里)라고 칭한다.

인물 人物

본조

한규(韓珪) 본관은 면천(沔川)이다. 태조(太祖)의 개국 공신(開國功臣)으로 관직은 면성부원군(沔城府院君)에 이르렀다. 시호는 공무(恭武)이다.

용강현龍岡縣

동쪽으로 강서현(江西縣) 경계까지 20리이다. 남쪽으로 삼화현(三和縣) 경계까지 12리이다. 서쪽으로 해안까지 34리이다. 북쪽으로 함종현(咸從縣) 경계까지 17리이다. 서울과의 거리는 635리이다.

한전 旱田

수전 水田

건치연혁 建置沿革

옛 황룡국(黃龍國)으로, 고구려에 병합되었다가 고구려가 망하자 땅이 모두 황폐해졌다. 고려에서 황룡성(黃龍城) 일명 군악(軍嶽)이라고 한다. 을 설치하였고, 뒤에 고쳐 용강현으로 삼았다. 본조에서 그대로 따랐다. 관장하는 면은 □개이다.

관원

현령(縣令), 훈도(訓導) 각 1인이다.

군명 郡名

황룡성(黃龍城), 군악(軍嶽)

산천 山川

오석산(烏石山) 현 북쪽 1리에 있다. 진산(鎭山)이다.

봉곡산(鳳哭山) 현 북쪽 10리에 있다. 혹 화장산(華藏山)이라고 한다.

적산(赤山) 현 남쪽 56리에 있다.

고정산(高靜山) 현 동남쪽 35리에 있다.

바다〔海〕 현 서쪽에 있다.

백사포(白寺浦) 현 동쪽 10리에 있다.

진도(眞島) 현 남쪽 바다 포구 안에 있다. 염분(鹽盆 염전(鹽田))이 있다.

조압도(助壓島) 현 서쪽 바다 안에 있다. 둘레가 15리이고, 사면이 모두 깎아지른 절벽이다.

급수문(急水門) 현 동쪽 27리에 있다. 대동강(大同江) 물이 황주(黃州)와 안악(安岳)의 물과 서로 만나 바다로 들어가는 곳으로 물살이 사납고 급하다. 황주 에도 보인다.

온정(溫井) 현 서쪽 30리, 오을동(於乙洞)에 있다. 둘레가 20여 보(步)이고, 물이 매우 따뜻하고 짜다. 여기서 서쪽으로 10여 보에 또 샘이 있는데 둘레가 4자이며 미지근하고 또한 짜다. 또 여기서 서쪽에 찬 샘이 있는데 둘레가 3자이며 몹시 짜고 깊으니, 지척 간의 수온이 전혀 다르다.

적통지(赤筒池) 현 북쪽 25리에 있다. 둘레가 1만 800자이다.

토산 土産

명주실〔絲〕, 삼〔麻〕, 왕골자리〔莞席〕, 옻〔漆〕, 지치〔紫草〕, 소금〔鹽〕, 조기〔石首魚〕, 상어〔鯊魚〕, 조개〔蛤〕, 홍어(洪魚), 광어(廣魚), 숭어〔秀魚〕, 삼치〔麻魚〕, 농어〔鱸魚〕, 부레〔魚鰾〕, 토화(土花 미네굴), 굴〔石花〕, 새우〔蝦〕

성곽 城郭

안시성(安市城) 오석산에 있다. 치소(治所)와의 거리는 5리인데, 험하고 높기가 비할 데 없다. 돌로 쌓았다. 둘레가 1만 2580자이며, 안에 10개의 샘이 있어 합쳐 흐른다. 세속에서는 이 성이 당 태종(唐太宗)이 직접 정벌하러 왔으나 항복받지 못한 곳이라 한다. 《대명일통지(大明一統志)》를 살펴보면 "안시폐현(安市廢縣)은 개주위(蓋州衛) 동북쪽 70리에 있으며 한(漢)나라가 설치하였다. 당 태종이 고구려를 정벌하러 와서 공격하였으나 항복받지 못하였고, 설인귀(薛仁貴)가 백의종군하여 성에 올랐다는 곳이 바로 이곳이다. 발해가 철주(鐵州)를 설치하였고, 금(金)나라가 고쳐 탕지현(湯池縣)으로 삼아 개주(蓋州)에 예속시켰는데, 원(元)나라가 폐하였다……" 하였으니, 이곳을 당 태종이 정벌한 안시성이라고 하는 것은 옳지 않다.

학교 學校

향교(鄕校) 예전에 현 북쪽 1리에 있었는데, 가정(嘉靖) 연간에 현 동쪽 3리로 옮겼다.

궁실 宮室

객관(客館)

향사당(鄕射堂)

봉수 烽燧

소산 봉수(所山烽燧) 현 서쪽 32리에 있다. 북쪽으로 함종현의 조사지(曹士池)에 응하고, 남쪽으로 삼화현의 대당두산(大堂頭山)에 응한다.

사묘 祠廟

사직단(社稷壇) 현 서쪽에 있다.

문묘(文廟) 향교에 있다.

성황사(城隍祠) 현 서쪽 1리에 있다.

여단(厲壇) 현 북쪽에 있다.

사찰 寺刹

보덕사(普德寺) 의성산(依城山)에 있다.

안국사(安國寺), 내원암(內院菴) 모두 안시성 안에 있다.

화장사(華藏寺) 봉곡산 북쪽에 있다.

석천사(石泉寺) 화장사 동쪽에 있다.

용천사(湧泉寺) 정필산(鼎必山)에 있다.

회봉사(回鳳寺) 두륵산(頭勒山)에 있다.

고산사(高山寺) 소곶산(所串山)에 있다.

신덕사(神德寺) 아석산(牙石山)에 있다.

보명사(寶明寺) 고정산에 있다.

고적 古蹟

황룡국(黃龍國) 고구려 유리왕(琉璃王)이 수도를 국내성(國內城)으로 옮겼으나, 태자 해명(解明)은 그대로 졸본(卒本) 옛 도읍에 머물러 있었다. 해명은 힘이 세고 용맹을 좋아하였으므로 황룡국의 왕이 듣고 강궁(强弓)을 선물로 내렸는데, 해명이 사신이 보는 앞에서 활을 잡아당겨 끊어 버렸다. 그러고는 말하기를 "내가 힘이 있는 것이 아니라 활이 굳세지 않구나." 하였다. 황룡국의 왕은 수치스럽게 여겨 해명을 죽이기로 모의하고 만나 보기를 청하였으나, 막상 만나서는 해치지 못하고 예를 갖추어 돌려보냈다. 유리왕은 이웃 나라에 노여움을 샀다 하여 이내 칼을 내렸다. 해명이 자결하려고 하자, 어떤 사람이 만류하면서 말하기를 "어찌 왕명이 거짓이 아님을 알겠는가." 하니, 해명이 "내가 황룡국의 왕이 우리나라를 얕볼까 염려하였으므로 활을 잡아당겨 끊어 버렸는데 뜻밖에 부왕에게 견책을 당하였으니, 부왕의 명을 거역할 수 있겠는가." 하면서 마침내 창을 땅에 꽂고 말을 달려 부딪쳐 죽었다.

오을동고성(於乙洞古城) 현 서쪽 19리에 있다. 흙으로 쌓았다. 둘레가 1112자이다. 지금은 없어졌다.

연성역(連城驛) 옛터가 현 동쪽 5리에 있다.

명환 名宦

고려

유자량(庾資諒) 명종(明宗) 때에 용강 현령이 되었다. 적간하기를 귀신같이 잘 해냈으므로 온 고을 사람들이 칭도하였다.

본조

민순(閔純) 소경왕조(昭敬王朝 선조)에 용강 현령이 되었다. 지극히 정성으로 어루만지고 한결같이 정성을 다했으므로 백성들이 사랑하고 공경하였다.

인물 人物

삼화현三和縣

동쪽으로 용강현(龍岡縣) 경계까지 5리이다. 북쪽으로 같은 현 경계까지 11리이다. 남쪽으로 호도(虎島)까지 34리이다. 서쪽으로 해안까지 34리이다. 서울과의 거리는 658리이다.

한전 旱田

수전 水田

건치연혁 建置沿革

본래 평양부(平壤府)의 금당(金堂), 호산(呼山), 칠정(漆井) 세 부곡(部曲) 지역이다. 고려 인종(仁宗) 14년(1136)에 떼어 내 삼화현을 설치하였다. 본조에서 그대로 따랐다. 관장하는 면은 -원문 1, 2자 결락-개이다.

관원

현령(縣令), 훈도(訓導) 각 1인이다.

군명 郡名

산천 山川

우산(牛山) 현 남쪽 4리에 있다.

석골산(石骨山) 현 서쪽 10리에 있다.

금당산(金堂山) 금당부곡(金堂部曲)에 있다.

자정산(慈正山) 현 서쪽 26리에 있다.

바다〔海〕 현 서남쪽에 있다.

남천(南川) 현 남쪽 1리에 있다. 우산 기슭을 감싸며 동쪽으로 13리를 흘러 바다에 들어간다.

가도(椵島) 현 남쪽 50리, 바다 안에 있다. 고려 원종(元宗) 10년(1269)에 임연(林衍)이 왕을 폐위하고 안경공(安慶公) 왕창(王淐)을 옹립하자, 서북면 병마사영 영리(營吏)[93]인 최탄(崔坦)이 이연령(李延齡), 현효철(玄孝哲) 등과 함께 임연을 주벌한다는 명분으로 용강(龍岡), 함종(咸從), 삼화(三和) 사람들을 불러 모아 가도 영(營)으로 들어가 분사 어사(分司御史) 심원준(沈元濬), 감창(監倉) 박수혁(朴守奕), 경별초(京別抄)[94] 등을 죽였다.

호도(虎島) 현 남쪽 30리, 바다 안에 있다. 예전에 수군첨절제사영이 있었는데, 지금은 광량(廣梁)으로 옮겼다.

93 영리(營吏) : 서북면 병마사영의 이속(吏屬)으로 이때 최탄의 직책은 기관(記官)이었다. 《高麗史 卷58 地理志 西京留守官》

94 경별초(京別抄) : 고려 때 서울인 개성(開城) 출신의 군사로 편성하였던 별초(別抄)의 하나이다.

대취라도(大吹螺島), 소취라도(小吹螺島) 모두 현 서쪽 바다 안에 있다.

수도(愁島) 현 서쪽 바다 안에 있다. 조수가 물러가면 육지가 된다.

덕도(德島) 수도와의 거리가 20리이다. 둘레가 30리이다.

신녕강(新寧江) 현 남쪽 30리에 있다.

토산 土産

명주실〔絲〕, 옻〔漆〕, 지치〔紫草〕, 소금〔鹽〕, 조기〔石首魚〕, 상어〔鯊魚〕, 홍어(洪魚), 광어(廣魚), 조개〔蛤〕, 굴〔石花〕, 윤화(輪花), 세하(細蝦), 자하(紫蝦 곤쟁이), 부레〔魚鰾〕, 숭어〔秀魚〕, 농어〔鱸魚〕

공서 公署

광량 첨절제사진(廣梁僉節制使鎭) 현 서쪽 52리에 있다. 수군첨절제사 1인이 있다.

학교 學校

향교(鄕校) 현 동쪽 2리에 있다.

궁실 宮室

객관(客館)

봉수 烽燧

대당두산 봉수(大堂頭山烽燧) 현 서쪽 36리에 있다. 북쪽으로 용강현의 소산(所山)에 응하고, 남쪽으로 신녕강에 응한다.

신녕강 봉수(新寧江烽燧) 남쪽으로 황해도 장련현(長連縣)의 금복산(今卜山)에 응하고, 북쪽으로 대당두산에 응한다.

사묘 祠廟

사직단(社稷壇) 현 서쪽에 있다.

문묘(文廟) 향교에 있다.

성황사(城隍祠) 현 남쪽 4리에 있다.

여단(厲壇) 현 북쪽에 있다.

고적 古蹟

옛 성〔古城〕 현 북쪽 1리에 있다. 흙으로 쌓았다. 둘레가 4630자이다. 지금은 절반이 허물어졌다.

강서현江西縣

동쪽으로 평양부(平壤府) 경계까지 13리이다. 남쪽으로 용강현(龍岡縣) 경계까지 18리, 중화군(中和郡) 경계까지 29리이다. 서쪽으로 함종현(咸從縣) 경계까지 18리이다. 북쪽으로 증산현(甑山縣) 경계까지 39리이다. 서울과의 거리는 651리이다.

한전 旱田

수전 水田

건치연혁 建置沿革

본래 평양부 서촌(西村) 지역이다. 고려 인종(仁宗) 14년(1136)에 떼어 내 강서현을 설치하였다. 본조에서 그대로 따랐다. 태조(太祖) 때에 또 거기서 증산향(甑山鄕)을 떼어 내 별도로 현을 설치하였다. 관장하는 면은 □개이다.

관원

현령(縣令), 훈도(訓導) 각 1인이다.

군명 郡名

산천 山川

무학산(舞鶴山) 현 북쪽 1리에 있다. 진산(鎭山)이다.

구룡산(九龍山) 현 남쪽 15리에 있다. 일명 서학산(棲鶴山)이라고 한다.

학란구(鶴卵丘) 현 남쪽 3리에 있다. 민간에 전해지기를 "술자(術者)가 현의 진산을 무학이라고 이름하였으므로 학이 알을 품고 있는 모양을 본떠 이 언덕을 쌓았다."라고 한다.

물고교포(勿古橋浦) 현 남쪽 5리에 있다. 남쪽으로 흘러 대동강(大同江)에 들어간다.

토산 土産

명주실〔絲〕, 삼〔麻〕, 웅어〔葦魚〕, 숭어〔秀魚〕, 조개〔蛤〕

학교 學校

향교(鄕校) 현 서쪽 1리에 있다.

궁실 宮室

무학정(舞鶴亭) 객관(客館) 북쪽에 있다.

사묘 祠廟

사직단(社稷壇) 현 서쪽에 있다.

문묘(文廟) 향교에 있다.

성황사(城隍祠) 현 북쪽 2리에 있다.

여단(厲壇) 현 북쪽에 있다.

사찰 寺刹

등고사(登高寺) 무학산 정상에 있는데, 천 장(丈)이나 되는 층암(層巖)이 있다.

동림사(東林寺) 중학산(中鶴山)에 있다.

서림사(西林寺) 정림산(正林山)에 있다.

고적 古蹟

95 소단미(燒斷尾) : 소미(燒尾)라고 한다. "물고기가 용이 될 때에는 반드시 우레가 쳐서 그 꼬리를 태워야 한다.〔魚躍龍門, 化龍時, 必須雷電爲燒其尾乃化.〕"라는 고사에서 나온 말이

인물 人物

본조

김반(金泮) 어려서 권근(權近)에게 수업을 받았다. 공정왕조(恭靖王朝 정종(定宗))에 과거에 급제하여 관직이 첨지중추원사(僉知中樞院事)에 이르렀다. 김반은 경학(經學)에 정통하여 성균관에 40여 년 동안 있으면서 가르치기를 게을리하지 않아 이름난 선비들이 그 문하에서 많이 나왔다. 일찍이 서장관(書狀官)으로서 명(明)나라에 들어갔는데, 어떤 이가 어룡(魚龍)을 그린 족자에 화제(畫題)를 지어 주기를 부탁하자 김반이 제(題)하기를,

뉘 가벼운 비단 폭에 그렸는가	誰畫輕綃幅
바람 물결에 운무가 자욱하네	風濤雲霧濛
비단 비늘이 푸른 바다에 번쩍이고	錦鱗飜碧海
신물은 푸른 하늘에 솟아오르네	神物上青空
잠김과 나타남은 형상은 다르지만	潛見形雖異
하늘로 날아오르려는 뜻이야 같네	飛騰志則同
어찌하면 꼬리를 태워 끊어 버리고	若爲燒斷尾
하늘에 있는 용을 부여잡고 올라갈꼬	攀附在天龍

하니, 중국 사람이 감탄하면서 소단미(燒斷尾)[95] 선생이라고 하였다. 평소 생업에 관여하지 않았고 노년에는 물러나 현에서 보냈는데, 집이 가난하였는데도 편안히 여겼다. 시호는 문장(文長)이다.

다. 당(唐)나라 때 선비가 과거에 급제하면 반드시 환영 연회를 베풀었는데, 이것을 소미연(燒尾宴)이라고 한 것도 이 뜻에서 유래되었다고 한다.《孔氏談苑 燒尾宴》

증산현甑山縣

동쪽으로 영유현(永柔縣) 경계까지 31리, 평양부(平壤府) 경계까지 12리이다. 북쪽으로 같은 부 경계까지 12리이다. 남쪽으로 함종현(咸從縣) 경계까지 25리, 강서현(江西縣) 경계까지 12리이다. 서쪽으로 해안까지 15리이다. 서울과의 거리는 665리이다.

한전 旱田

수전 水田

건치연혁 建置沿革

본래 강서현의 증산향(甑山鄕)이다. 본조 태조(太祖) 3년(1394)에 떼어내 증산현을 설치하였다. 관장하는 면은 □개이다.

관원

현령(縣令), 훈도(訓導) 각 1인이다.

군명 郡名

산천 山川

국령산(國靈山) 현 북쪽 18리에 있다. 진산(鎭山)이다.

석다산(石多山) 현 서북쪽 12리, 바닷가에 있다. 산에 암석이 많기 때문에 이렇게 이름하였다. 조공(朝貢) 가는 사신이 여기서 배를 출발시킨다.

차유현(車踰峴) 현 북쪽 10리에 있다. 바다와의 거리는 5리이다.

바다〔海〕 현 서쪽 20리에 있다.

국령천(國靈川) 현 서남쪽 5리에 있다. 국령산 남쪽에서 나오고, 또 서쪽으로 흘러 바다에 들어간다.

탄곶(炭串) 현 서쪽 35리에 있다.

황통지(黃筒池) 현 남쪽 15리에 있다. 둘레가 7300자이다.

독곶통지(禿串筒池) 현 남쪽 15리에 있다. 둘레가 2034자이다.

토산 土産

명주실〔絲〕, 닥나무〔楮〕, 옻〔漆〕, 지치〔紫草〕, 소금〔鹽〕, 조기〔石首魚〕, 숭어〔秀魚〕, 굴〔石花〕, 조개〔蛤〕, 새우〔蝦〕, 부레〔魚鰾〕, 홍어(洪魚), 상어〔鯊魚〕, 농어〔鱸魚〕

학교 學校

향교(鄕校) 현 서북쪽 2리에 있다.

궁실 宮室

객관(客館)

봉수 烽燧

토산 봉수(兎山烽燧) 현 서쪽 14리에 있다. 남쪽으로 함종현의 초도(草島)에 응하고, 북쪽으로 평양부의 철화(鐵和)에 응한다.

사묘 祠廟

사직단(社稷壇) 현 서쪽에 있다.

문묘(文廟) 향교에 있다.

성황사(城隍祠) 현 북쪽 3리에 있다.

여단(厲壇) 현 북쪽에 있다.

사찰 寺刹

청량사(淸涼寺), 용천사(龍泉寺) 모두 국령산에 있다.

순안현順安縣

동쪽으로 평양부(平壤府) 경계까지 15리이다. 남쪽으로 같은 부 경계까지 10리이다. 서쪽으로 같은 부 경계까지 17리, 영유현(永柔縣) 경계까지 24리이다. 북쪽으로 숙천부(肅川府) 경계까지 37리이다. 서울과의 거리는 640리이다.

한전 旱田

수전 水田

건치연혁 建置沿革

본래 평양부 서촌(西村) 지역이다. 고려 인종(仁宗) 14년(1136)에 떼어내 순화현(順和縣)을 설치하였고 곧이어 서경(西京)에 예속시켰다. 본조 태조(太祖) 5년(1396)에 치소(治所)를 평양부 안정참(安定站)으로 옮기고 고쳐 순안현으로 삼았다. 관장하는 면은 □개이다.

관원

현령(縣令), 훈도(訓導) 각 1인이다.

군명 郡名

순화(順和), 안정(安定)

산천 山川

법홍산(法弘山) 현 북쪽 47리에 있다.

청룡산(靑龍山) 현 동북쪽 27리에 있다.

왕산(王山) 현 북쪽 12리에 있다. 일명 추자도(楸子島)라고 한다.

자화산(慈化山) 현 동쪽 10리에 있다.

암적천(巖赤川) 현 북쪽 15리에 있다. 동남쪽으로 흘러 평양강(平壤江)에 들어간다.

토산 土産

명주실〔絲〕, 삼〔麻〕, 지치〔紫草〕, 수유(酥油)

학교 學校

향교(鄕校) 현 동쪽에 있다.

궁실 宮室

객관(客館)

봉수 烽燧

독자산 봉수(獨子山烽燧) 남쪽으로 평양부의 부산(斧山)에 응하고, 북쪽으로 영유현의 미두산(米頭山)에 응한다.

우역 郵驛

안정역(安定驛) 현 안에 있다.

암적천원(巖赤川院) 암적천 위에 있다.

사묘 祠廟

사직단(社稷壇) 현 서쪽에 있다.

문묘(文廟) 향교에 있다.

성황사(城隍祠) 현 북쪽 1리에 있다.

여단(厲壇) 현 북쪽에 있다.

사찰 寺刹

법흥사(法興寺) 법홍산에 있다. 예전에는 평양부의 경계 안에 있었는데 지금은 본현에 속해 있다. 고려 인종 때 중건되었다. ○ 김부식(金富軾)의 기문에 이르기를 "법홍사는 오래된 절이나 창건된 때는 모른다. 혹자가 말하기를 '예전에 이름이 법홍이라는 승려가 창건하였으므로 이로써 법홍이라고 불렀다.' 한다."라고 하였다.

남암사(南菴寺), 천일암(千日菴) 모두 법홍산에 있다.

정양사(正陽寺), 심적사(深寂寺), 오계사(五溪寺) 모두 청룡산에 있다.

참화사(昆華寺) 앵천촌(櫻遷村) 북쪽에 있다. 민간에서 이르기를 "자장 법사(慈藏法師)가 거주한 곳이다." 한다.

보제사(普濟寺) 자화산에 있다.

용참사(龍昆寺), 신적사(新寂寺) 모두 묘법산(妙法山)에 있다.

고적 古蹟

고순화현(古順和縣) 지금의 평양부 서면(西面)이다. 현과의 거리는 서남쪽으로 60리이다.

함종현咸從縣

동쪽으로 강서현(江西縣) 경계까지 14리이다. 남쪽으로 용강현(龍岡縣) 경계까지 20리이다. 서쪽으로 해안까지 20리이다. 북쪽으로 증산현(甑山縣) 경계까지 21리이다. 서울과의 거리는 682리이다.

한전 旱田

수전 水田

건치연혁 建置沿革

본래 고구려 지역이다. 읍호(邑號)는 미상이다. 이후 대개 고구려 지역이라고 말한 것은 이와 같다. 고구려가 망한 뒤에 지역이 모두 황폐해졌다. 고려 때에 아선성(牙善城)을 설치하였고, 뒤에 고쳐 함종현으로 삼았다. 본조에서 그대로 따랐다. 관장하는 면은 □개이다.

관원

현령(縣令), 훈도(訓導) 각 1인이다.

군명 郡名

아선(牙善)

산천 山川

아선산(牙善山) 현 동쪽 2리에 있다. 일명 호두산(虎頭山)이라고 하니, 바로 진산(鎭山)이다.

소고지산(所高指山) 현 남쪽 8리에 있다.

쌍어산(雙魚山) 현 남쪽 22리에 있다. 위에 큰 우물이 있는데, 수리할 때마다 비가 내린다.

검암산(檢巖山) 현 북쪽 16리에 있다.

부산(釜山) 현 남쪽 1리에 있다.

광동산(廣東山) 현 남쪽 9리에 있다.

검산(檢山) 현 남쪽 5리에 있다.

석현산(石峴山) 현 남쪽 6리에 있다.

가마산(加馬山) 현 북쪽 12리에 있다.

물자채산(勿自採山) 현 남쪽 7리에 있다.

봉황두산(鳳凰頭山) 현 서쪽 20리에 있다. 바다를 베고 우뚝 솟은 모양이 마치 봉황이 날아오르는 형상과 같다. 호두산, 쌍어산 등 여러 산의 푸른빛이 그 아래에까지 짙게 드리워져 있어 풍경이 한 고을에서 으뜸이다.

바다〔海〕 현 서쪽 15리에 있다.

응현(鷹峴) 아선산 남쪽에 있다.

악도(嶽島) 섬이 둘인데 모두 현 서쪽 31리, 바다 안에 있다. 조수가 물러가면 육지가 된다. 사면의 벽이 가파르고 높이는 100자이다.

삼도감지(三都監池) 현 서쪽 10리에 있다.

토산 土産

명주실〔絲〕, 지치〔紫草〕, 소금〔鹽〕, 조기〔石首魚〕, 숭어〔秀魚〕, 상어〔鯊魚〕, 홍어(洪魚), 농어〔鱸魚〕, 굴〔石花〕, 조개〔蛤〕, 새우〔蝦〕, 자하(紫蝦 곤쟁이)

학교 學校

향교(鄕校) 현 동쪽 1리에 있다.

궁실 宮室

객관(客館)

향사당(鄕射堂)

척서루(滌暑樓) 객관 동쪽에 있다. ○ 성현(成俔)의 시[96]에,

너른 들은 푸른 바다에 연하여 있고 平郊連碧海

옛 고을은 푸른 산에 의지했어라 古邑依青山

96 성현(成俔)의 시 : 〈함종의 동헌 시에 차운하다〔次咸從軒韻〕〉이다. 《虛白堂集 虛白堂詩集 卷12》

나그네 길은 자욱한 연무 밖이요	客路煙光外
마을 집은 나무 그림자 사일세	人家樹影間
땅이 외져 찾아오는 손님 적고	地偏賓旅少
소송 없어 관민이 한가하구나	訟息吏民閑
작약 꽃이 섬돌에서 붉게 번득이니	芍藥紅翻砌
난간에 기대어 얼굴 한번 펴 보네	憑軒一解顏

하였다.

봉수 烽燧

초도 봉수(草島烽燧) 현 서쪽 27리에 있다. 북쪽으로 증산현의 토산(兎山)에 응하고, 남쪽으로 오곶(吾串)에 응한다.

오곶 봉수(吾串烽燧) 현 서쪽 21리에 있다. 북쪽으로 초도에 응하고, 남쪽으로 조사지(曹士池)에 응한다.

조사지 봉수(曹士池烽燧) 현 서쪽 23리에 있다. 남쪽으로 용강현의 소산(所山)에 응하고, 북쪽으로 오곶에 응한다.

사묘 祠廟

사직단(社稷壇) 현 서쪽에 있다.

문묘(文廟) 향교에 있다.

성황사(城隍祠) 현 북쪽 1리에 있다.

여단(厲壇) 현 북쪽에 있다.

사찰 寺刹

국안사(國安寺) 광동산에 있다.

천왕사(天王寺), 석수암(石水菴) 모두 아선산에 있다.

영사사(靈槎寺) 소고지산에 있다.

은룡사(隱龍寺) 검암산에 있다.

홍법사(洪法寺) 검산에 있다.

마전사(磨田寺) 석현산에 있다.

고적 古蹟

연화역(延和驛) 옛터가 현 북쪽 30리에 있다.

옛 읍성〔古邑城〕 돌로 쌓았다. 둘레가 4334자이다. 지금은 없어졌다.

산성(山城) 돌로 쌓았다. 둘레가 2246자이다. 지금은 없어졌다. 안에 샘 6개와 못 1개가 있다.

인물 人物

본조

오극통(吳克通) 효성으로 부모를 섬겼다. 부모가 돌아가시자 묘 옆에 여막을 짓고 전후 6년 동안 상례와 제례 범절을 한결같이 지극정성으로 하였으니, 향리 사람들이 모두 감탄하였다. 중종(中宗) 초에 명하여 그 마을에 정려(旌閭)하였다.

안주목安州牧

동쪽으로 개천군(价川郡) 경계까지 35리, 순천군(順川郡) 경계까지 52리이다. 남쪽으로 숙천부(肅川府) 경계까지 48리이다. 서쪽으로 노강진(老江鎭)까지 60리이다. 북쪽으로 박천군(博川郡) 경계까지 8리, 영변부(寧邊府) 경계까지 9리이다. 서울과의 거리는 750리이다.

한전 旱田

수전 水田

건치연혁 建置沿革

본래 고구려 지역이다. 《동국여지승람(東國輿地勝覽)》에서는 황해도 재령군(載寧郡)의 식성(息城), 중반(重盤)등의 호칭으로 이곳을 잘못 지목하였는데,[97] 이는 재령 또한 옛 이름이 안주(安州)였던 데 기인한 것으로, 잘못 고

97 동국여지승람(東國輿地勝覽)에서는……지목하였는데 : 《신증동국여지승람》 권52 〈평안도 안주목〉 건치연혁에 "본래 고구려의 식성군(息城郡)이었는데 신라 경덕왕(景德王) 때

찰한 것을 거듭 기록하였다. 《삼국사(三國史)》와 《고려사(高麗史)》 두 책의 〈지지(地志)〉 원문에 모두 실려 있으니 자연 알 수 있다. 뒤에 발해에 함락되고 이어서 여진의 점거지가 되었다. 고려 태조(太祖)가 그 지역을 회복하여 안북부(安北府)를 설치하였다. 《고려사》 〈지지〉에는 "북계(北界)는 본래 조선의 옛 지역으로 삼국 시대에는 고구려 소유가 되었다."라고 하였는데, 오직 중화(中和)와 상원(祥原) 등 몇 고을을 제외한 나머지는 대부분 고구려 때의 호칭이 없다. 《삼국사》 〈지지〉에 패강(浿江) 서쪽 일대의 군현이 모두 빠져 있어 고찰할 수 없었기 때문이다. 《삼국사》에 이르기를 "고구려가 망한 뒤에 그 지역이 대부분 말갈(靺鞨)과 발해에 편입되었고 신라는 그 남쪽 지경을 얻어서 한주(漢州), 삭주(朔州), 명주(溟州)를 설치하였다." 하였으니, 고구려가 망한 뒤에 신라가 얻은 것은 단지 패강 이남 지역일 뿐이고 그 나머지는 발해에 편입되었다. 김부식(金富軾)이 지은 《삼국사》는 신라가 남긴 도적(圖籍)을 따라서 〈고구려지지(高句麗地志)〉를 만들었고, 고구려 때의 도적은 더는 남아 있는 것이 없으니, 그 패강 서쪽 지역은 참으로 증빙할 근거가 없다. 그러나 발해의 도적에는 의당 근거할 만한 것이 있었을 터인데 김부식이 구해서 보지 못하였는가. 김부식이 비록 빠뜨렸다 해도 정인지(鄭麟趾)가 《고려사》를 지을 때에 의당 사실을 규명하고 뜻을 논하였어야 하는데 그렇게 하지 못하였으니, 애석하게도 모두 고찰이나 서술이 미비하였다. 고려 때 서희(徐熙)가 말하기를 "거란(契丹) 동경(東京)에서 우리 안북부에 이르기까지 모두 생여진(生女眞)의 점거지가 되었었는데, 광종(光宗)이 이를 빼앗아 가주(嘉州)와 송성(松城)에 성을 쌓았다." 하였으니, 서희는

중반군(重盤郡)으로 고쳤고……"라고 한 것을 말한다.

바로 성종(成宗) 때 인물로서, 이는 그의 이목이 미치는 한도에서 말한 것이다. 지금 《당서(唐書)》와 《요사(遼史)》, 《금사(金史)》의 〈지지(地志)〉를 가져다 《삼국사》, 《고려사》와 함께 서로 참고하여 조사해 보니, 고구려가 멸망한 뒤에 평양부터 그 서쪽이 발해에 편입되었고 발해가 망하자 이어서 여진의 점거지가 되었다가 고려에 이르러 비로소 압록강(鴨綠江)까지 수복하였다. 삼가 그 사실을 따라 바로잡는다. 발해는 본래 말갈 속말부(粟末部)로서, 일찍이 고구려에 예속되었다가 고구려가 망하자 읍루(挹婁)의 동모산(東牟山)에 보(堡)를 쌓고 살았다. 당(唐)나라 선천(先天) 이후에 요동(遼東)에 나라를 세우고 호칭을 발해로 고쳤으며 5경(京), 15부(府), 62주(州)의 땅을 점유하고 10여 대를 이어 나갔다. 여진은 본래 말갈 흑수부(黑水部)로서, 발해가 융성할 때에 거기에 예속되었다가 발해가 망하자 그대로 그 동북쪽 지경을 점거하여 호칭을 여진으로 고쳤다. 그리고 그 부락이 곳곳에 흩어져 거처하므로 동여진(東女眞), 북여진(北女眞), 생여진, 숙여진(熟女眞)의 칭호가 있었다.[98] 성종 2년(983)에 영주안북대도호부(寧州安北大都護府)로 삼았고, 현종(顯宗) 때에 안북대도호부(安北大都護府)로 칭하였다. 공민왕(恭愍王) 때에 고쳐 안주만호부(安州萬戶府)로 삼고, 뒤에 안주목으로 승격시켰다. 본조에서 그대로 따랐다. 세조(世祖) 때에 진(鎭)을 설치하였다. 관장하는 면은 □개이다.

98 동북쪽……있었다 : 당시 여진의 부족이 두 종류였는데, 흑수(黑水) 부근에 사는 흑수 말갈과 속말(粟末) 부근에 사는 속말 말갈이다. 흑수 말갈을 생여진이라 부르고 속말 말갈을 숙여진이라 부른다.《星湖僿說 卷3 生熟女眞》

진관

목(牧) 1개 정주(定州)

도호부(都護府) 1개 숙천(肅川)

군(郡) 1개 가산(嘉山)

현(縣) 1개 영유(永柔)

관원

목사(牧使) 1인이다. 인조(仁祖) 5년(1627)에 영변부에서 절도사영(節度使營)을 본주로 옮겼으므로 절도사가 목사를 겸하였다.

판관(判官), 교수(敎授) 각 1인이다.

군명 郡名

안북(安北), 영주(寧州) 별호는 안릉(安陵)이다. 밀성(密城)이라고도 한다.

형승 形勝

서쪽으로 용만(龍灣)에 닿았고, 남쪽으로 평양(平壤)에 통한다.

바다는 서쪽으로 이어졌고, 산은 동쪽에 솟아 있다. 고려 이색(李穡)의 시[99]에 "바다는 서쪽으로 이어져 남국으로 통하고, 산은 동쪽에 솟아 북방으로 들어간다.〔海連西壁通南國 山聳東隣入北方〕" 하였다.

99 이색(李穡)의 시 : 〈안주의 강가에서〔安州江〕〉이다. 《牧隱藁 牧隱詩藁 卷2》

맑은 강이 성곽을 감싸고, 먼 산이 들판을 두르고 있어, 강과 산이 안팎이 되었네.〔淸江繞郭 遠岫圍野 表裏江山〕 고려 김극기(金克己)의 시

관서(關西)의 주요 길목이다. 본조 유성룡(柳成龍)의 〈안주에 대해 논한 장계〉[100]에 "안주는 관서의 주요 길목이니, 그 성이 뒤로는 강을 임하고 앞으로는 산을 의지하고 있어 굳게 지킬 만합니다. 청천(淸川) 이북은 그 길이 사방으로 통하여 박천(博川)과 태천(泰川)을 지나 삭주(朔州)와 창성(昌城)에 도달하고, 가산(嘉山)과 정주(定州)를 지나 의주(義州)에 도달하며, 영변(寧邊)과 희천(熙川)을 지나 강계(江界)에 도달하니, '성을 쌓아 반드시 지켜야 할 곳이 있다.'[101]라고 한 말이 이런 곳을 말한 것입니다." 하였다.

풍속 風俗

무용(武勇)을 숭상한다.

산천 山川

가두산(加頭山) 주 동쪽 3리에 있다. 진산(鎭山)이다. 혹 태자산(太子山)이라고도 한다.

100 유성룡(柳成龍)의 안주에 대해 논한 장계 : 〈안주에서 조방장을 보내 주기를 바라는 장계〔安州請遣助防將狀〕〉이다. 《西厓集 卷6》

101 성을……있다 : 《춘추좌씨전(春秋左氏傳)》 양공(襄公) 2년에 "드디어 호뢰 땅에 성을 쌓았다.〔遂城虎牢〕"라는 항목에 대해 호안국(胡安國)이 해설한 내용 중에 나오는 말이다. 《大學衍義補 城池之守》

오도산(悟道山) 일명 원통산(元通山)이라고 한다. 주 남쪽 30리에 있다.

왕산(王山) 주 동쪽 15리에 있다.

마두산(馬頭山) 주 남쪽 25리에 있다.

봉덕산(鳳德山) 주 동쪽 20리에 있다. 산꼭대기에 9층짜리 철부도(鐵浮屠)가 있다.

바다〔海〕 안융진(安戎鎭)에 있다. 부와의 거리는 서남쪽으로 60리이다.

청천강(淸川江) 예전에는 살수(薩水)라고 이름하였다. 그 원류는 영원(寧遠)과 희천 경계에서 나와 영변부 동쪽에 이르러 묘향산(妙香山) 물과 합해지고, 주 동쪽에 이르러 공포수(孔浦水)와 합해지고, 주 북쪽 성 밑을 지나 서쪽으로 30리를 흘러 대령강(大寧江)과 합해진 다음 바다에 들어간다. 수(隋)나라가 고구려를 공격하여 군사가 살수를 건너 평양성과 30리 거리에 이르러 진을 쳤는데,[102] 을지문덕(乙支文德)에게 속아 군사를 돌려 살수에 이르게 되었다. 을지문덕은 그들이 반쯤 건너자 수나라 군사 30만을 크게 격파하였으니, 바로 이 강이다. ○ 본조 조준(趙浚)의 시[103]에,

살수가 성대하여 푸른 하늘에 출렁이는데	薩水湯湯漾碧空
수나라 군사 백만이 물고기가 되었구나	隋兵百萬化爲魚
지금도 어부와 나무꾼들 이야기하는데	至今留得漁樵話
나그네의 한번 웃음거리도 되지 않네	未滿征夫一笑餘

하였다. ○ 명(明)나라 기순(祁順)의 시에,

102 군사가……쳤는데 : 대본에는 '師距平壤'으로 되어 있는데, 《신증동국여지승람》 권52 〈평안도 안주목〉에 근거하여 '師' 뒤에 '渡薩水'를 보충하고, '壤' 뒤에 '城三十里因山爲營'을 보충하여 번역하였다.

103 조준(趙浚)의 시 : 〈안주에서 옛일을 떠올리며〔安州懷古〕〉이다. 《松堂集 卷1》

살수 흐르는 곳 얼마나 깊었는가　　薩水縈回幾許深
춘풍에 사절 가지고 우연히 올라 보니　　春風持節偶登臨
양 언덕 끊어져 막힌 곳 티끌 흔적 하나 없고　　兩堤斷隔無塵跡
한 거울 편평하여 도심을 본 듯하네　　一鑑平開見道心
눈 쌓인 찬 산은 하얀 옥돌 안은 듯하고　　帶雪寒山涵白璧
구름 젖히고 나온 햇빛 황금 물결에 출렁이네　　破雲晴日漾黃金
성 위에서 피리와 북소리 갈 길을 재촉하는데　　城頭簫鼓催行色
나는 중류에 배 띄우고 맘껏 시를 읊노라　　人到中流自在吟

하였다.

무골도(無骨島) 주 동쪽 20리, 청천강 안에 있다.

누영지(漏盈池) 주 서쪽 10리에 있다.

개지(介池) 안융(安戎)에 있다.

토산 土産

명주실〔絲〕, 설면(雪綿 풀솜), 삼〔麻〕, 마노석(碼碯石), 안융에서 난다. 닥나무〔楮〕, 왕골자리〔莞席〕, 잣〔海松子〕, 소유(蘇油), 소금〔鹽〕, 숭어〔秀魚〕, 은구어(銀口魚 은어), 준치〔眞魚〕, 붕어〔鯽魚〕, 굴〔石花〕, 게〔蟹〕, 새우〔蝦〕

성곽 城郭

주성(州城) 고려 태조 때 쌓았다. 본조 이후에 또 증축하고 보수하였다. 석성(石城)이다. 둘레가 4255자이다. 문을 세웠는데, 동문을 □□라 하고 남문을 □□라고 한다. 성안에 우물과 샘이 18개 있다.

공서 公署

절도사영(節度使營) 주성 안에 있다. 예전에는 영변부에 있었는데, 인조 5년(1627)에 이곳으로 옮겼다.

노강 첨절제사진(老江僉節制使鎭) 주 서남쪽 65리, 청천강이 바다에 들어가는 곳에 있다. 수군첨절제사 1인이 있다.

학교 學校

향교(鄕校) 주성 안 동쪽에 있다.

궁실 宮室

안흥관(安興館) 객관(客館)이다. ○ 명나라 진가유(陳嘉猷)의 시에,

주의 성 꾸불꾸불 맑은 강 굽어보고	州城屈曲俯淸川
백성들 집 다닥다닥 젖은 연기 일어나네	民舍參差起濕煙
몇 리에 늘어선 푸른 소나무는 해 가리고	數里松行靑蔽日
사방 두른 푸른 산 빛은 하늘에 연이었네	四圍山色翠連天
이 지방 방언은 민남 지방 비슷하고	方音髣髴閩南路
논의 벼는 절강성 서쪽 논 닮았네	水稻依俙浙右田

이역의 풍광이 중국과 같으니 異域風光同上國
황상 은혜가 곧장 해동 구석까지 입혀졌구나 皇恩直被海東堧

하였다.

백상루(百祥樓) 주 북쪽 성안에 있다. ○ 고려 충숙왕(忠肅王)의 시에,

청천강 위 백상루 淸川江上百祥樓
삼라만경 벌여 있어 한눈에 보기 어려워라 萬景森羅不易收
풀은 멀리 긴 둑에 한 줄로 푸르렀고 草遠長堤靑一面
나직한 하늘에 늘어선 산들 천봉이 푸르네 天低列岫碧千頭
비단 병풍 그림자 속에 따오기 홀로 날고 錦屛影裏飛孤鶩
옥거울 빛나는 중에 작은 배 점점이 떠 있네[104] 玉鏡光中點小舟
속세에 선경 있는 것 믿지 않았더니 未信人間仙境在
오늘 밀성에서 영주를 보는구나[105] 密城今日見瀛洲

하였다. ○ 명나라 기순의 시에,

누각 높고 경치 좋아 가장 훌륭한데 樓高地勝最相宜
사면의 산을 보니 한결같이 기이하네 四面看山一樣奇
풍경이 특수하니 왕마힐의 그림인가 風景豈殊摩詰畫
정취 북돋우니 두소릉의 시일세 才情偏助少陵詩
평평한 시내 날은 따스하여 얼음도 쉬 녹고 平川日暖氷消易
먼 변새 하늘 높아 새도 더디 나는구나 遠塞天高鳥度遲

104 비단……있네 : 비단 병풍은 둘러선 산들의 정경을, 옥거울은 강물을 비유한 것이다.

105 오늘……보는구나 : 밀성(密城)은 안주의 옛 별호이고, 영주(瀛洲)는 봉래(蓬萊), 방장(方丈)과 함께 동해 가운데 선인(仙人)이 산다는 삼신산(三神山)의 하나이다. 백상루에서 바라본 안주의 풍경이 신선 세계에 비견될 만하다는 말이다.

마음은 황제 궁궐에 있으나 몸은 나그네로　心在帝庭身在客
오색구름에 머리 돌려 보니 그리움 사무치네　五雲回首不勝思

하였다. ○ 본조 이이(李珥)의 시[106]에,

나는 듯한 누각 좋은 경치 모았으니　飛樓收勝趣
어찌 기상[107]을 살피기 위해서랴　豈爲察禨祥
들은 푸른 하늘에 닿아 아스랗고　野接青天迥
강은 푸른 바다와 통하여 길다　江通碧海長
천산이 아득하게 둘러쌌는데　千山環縹緲
쌍 봉황 마주 대해 너울거리네　雙鳳對翱翔
다만 아쉽게도 황혼이 가까워져　只恨黃昏近
채항[108]을 띄울 수가 없어라　無由泛彩航

하였다. ○ 본조 기대승(奇大升)의 시[109]에,

성 북쪽에 누 높으니 귀신이 솜씨 바쳐　城北樓高鬼效工
구름 위로 날아올라 맑은 하늘을 누르네　翱翔雲際壓晴空
묘향산 고운 기운 붉은 두공에 날아오고　香山縹氣飛朱栱
발해의 상서로운 빛이 그림 창살에 은은하네　渤海祥光隱畫櫳
밝은 달 가슴에 비치니 신선 세계가 열리고　朗月照襟開玉界

106 이이(李珥)의 시 : 〈왕 천사가 연도에서 지은 작품에 차운하다〔次王天使沿途諸作〕〉 중 〈백상루(百祥樓)〉이다. 《栗谷全書 卷2》

107 기상(禨祥) : 이변(異變) 또는 길흉의 징조가 나타나는 것을 말한다.

108 채항(彩航) : 선유락(船遊樂)을 위해 쓰던 배를 말한다.

109 기대승(奇大升)의 시 : 〈백상루의 시에 차운하다〔次百祥樓韻〕〉이다. 《高峯集 高峯文集 卷1》

시원한 바람 꿈에 불어 신선 궁궐에 와 있네　仙風吹夢落瓊宮
유유한 지난 일 누구에게 묻겠는가　悠悠往事憑誰問
한 가락 어부가 가랑비 속에 들려오네　一曲漁歌細雨中

하였다.

만경루(萬景樓) 객관 서쪽에 있다. ○ 본조 이극감(李克堪)의 시에,

높은 누각 우뚝하게 하늘에 솟아 있어　高樓突兀倚層空
멀거니 홀로 서 있으니 석조 비쳐 붉어라　獨立悠悠夕照紅
고구려와 백제가 이 안에서 싸웠으며　麗濟戰爭形勢裏
수와 당의 침략도 이제는 담소거리네　隋唐征討笑談中
그림 난간 굽어보니 천 이랑에 기장이요　畫欄俯見千疇黍
작은 배 끌려감은 만리에 부는 바람　小艇徐牽萬里風
사해가 한 집이라 태평성대 맞았으니　四海一家逢至治
산하가 백 천 겹인들 어디에 쓰겠는가　山河何用千百重

하였다. ○ 명나라 장녕(張寧)의 시에,

강가의 높은 누각 세속 기운 벗었건만　江上危樓離俗氛
초봄에 지날 때는 미처 듣지 못하였네　春初經過未相聞
바람 구름, 언덕 골이 높고 낮게 보이고　風雲丘壑高低見
초목과 인가는 멀고 가까이 나뉘어 있네　草樹人家遠近分
한낮 부엌에는 차 끓이는 연기 뿌옇게 피어나고　午竈茶煙蒼冉冉
네모진 연못에는 불어난 봄물이 푸르게 넘실대네　方塘桃漲綠沄沄
사신의 순방 일 이미 마쳐 돌아갈 날 촉박한데　咨詢已遍歸期促
아롱진 난간에 기대서자 해는 또 저무누나　一倚雕欄日又曛

하고, 또

높은 하늘 저 서쪽 거긴 바로 황성인데 九霄西去是皇畿
만경루 안에 들어 잠시 옷을 풀어 보네 萬景樓中暫解衣
하늘 멀리 강은 흘러 어디에서 다하는고 天遠江流何處盡
봄 깊은데 시 흥취는 근래 들어 적어졌네 春深詩興近來微
노래 소리 개포 건너 졸던 백구 놀라 날고 歌聲隔浦眠鷗起
소나무에 바람 부니 춤추는 학 돌아오네 松影迎風舞鶴歸
당시 풍광 끝없는데 완상하기 지쳐서 時物未闌淸賞倦
나도 몰래 고개 돌려 나는 흰 구름 바라보네 不禁回首白雲飛

하였다.

봉수 烽燧

성황당 봉수(城隍堂烽燧) 북쪽으로 박천군의 독산(禿山)에 응하고, 서쪽으로 청산(靑山)에 응한다.

청산 봉수(靑山烽燧) 주 서쪽 15리에 있다. 북쪽으로 가산군(嘉山郡)의 연지(蓮池)에 응하고, 남쪽으로 오도산(悟道山)에 응한다.

오도산 봉수(悟道山烽燧) 북쪽으로 청산에 응하고, 남쪽으로 소리산(所里山)에 응한다.

소리산 봉수(所里山烽燧) 주 남쪽 47리에 있다. 동쪽으로 오도산에 응하고, 남쪽으로 숙천부의 도영산(都迎山)에 응한다.

제비통 봉수(諸非筒烽燧) 주 서쪽 43리에 있다. 북쪽으로 박천군의 덕간곶(德間串)에 응하고, 서쪽으로 노강(老江)에 응한다.

노강 봉수(老江烽燧) 주 서쪽 66리에 있다. 남쪽으로 숙천부의 식포(息浦)

에 응하고, 동쪽으로 제비통에 응한다.

창고 倉庫

군창(軍倉) 성안에 있다. 평양(平壤), 삼화(三和), 용강(龍岡), 강서(江西), 삼등(三登), 중화(中和), 성천(成川) 등 관아의 조세를 여기에서 수합한다.

우역 郵驛

안흥역(安興驛) 성안에 있다.

마현원(亇峴院) 주 남쪽 9리에 있다.

신원(新院) 주 남쪽 15리에 있다.

운암원(雲巖院) 주 남쪽 30리에 있다.

풍천원(楓川院) 주 남쪽 48리에 있다.

남정원(南亭院) 주 남쪽 10리에 있다.

재천원(載川院) 주 남쪽 50리에 있다.

관량 關梁

사묘 祠廟

사직단(社稷壇) 주 서쪽에 있다.

문묘(文廟) 향교에 있다.

성황사(城隍祠) 부 동쪽 3리에 있다.

청천강단(淸川江壇) 강 언덕에 있다. 봄가을로 향축(香祝)을 내려 제사 지낸다. 소사(小祀)로 실려 있다.

여단(厲壇) 주 북쪽에 있다.

사찰 寺刹

칠불사(七佛寺) 북성(北城) 밖에 있다. 민간에 전해지기를 "수(隋)나라 군대가 강가에 진을 치고 강을 건너려고 하였는데 배가 없었다. 이때 홀연히 7명의 승려가 강변에 이르러 6명의 승려가[110] 옷을 걷어 올리고 건넜다. 이에 수나라 사람이 물이 얕다고 여기고 군사를 지휘하여 다투어 건너다가 익사하여 그 시체가 강에 가득 차서 강물이 흐르지 않을 지경이 되었다. 이로 인해 절을 세워 이름 짓고 7개의 돌을 나란히 세워 7명의 승려를 형상하였다." 한다.

천왕사(天王寺) 성안에 있다. ○ 권근(權近)의 시[111]에,

고요한 승원이 성안에 있어	寂寥僧院在州閭
유월이라 창문가에 지내기 좋네	六月軒窓可寓居

110 6명의 승려가 : 《대동수경(大東水經)》 기3 〈살수(薩水)〉 등 이후 문헌의 기록에는 이 내용이 없어 7명이 건넌 것으로 되어 있다. 《신증동국여지승람》에 동일하게 나오므로 수정하지 않고 그대로 번역하였다.

111 권근(權近)의 시 : 〈안주 천왕사에 우거하면서 벽상에 쓰다(題寓居安州天王寺壁上)〉이다. 《陽村集 卷5》

조수 지니 길손은 나루 건너고 渡上行人潮退後
비 개자 농부는 밭을 매누나 田中耘叟雨晴初
산은 들 밖에 비껴 있어 벌판이 넓고 山橫野外平原闊
물이 감도는 성 모퉁이에 옛 치첩 남았네 水繞城隅古堞餘
날마다 누에 올라 흥이 넘치니 日日登樓吟興足
우연히 시를 이뤄 벽에다 쓰네 偶成詩句壁間書

하였다.

장락사(長樂寺) 봉덕산에 있다. 9층의 동탑(銅塔)이 있다.

승현사(僧賢寺), 석천사(石泉寺) 모두 고맹주(古孟州)에 있다.

화엄사(華嚴寺) 가을두산(加乙頭山)에 있다.

정수사(淨水寺), 미타사(彌陀寺) 모두 마두산에 있다.

영천사(永川寺), 백학사(白鶴寺), 경운사(慶雲寺), 원통사(圓通寺), 청룡사(靑龍寺), 문수사(文殊寺), 보현사(普賢寺), 개법사(開法寺), 운주암(雲住菴), 금동사(金洞寺) 모두 오도산에 있다.

영화사(靈華寺), 은적사(隱寂寺) 모두 왕산동(王山洞)에 있다.

고적 古蹟

고맹주(古孟州) 주 동쪽 15리에 있다. 맹주는 본래 덕주(德州)의 동북쪽에 있었는데, 고려 고종(高宗) 때에 맹주 백성이 몽고 군사를 피해 그 땅을 비워 두고 바다의 섬으로 들어갔다. 이어 육지로 나와서는 이곳에 임시로 거처하면서 그대로 맹주라 칭하고 본부의 속현이 되었다. 고려 말에 이르러서야 마침내 옛 땅으로 되돌아갔으니, 이곳은 바로 속현이 되었을 때 거주한 곳이다.

안융진(安戎鎭) 융(戎)은 인(仁)으로도 쓴다. 주 서쪽 65리, 해변에 있다. 토성(土城)이 있는데, 고려 광종(光宗) 25년(974)에 쌓았다. 둘레가 2490자이다.

옛 석성〔古石城〕 주 동쪽 6리에 있다. 둘레가 6050자이다.

명환 名宦

고려

최척경(崔陟卿) 명종(明宗) 때에 일이 많은 고을을 잘 다스린다 하여, 외직으로 나가 안북 도호부사(安北都護府使)가 되었다. 청렴하고 정직함으로 자신을 단속하였으므로 관리와 백성들이 경외하며 사랑하였다.

유석(庾碩) 고종 때 지형부사(知刑部事)가 되었는데, 권신 귀족에게 아부하지 않아 안북 도호부사로 폄척되었다. 이르는 곳마다 청백하기로 소문이 났는데, 부임한 지 오래되지 않아 죽었다.

김방경(金方慶) 고종 때 서북면 병마판관(西北面兵馬判官)이 되었다. 당시 몽고 군사가 아직 여러 성을 공격하지 않았을 때 보호할 수 있는 섬으로 들어갔다. 김방경이 다방면으로 규획하여 백성들을 보호하고 농사에 힘쓰게 하니 사람들이 그에 힘입어 생활하였다.

본조

최윤덕(崔潤德) □□조에 찬성(贊成)으로서 외직으로 나가 도절제사 겸 판

안주목사(都節制使兼判安州牧使)가 되었다. 공정하고 청렴하여 은혜로운 정사를 많이 행하였다. 일찍이 공무 보던 여가에 청사 뒤의 공터를 갈아 오이를 심고 손수 가꾸고 있었다. 소첩(訴牒 소장(訴狀))을 들고 온 자가 있었는데 이분이 최윤덕인 줄 모르고 묻기를 “상공은 지금 어디 계시오?” 하였다. 최윤덕은 거짓으로 답하고는 들어가 의복을 갈아입고 소장을 청결(聽決)하였으니, 그 검약함이 이와 같았다. 주 사람들이 부모처럼 사랑하고 사모하였다.

고거정(高居正) 안주 목사가 되었다.

이원익(李元翼) 소경왕조(昭敬王朝 선조)에 안주 목사가 되었다. 당시 고을이 기근으로 잔폐하여 굶주려 죽은 이들이 들판에 가득하니, 이원익이 관찰사에게 청하여 곡식 1만여 섬을 얻어 백성들에게 주어 기근을 진휼하고 파종하게 하였다. 고을 안에 도적이 많아지자 기책(機策)을 써서 체포하여 다스리니, 양민들이 편안히 생업에 종사하게 되었다. 백성들이 토질이 적합하지 않다는 이유로 뽕나무를 심지 않았는데, 이원익이 각 방(坊)에 두루 지시하여 뽕나무씨를 파종하도록 하여 이로부터 비로소 누에 치고 길쌈하는 일을 하게 되었으니, 뽕나무에 이름을 붙여 이공뽕나무〔李公桑〕라고 하였다. 모든 정사를 한결같이 성신(誠信)을 근본으로 삼고 교화를 우선으로 두어 부임한 지 3년 만에 온 경내가 크게 다스려졌다. 정사의 고과에서 최고점을 받아 표리(表裏)를 하사받았다. 승질(陞秩)[112]되었으나 그대로 재임하다가 조정에 들어가 대사헌이 되었다.

112 승질(陞秩) : 승품(陞品)이라고도 한다. 여기서는 이원익이 정3품 당하관에서 정3품 당상관에 오른 것을 일컫는다.

오윤겸(吳允謙) 소경왕 말에 안주 목사가 되었다. 청렴하고 간명하게 정사를 행하였으며 정성껏 백성들을 사랑하였다. 이에 백성들이 구리를 주조하여 비를 세워 덕을 칭송하였다.

남이흥(南以興) 인조조(仁祖朝)에 평안 절도사(平安節度使)가 되었다. 천계(天啓) 정묘년(1627, 인조5)에 오랑캐 군대가 대거 이르러 성이 함락되자, 남이흥이 탄식하여 말하기를 "조정에서 시기하고 의심하여 내가 좌변(左邊)의 장수가 되고도 감히 병졸 한 명 훈련시키지 못하여 이 지경에 이르렀다."[113] 하고는 마침에 분신하여 죽었다.

김준(金浚) 안주 목사가 되었다. 정묘호란 때 남이흥과 함께 성을 지켰다. 김준의 딸이 갓 봉산(鳳山) 수령의 며느리가 되었는데, 어떤 이가 말하기를 "따님을 의당 급히 보내서 전란을 피하게 해야 한다." 하자, 김준이 말하기를 "내가 지주(地主)가 되어 딸을 지경에서 내보내면 군사들의 생각에, 목숨을 바쳐 지켜야 하는 의리가 어디 있겠는가라고 여길 것이다." 하고 따르지 않았다.[114] 성이 함락되자 거리에서 싸우다가 죽었다.

113 조정에서……이르렀다 : 정온(鄭蘊)의 차자에 "신이 일찍이 듣건대 남이흥(南以興)이 죽음에 임박하여 말하기를 '내가 곤수(閫帥)가 되어 한 번도 습진(習陣)을 해 보지 못하고 죽는 것이 애통하다.' 하였습니다. 이것은 아마 그 당시에 기찰(譏察)하는 사람의 왕래가 빈번하였기 때문에 연병(鍊兵)이나 습진과 같은 군사 훈련을 실시할 수 없어서 이런 말을 하였던 것이니, 어찌 비통한 말이 아니겠습니까." 하였다.《桐溪集 卷3 丙子箚子》 남이흥이 평안도 병마절도사로 나갔는데, 조정에서 변정(邊政)을 의심하여 기찰을 자주 보내니 이로 인해 군사 훈련 등 오랑캐의 침략에 대비를 못하여 함락당하게 되었다고 한탄한 말이다.

114 어떤……않았다 : 김준의 전기에 의하면 "공의 딸은 나이가 16세로서 당초 사인(士人)인 나수소(羅守素)에게 출가하였는데, 그때 모두 공의 곁에 있었다. 당시에 나수소의 부친은 봉산(鳳山)의 수령이었는데, 두 노복(奴僕)을 급히 보내 공에게 청하기를 '우리 며느리는 우리 집으로 돌아오는 것이 마땅하니 적당한 때에 돌려보내면 좋겠다.' 하였다. 그러나 공은 이를 완곡하게 거절하면서 말하기를 '오랑캐가 이미 요새에 들어온 만큼 내가 사속(私屬)을 내

인물 人物

열녀 列女

한씨(韓氏) 부정(副正) 오지계(吳之界)의 아내이다. 본조 태조 때에 지아비가 애전(艾田)의 군역에서 죽으니, 한씨가 몹시 슬퍼하며 곡기를 끊었다. 친척들이 음식을 권하였는데 듣지 않고 죽었다. 일이 보고되자 부의(賻儀)를 하사하고 정려(旌閭)하였다.[115]

보낼 수는 없는 일이다.' 하였다." 한다.《澤堂集 別集 卷12 金防禦使傳》

115 본조……정려(旌閭)하였다 : 《태종실록》 3년 3월 3일 기사에 "서북면 찰리사(西北面察理使)가 보고하기를 '안주(安州)의 오지계(吳之界)가 지난해 11월에 애전(艾田)의 역(役)에서 죽었는데, 그 아내가 몹시 애통해하며 음식을 끊으므로 친척들이 모여서 권하였으나 듣지 않고 죽었습니다.' 하여, 부의를 하사하고 정려하였다." 하였다. 이에 의거하면 본문의 태조는 태종의 오류로 보인다. 애전은 평안도 맹산현(孟山縣) 지역으로, 애전의 군역은 1402년(태종2)에 안변 사람 조사의(趙思義)가 반란을 일으켜 이를 토벌하는 군대에 군역으로 나간 것을 말한다.

정주목定州牧

동쪽으로 가산군(嘉山郡) 경계까지 38리이다. 남쪽으로 해안까지 20리이다. 서쪽으로 곽산군(郭山郡) 경계까지 15리이다. 북쪽으로 구성부(龜城府) 경계까지 42리, 태천현(泰川縣) 경계까지 44리이다. 서울과의 거리는 899리이다.

한전 旱田

수전 水田

건치연혁 建置沿革

본래 고구려 지역이다. 뒤에 발해에 함락되고 이어서 여진의 점거지가 되었다. 고려 초에 곽주(郭州) 지역이 되었고, 원종(元宗) 때에 떼어 내 수주(隨州)를 설치하고 그대로 지수주사(知隨州事)로서 곽주를 겸임하게 하였다. 본조 태종(太宗) 때에 강등시켜 수천군(隨川郡)으로 삼았고, 세조(世祖) 12년(1466)에 정주(定州)의 치소(治所)를 이곳으로 옮겨 그대로 정주라고 칭하고 마침내 수천군을 폐하였다. 정주는 본래 지금의 구성(龜城)이다. 고려 고종(高宗) 때에 구주(龜州)를 승격시키고 정주목으로 삼았다.[116] 뒤에 치소를 마산(馬山) 남쪽으로 옮겼다. 본조 세조 때에 또 이곳으로 옮기고, 다시 떼어 내 구성부를 설치하였다. 관장하는 면은 □개이다.

관원

목사(牧使), 판관(判官), 교수(教授) 각 1인이다.

군명 郡名

수주(隨州)

형승 形勝

산천 山川

마산(馬山) 주 동쪽 30리에 있다. 진산(鎭山)이다.

당오령(堂於嶺) 주 서쪽 15리, 곽산군과의 경계에 있다. ○ 예겸(倪謙)의 시에,

당오령에 간신히 기어오르는데 　　堂於嶺上强躋攀

116 구주(龜州)를……삼았다 : 고종 18년(1231)에 몽고 병사가 침략하자 병마사 박서(朴犀)가 힘껏 방어하면서 끝까지 항복하지 않았다. 그 전공을 기려 구주를 정원대도호부(定遠大都護府)로 승격시켰다. 뒤에 도호부로 했다가 다시 정주목(定州牧)으로 고쳤다. 《高麗史 卷58 地理志3 安北大都護府 寧州 龜州》

작은 돌은 모나고 큰 바위는 사납네 小石稜稜大石頑
말 달려 곧장 마루에 올라 보니 躍馬直升高頂望
앞길에 아직도 만 겹의 산이 있네 前程猶有萬重山

하였다.

원통산(元通山) 주 동쪽 35리에 있다.

천동현(泉洞峴) 주 북쪽 42리에 있다. 구성부에도 보인다.

광림산(廣林山) 주 동쪽 15리에 있다. 예전에는 가산군에 속해 있었다.

심원산(深原山) 주 북쪽 15리에 있다. 민간에 전해지기를 봉새가 이곳에서 울었으므로 봉명산(鳳鳴山)이라고도 한다.

칠악산(七嶽山) 주 동쪽 70리에 있다. 위에 용지(龍池)가 있는데 가뭄이 들 때 비를 빈다.

도치곶(都致串) 주 남쪽 30리에 있다. 목장이 있다.

바다〔海〕 주 남쪽 30리에 있다.

달천(獺川) 주 동쪽 5리에 있다. 원류는 구성부 검산(檢山)에서 나와 남쪽으로 흘러 방호현(防胡峴)에 이르고 또 서쪽으로 흘러 바다에 들어간다. 원(元)나라 순제(順帝)가 덕흥군(德興君)을 세워 왕으로 삼고 군사 1만 명을 보내니, 공민왕(恭愍王)이 우리 태조(太祖)에게 명하여 정예 기병 1000명을 거느리고 나아가게 하였다. 그때 적이 이미 수주(隨州)의 달천에 주둔하고 있었는데, 태조가 분격하여 크게 격파하였다.

가마천(加磨川) 주 동쪽 40리에 있다. 태천현 대사리(大思里)에서 나와 사읍동음(沙邑冬音)에 이르러 바다에 들어간다.

이언지(伊彦池) 옛 수천(隨川) 동쪽에 있다.

위도(葦島) 주 동쪽 50리에 있다. 고려 고종 때에 김방경(金方慶)이 서북면 병마판관(西北面兵馬判官)이 되었는데, 몽고 군사가 들어와 여러 성을 침공하니 보호하기 위해 위도로 들어갔다. 10여 리 되는 땅이 있고 편평하여 농사를 지을 만한데, 바다의 조수 때문에 개간하지 못하고 있었다. 이에 김방경이 둑을 쌓고 파종하도록 하니, 백성들이 처음에는 괴롭게 여겼으나 가을이 되자 크게 풍년이 들어 그 덕분에 생활할 수 있었다. 섬에 또 우물과 샘이 없어서 항상 육지에 가서 물을 긷다가 이따금 사로잡히기도 하였는데, 김방경이 빗물을 저장하여 못을 만드니 그 근심이 마침내 사라졌다. 또 고종 14년(1227)에 섬에 누런 뱀이 있었는데 크기가 기둥만 하였고 가산(假山)에 굴을 파고 살았다. 어느 초동(樵童)이 지나가다가 부르는 소리가 나서 사방을 둘러보니 아무도 없어 가서 보자 바로 뱀이었다. 뱀이 사람처럼 말하기를 "이 섬사람들이 머지않아 난을 일으킬 것이니, 돌아가 감창(監倉)에 알려 각별히 조심하게 하라." 하였다. 감창사(監倉使)는 괴이쩍게 여겼지만 비밀로 하였는데, 뒤에 주 사람들이 몽고에 투항하였다.

고도(孤島) 주 남쪽 20리에 있다.

달도(獺島) 주 서남쪽 15리에 있다.

토산 土産

명주실〔絲〕, **삼**〔麻〕, **지치**〔紫草〕, **소금**〔鹽〕, **밴댕이**〔蘇魚〕, **숭어**〔秀魚〕, **홍어**(洪魚), **맛조개**〔竹蛤〕, **부레**〔魚鰾〕, **새우**〔蝦〕, **굴**〔石花〕, **토화**(土花 미네굴), **조기**〔石首魚〕, **낙지**〔絡締〕, **은구어**(銀口魚 은어), **민어**(民魚), **준치**〔眞魚〕, **광어**(廣魚), **오징어**〔烏賊魚〕, **조개**〔蛤〕, **윤화**(輪花), **제호유**(鵜鶘油)

성곽 城郭

주성(州城)

학교 學校

향교(鄉校) 예전에는 옛 정주에 있었는데, 중종(中宗) 때에 주 북쪽 1리로 옮겼다.

봉명서원(鳳鳴書院) 주 -원문 2, 3자 결락-에 있다. □□ 때에 주의 선비들이 사당을 세워[117] 김상용(金尙容)과 김상헌(金尙憲)을 향사하였다.

궁실 宮室

객관(客館)

향사당(鄉射堂)

풍월루(風月樓) 옛 정주에 있다.

영훈루(迎薰樓) 주 객관 남쪽에 있다. 옛 이름은 정원(定遠)인데, 명(明)나라 조사(詔使) 동월(董越)이 영훈(迎薰)이라고 고쳤다.

납청정(納淸亭) 주 동쪽 40리에 있다. 명나라 조사 당고(唐皐)가 이렇게 이름 짓고 사도(史道)가 기문을 지었으니, 계산(溪山)의 승경(勝景)이 담겨

117 주……세워 : 《연려실기술(燃藜室記述)》 별집 권4 〈사전전고(祀典典故)〉에는 "무술년(1658, 효종9)에 세웠다." 하고, 《대동지지(大東地志)》 〈정주목〉에는 "현종 계묘년(1663, 현종4)에 세웠다." 하였다.

있다. ○ 당고의 시에,

가마천 물이 효성산에 닿아 있는 곳　　加麻河接曉星山
누가 한가로운 정자를 여기에 지었는가　　誰構閑亭向此間
칡덩굴에 걸린 달이 물결에 드니 밤에 짝이 있고　　蘿月侵波宵有伴
솔에 부는 바람 고개 넘으니 낮에도 막힘이 없네　　松風度嶺晝無關
높은 처마 아래 푸른 놀 속에 손 머물게 하고　　浮簷許客留蒼靄
동자 불러 차 달이며 푸른 물굽이 내려다보네　　瀹茗呼童俯碧灣
앞에 가득한 경치 다 들어와 맑은 뜻 족하니　　納得滿前淸意足
새 이름 걸어 정자 얼굴 되기 좋구나　　好將新扁爲亭顔

하였다.

영춘당(迎春堂) 객관 동쪽에 있다.

봉수 烽燧

입파산 봉수(立波山烽燧) 주 남쪽 32리에 있다. 서쪽으로 곽산군의 방축포(防築浦)에 응하고, 동쪽으로 도치곶(都致串)에 응한다.

도치곶 봉수(都致串烽燧) 서쪽으로 입파산에 응하고, 동쪽으로 진해곶(鎭海串)에 응한다.

진해곶 봉수(鎭海串烽燧) 주 남쪽 23리에 있다. 서쪽으로 도치곶에 응하고, 동쪽으로 합화(蛤和)에 응한다.

합화 봉수(蛤和烽燧) 주 남쪽 34리에 있다. 서쪽으로 진해곶에 응하고, 동쪽으로 광암(廣巖)에 응한다.

광암 봉수(廣巖烽燧) 주 남쪽 41리에 있다. 서쪽으로 합화에 응하고, 동쪽으로 마암(馬巖)에 응한다.

마암 봉수(馬巖烽燧) 주 남쪽 51리에 있다. 서쪽으로 광암에 응하고, 동쪽으로 잉박곶(仍朴串)에 응한다.

잉박곶 봉수(仍朴串烽燧) 주 남쪽 53리에 있다. 서쪽으로 마암에 응하고, 동쪽으로 사음산(舍音山)에 응한다.

사음산 봉수(舍音山烽燧) 주 남쪽 60리에 있다. 서쪽으로 잉박곶에 응하고, 동쪽으로 미륵당(彌勒堂)에 응한다.

미륵당 봉수(彌勒堂烽燧) 주 남쪽 57리에 있다. 서쪽으로 사음산에 응하고, 동쪽으로 사읍동음(沙邑冬音)에 응한다.

사읍동음 봉수(沙邑冬音烽燧) 주 동남쪽 70리에 있다. 서쪽으로 미륵당에 응하고, 동쪽으로 가산군의 돈산(頓山)에 응한다.

구령산 봉수(仇寧山烽燧) 주 서쪽 7리에 있다. 서쪽으로 곽산군의 소산(所山)에 응하고, 동쪽으로 마산(馬山)에 응한다.

마산 봉수(馬山烽燧) 주 동남쪽 42리에 있다. 서쪽으로 구령산에 응하고, 동쪽으로 칠악산(七嶽山)에 응한다.

칠악산 봉수(七嶽山烽燧) 주 동남쪽 71리에 있다. 서쪽으로 마산에 응하고, 동쪽으로 가산군의 연지(蓮池)에 응한다.

우역 郵驛

신안역(新安驛) 주 안에 있다.

덕제원(德濟院) 주 동쪽 25리에 있다.

효성원(曉星院) 주 동쪽 56리에 있다.

달천원(獺川院) 주 동쪽 5리, 달천 언덕에 있다.

당오리원(唐五里院) 주 서쪽 15리에 있다.

관량 關梁

달천교(獺川橋)

사묘 祠廟

사직단(社稷壇) 주 서쪽에 있다.

문묘(文廟) 향교에 있다.

성황사(城隍祠) 옛 정주 및 옛 수주(隨州)에 있다.

여단(厲壇) 주 북쪽에 있다.

사찰 寺刹

안양사(安養寺) 오봉산(五峯山)에 있다. 절 서쪽 바위 아래 샘이 있는데 가물 때 비를 빌면 곧 효험이 있다.

심원사(深原寺) 심원산에 있다.

지장사(地藏寺) 덕달산(德達山)에 있다.

석련사(石連寺) 탄현산(炭峴山)에 있다.

자성사(慈聖寺), 송흥사(松興寺) 모두 오봉산에 있다.

원통사(元通寺) 원통산에 있다.

진강사(鎭江寺) 칠악산에 있다.

옥계사(玉鷄寺) 대현(大峴) 층야산(層夜山)에 있다.

고적 古蹟

수천폐군(隨川廢郡) 주 남쪽 15리에 있다. 본래 고려 수주(隨州)인데, 고종 18년(1231)에 몽고 군사가 창주(昌州)를 함락시키자 창주 사람들이 자연도(紫燕島)로 들어갔다. 원종 2년(1261)에 육지로 나와 곽주(郭州) 바닷가에 우거하였는데, 주 사람들이 땅을 잃었으므로 곽주 동쪽 16개 마을 및 예속된 안의진(安義鎭)을 떼어 내 지수주사(知隨州事)라고 칭하고 그대로 곽주를 겸하게 하였다. 공민왕 20년(1371)에 다시 떼어 내 곽주를 설치하였다. 본조 태종 13년(1413)에 규례대로 수천군으로 고쳤고, 세조 12년(1466)에 정주의 치소를 마산 남쪽에서 군의 신안역으로 옮기고는 군을 없애고 병합시켰다.

고정주성(古定州城) 주와의 거리는 동쪽으로 30리이고 마산의 남쪽이다. 돌과 흙을 반반씩 섞어 성을 쌓았다. 둘레가 3897자이다. 안에 우물 8개와 못 1개가 있다. 지금의 구성(龜城)이 본래 고려 때 정주인데, 뒤에 이곳으로 치소를 옮기고 그대로 정주라 칭하였다. 본조 세종(世宗) 때에 이르러 떼어 내 구성군(龜城郡)을 두고, 다시 주를 지금 치소로 옮겼다.

성동고성(城洞古城) 주 서쪽 10리에 있다. 흙과 돌이 반반이다. 외성(外城)의 둘레는 3만 1709자이며, 내성(內城)의 둘레는 9118자이다. 지금은 없어졌다.

육지고성(育地古城) 주 남쪽 27리에 있다. 흙으로 쌓았다. 둘레가 7116자이다. 지금은 없어졌다.

명환 名宦

본조

김상용(金尙容) 선조조(宣祖朝)에 정주 목사가 되었다. 청렴하고 간명하여 잘 다스렸으므로 표리(表裏)를 하사하여 포상하였다.

숙천도호부肅川都護府

동쪽으로 자산군(慈山郡) 경계까지 30리이다. 남쪽으로 순안현(順安縣) 경계까지 20리, 영유현(永柔縣) 경계까지 18리이다. 북쪽으로 안주(安州) 경계까지 13리이다. 서쪽으로 해안까지 44리이다. 서울과의 거리는 696리이다.

한전 旱田

수전 水田

건치연혁 建置沿革

본래 고구려 지역이다. 고구려가 망하고 지역이 모두 황폐해졌다. 고려 태조(太祖)가 여기에 진국성(鎭國城)을 쌓고 통덕진(通德鎭)을 설치하였다. 성종(成宗) 때에 고쳐 숙주(肅州)로 삼고 뒤에 강등시켜 군(郡)으로 삼았다. 본조 공정왕(恭定王 태종) 16년(1416)에 승격시켜 숙천도호부로 삼았다. 관장하는 면은 □개이다.

관원

부사(府使), 교수(教授) 각 1인이다.

군명 郡名

통덕(通德), 숙주(肅州)

산천 山川

당산(唐山) 부 북쪽 4리에 있다. 진산(鎭山)이다.

통덕산(通德山) 부 동쪽 5리에 있다.

편운산(片雲山) 부 동쪽 15리에 있다.

성산(聖山) 부 서남쪽 20리에 있다.

바다〔海〕 부 서쪽 43리에 있다.

통덕천(通德川) 통덕산 동쪽에 있다. 원류는 순안현 법홍산(法弘山)에서 나와 부성(府城) 남쪽을 지나 서쪽으로 흐르고 당자포(唐子浦)에 이르러 바다에 들어간다.

당자포(唐子浦) 부 서쪽 30리에 있다. 어량(魚梁)이 있다.

풍천(楓川) 부 북쪽 23리에 있다. 원류는 안주 오도산(悟道山)에서 나와 서쪽으로 흘러 바다에 들어간다.

양찬지(楊贊池) 부 서쪽 17리에 있다.

토산 土産

명주실〔絲〕, 삼〔麻〕, 지치〔紫草〕, 소금〔鹽〕, 홍어(洪魚), 조기〔石首魚〕, 숭어〔秀魚〕, 조개〔蛤〕, 새우〔蝦〕, 세어(細魚), 굴〔石花〕, 민어(民魚), 농어〔鱸魚〕

성곽 城郭

부성(府城) 고려 태조 때 쌓았다. 토성(土城)이고, 둘레가 4050자이다. 문이 있으며, 성안에 우물이 5개 있다.

학교 學校

향교(鄉校) 부 동쪽에 있다.

궁실 宮室

객관(客館)

소설당(小雪堂)

봉수 烽燧

도영산 봉수(都迎山烽燧) 부 남쪽 18리에 있다. 북쪽으로 안주의 소리산(所里山)에 응하고, 남쪽으로 영유현의 미두산(米頭山)에 응한다.

식포 봉수(息浦烽燧) 부 서쪽 30리에 있다. 북쪽으로 안주의 노강(老江)에 응하고, 남쪽으로 고석리(高石里)에 응한다.

고석리 봉수(高石里烽燧) 부 서쪽 30리에 있다. 남쪽으로 여을외(餘乙外)에 응하고, 북쪽으로 식포에 응한다.

여을외 봉수(餘乙外烽燧) 부 서쪽 30리에 있다. 남쪽으로 영유현의 소산(所山)에 응하고 북쪽으로 고석리에 응한다.

우역 郵驛

숙녕역(肅寧驛) 부 서쪽 2리에 있다. 누(樓)가 있는데, 숙녕루(肅寧樓)인 듯하다. ○ 명나라 김식(金湜)의 시에,

큼직하고 높은 누각 먼 숲을 대했는데	奕奕高樓對遠林
한가한 꽃 다 떨어지는 것을 누가 막으리	閑花落盡敎誰禁
아침마다 길 떠나자니 이별이 어렵다만	朝朝行路難爲別
곳곳에 산 보이니 쉽사리 마음은 끌리네	處處看山易上心
객관의 화려한 자리에 거듭거듭 취하고	賓館華筵重疊醉
친구의 아름다운 글귀 짧게 길게 읊네	故人佳句短長吟
가을바람에 석양 너머로 머리 돌리니	秋風回首斜陽外
집이 강남 땅 몇째 봉우리에 있는고	家在江南第幾岑

하였다. ○ 명나라 동월(董越)의 시에,

산 빛은 성이 그림 누각 두른 듯하고	山色如城繞畫樓
거듭 오니 풍경이 사람 눈을 트여 주네	重來風景豁人眸
봄이 가니 푸른 나무에 한가한 꽃 떨어지고	春歸碧樹閑花落

어두워 오니 빈숲에 지친 새 돌아오네	瞑合空林倦翼投
누렁 송아지는 푸른 풀 자라는 구름에 누웠고	黃犢臥雲青草長
들 누에는 푸르고 연한 뽕잎 먹고 고치 지었네	野蠶成繭綠桑柔
밭 갈기 재촉하는 뻐꾹새 소리 겨우 그치자	催耕布穀聲初緩
손가락 꼽아 보니 또 보릿가을이 되어 가네	屈指來牟又報秋

하였다.

통녕원(通寧院) 옛 도연역(都延驛) 터이다. 부 남쪽 20리에 있다. 일명 어파(於坡)라고 한다.

자비원(慈悲院) 부 북쪽 20리에 있다.

관량 關梁

대교(大橋) 부 서쪽 1리에 있다.

신교(新橋) 대교 남쪽에 있다.

사묘 祠廟

사직단(社稷壇) 부 서쪽에 있다.

문묘(文廟) 향교에 있다.

성황사(城隍祠) 부 북쪽 3리에 있다.

여단(厲壇) 부 북쪽에 있다.

사찰 寺刹

동산사(東山寺), 망일사(望日寺) 모두 편운산에 있다.

백사(白寺) 노골산(老骨山)에 있다.

서림사(西林寺) 검산(檢山)에 있다.

천불암(千佛菴) 천불산(千佛山)에 있다.

청룡사(靑龍寺) 오도산(悟道山)에 있다.

정산암(正山菴) 정산(正山)에 있다.

고적 古蹟

옛 행성〔古行城〕 부 서쪽 30리, 해변에 있다. 길이가 1만 8817자이다. 지금은 없어졌다.

호전성(虎田城) 부 동쪽 20리에 있다. 흙으로 쌓았다. 둘레가 9710자이다. 지금은 없어졌다.

명환 名宦

고려

충인(忠仁) 태조 11년(928)에 통덕진(通德鎭)의 진두(鎭頭)가 되었다.

하윤린(河允潾) 공민왕(恭愍王) 때에 지숙주군사(知肅州郡事)가 되었다. 위왕(僞王) 알첩목아(歹帖木兒)가 침입하자 여러 도의 군장(軍將)들이 왕래하느라 모두 숙주를 지났는데, 하윤린이 접대하는 데에 소홀함이 없었다. 정치를 행하는 데 인자함과 관대함을 근본으로 삼아 정해진 세금 외에 거두는 것이 없고 형벌이 줄어드니, 관리와 백성들이 은덕으로 여겼다. 당상관(堂上官)으로 승진하였다.

본조

연비(延庇) 숙천 부사가 되었다. 혜장왕(惠莊王 세조)이 그가 정치를 간명하게 하고 부역을 공평하게 한다는 말을 듣고 유지를 내려 표창하였다.

가산군嘉山郡

동쪽으로 박천군(博川郡) 경계까지 20리이다. 남쪽으로 같은 군 경계까지 17리이다. 서쪽으로 정주(定州) 경계까지 25리이다. 북쪽으로 태천현(泰川縣) 경계까지 25리이다. 서울과의 거리는 836리이다.

한전旱田

수전水田

건치연혁建置沿革

본래 고구려 지역이다. 뒤에 발해에 함락되고 이어서 여진의 점거지가 되었다. 고려 광종(光宗) 때에 가주(嘉州)를 설치하였고, 고종(高宗) 8년(1221)에 강등시켜 무령(撫寧)이라고 칭하였다. 반역이 있었으므로 강등시켰다. 얼마 뒤에 다시 가주로 삼았다. 본조 태종(太宗) 13년(1413)에 고쳐 가산군으로 삼았다. 관장하는 면은 □개이다.

관원

군수(郡守), 훈도(訓導) 각 1인이다.

군명 郡名

가주(嘉州)

풍속 風俗

질박함을 숭상하고 화미(華美)하기를 힘쓰지 않는다. 군적(郡籍)에 보인다.

산천 山川

봉두산(鳳頭山) 군 북쪽 1리에 있다. 진산(鎭山)이다.

청룡산(靑龍山) 군 동쪽 9리, 박천군과의 경계에 있다. 일명 봉미산(鳳尾山)이라고 한다.

효성산(曉星山) 군 서쪽 10리에 있다. 산 위에 효성대(曉星臺)가 있는데, 세속에서 전하기를 예전에 별에 제사 지내던 곳이라고 한다.

서문령(西門嶺) 군 서쪽 2리에 있다. 세속에서 석문령(石門嶺)이라고 이름한다. 《일통지(一統志)》에는 가산령(嘉山嶺)이라고 되어 있다. ○ 명(明)나라 김식(金湜)의 시에,

가파른 석벽 높은 봉우리 하늘로 치솟았으니 峭壁危峯勢入天

말발굽 오르락내리락하며 간신히 오르네　馬蹄高下費攀緣
구름 깊으니 산에 길이 없는 줄은 알겠고　雲深只覺山無路
나무 늙었으니 이곳에 신선 있는 것 알겠네　樹老方知地有仙
비를 등진 찬 바위엔 아직 눈이 남았고　背雨寒巖猶帶雪
바람을 만난 약초는 향기가 나려고 하네　臨風藥草欲生煙
머리를 돌이키니 아득한 저 하늘 밖에　回頭恍惚層霄外
한 줄기 소나무 소리 시냇물 소리 섞였네　一派松聲雜澗泉

하였다.

화악산(華嶽山) 군 서쪽 10리에 있다.

망해산(望海山) 군 서쪽 1리에 있다. 봉두산과 마주 보고 있다.

오사롱산(吾思弄山) 군 서쪽 15리, 정주와의 경계에 있다. 일명 칠악산(漆嶽山)[118]이라고 한다.

벌사롱산(伐思弄山) 군 서쪽 10리에 있다. 가마천(加磨川)을 사이에 두고 오사롱산과 마주 보고 있다.

대령강(大寧江) 군 동쪽 20리에 있다. 예전에는 개사강(蓋泗江)이라고 칭했고, 박천강(博川江)이라고도 한다. 세상에서 전하기를 "주몽(朱蒙)이 북부여(北扶餘)로부터 남쪽으로 도망해서 여기에 이르니, 물고기와 자라가 다리를 만들어 주어 편하게 건너도록 했다고 하므로 이름하였다." 한다. 박천군에도 보인다.

가마천(加磨川) 군 서쪽 25리에 있다. 바로 정주 가마천이다.

가지천(加之川) 군 북쪽 25리에 있다.

118 칠악산(漆嶽山) : 앞의 정주목(定州牧)에 나오는 칠악산(七嶽山)과 동일한 산이다.

나포지(螺浦池) 군 동쪽 20리에 있다.

곡지(曲池) 군 서쪽 25리에 있다.

송지(松池) 군 서쪽 10리에 있다.

추도(楸島) 군 동쪽 22리에 있다.

토산 土産

명주실〔絲〕, 삼〔麻〕, 옻〔漆〕, 지치〔紫草〕, 뇌록(磊綠), 숭어〔秀魚〕, 게〔蟹〕, 새우〔蝦〕, 수유(酥油)

학교 學校

향교(鄕校) 현 서쪽 1리에 있다.

궁실 宮室

객관(客館)

적개정(敵愾亭) 대령강 가에 있다. 혜장대왕(惠莊大王 세조)이 명나라에 사신으로 갈 때에 지어 준 이름이다.

첨허정(瞻虛亭) 가평관(嘉平館) 서쪽 1리에 있다.

신정(新亭) 객관 동쪽에 있다.

봉수 烽燧

돈산 봉수(頓山烽燧) 군 서쪽 15리에 있다. 서쪽으로 정주의 사읍동음(沙邑冬音)에 응하고, 남쪽으로 박천군의 독산(禿山)에 응한다.

연지 봉수(蓮池烽燧) 군 동쪽 18리에 있다. 서쪽으로 정주의 칠악산에 응하고, 남쪽으로 안주(安州)의 청산(靑山)에 응한다.

우역 郵驛

가평역(加平驛) 군 동쪽 3리에 있다. ○ 김식의 시에,

푸른 솔 길도 멀고 석문도 먼데	蒼松路遠石門賒
말에서 내리니 분명 집에 도착한 것 같네	下馬分明似到家
지붕보다 높은 배나무 처음 열매 맺고	過屋杜梨初結子
뜰에 가득한 작약 반쯤 꽃이 피었네	盈階芍藥半開花
고개 위에 바람 이니 바위 사이 폭포 울고	嶺頭風起鳴巖瀑
시내 위에 구름 나니 바다 안개에 연했네	溪上雲來接海霞
느지막이 누에 올라 한가로이 오래 앉아서	向晩登樓閑坐久
석양 아래 그림자 남기며 돌아가는 갈까마귀 보내네	夕陽留影送歸鴉

하였다.

감초원(甘草院) 박천강(博川江) 언덕에 있다.

가마포원(加磨浦院) 군 서쪽 15리에 있다.

사묘 祠廟

사직단(社稷壇) 군 서쪽에 있다.

문묘(文廟) 향교에 있다.

성황사(城隍祠) 군 북쪽 1리에 있다.

여단(厲壇) 군 북쪽에 있다.

사찰 寺刹

금계사(金鷄寺) 화악산에 있다.

천왕사(天王寺) 봉두산에 있다.

보혈사(普穴寺) 오사룡산에 있다.

청룡사(靑龍寺) 청룡산에 있다.

관음사(觀音寺) 효성산에 있다.

고적 古蹟

고가산(古嘉山) 오사룡산 남쪽의 부곡 화지리(火池里)에 있다. 고려 고종 때에 이 지역 사람들이 몽고 군사를 피해 바다의 섬에 들어갔고, 원종(元宗) 때에 육지로 나와 이곳에서 살다가 얼마 후에 옛 치소(治所)로 돌아갔다. 지금 이 지역을 일컬어 고가산이라 한다.

고운산(古雲山) 군 서쪽 40리에 있다. 고려 고종 때 운산군(雲山郡) 군민이 몽고 군사의 침입을 받아 군을 비우고 바다의 섬으로 들어갔다. 원종 2년

(1261)에 이르러 육지로 나와 이곳에서 임시로 살았으므로 운군(雲郡)[119] 이라고 칭하였다. 공민왕(恭愍王) 때에 비로소 본래의 지역으로 돌아갔다.

옛 장성〔故長城〕 군 북쪽 15리에 있다. 돌로 쌓았다. 둘레가 5만 4900자이다. 지금은 없어졌다.

봉두산성(鳳頭山城) 돌로 쌓았다. 둘레가 9067자이다. 지금은 없어졌다. 안에 우물 99개, 시내 2개, 못 2개가 있다.

부창역(阜昌驛) 옛터가 군 동쪽 5리에 있다.

안신역(安信驛) 옛터가 군 북쪽 20리에 있다.

칠성대(七星臺) 옛 성 안에 있다.

인물 人物

고려

한희유(韓希愈) 처음에 고을 아전이었는데, 말타기와 활쏘기에 능하고 담략(膽略)이 있었다. 김방경(金方慶)을 따라서 진도(珍島), 탐라(耽羅), 일본(日本)을 토벌하여 모두 공이 있었다. 충렬왕(忠烈王) 때에 판밀직사사(判密直司事)를 역임하였다. 원(元)나라 설도간(薛闍干)과 함께 연기(燕岐)에서 합단(哈丹)을 격파하니 원나라 황제가 포상하여 회원대장군(懷遠大將軍)에 제수하고 호부(虎符)와 옥대(玉帶)를 하사하였다. 관직이 도첨의중찬(都僉議中贊)에 이르렀다. 죽은 뒤에 장렬(莊烈)의 시호를 받았다.

119 운군(雲郡) : '운산(雲山)'의 오기인 듯하다.

영유현永柔縣

동쪽으로 순안현(順安縣) 경계까지 9리이다. 남쪽으로 같은 현 경계까지 12리이다. 서쪽으로 평양부(平壤府) 경계까지 35리이다. 북쪽으로 숙천부(肅川府) 경계까지 13리, 해안까지 35리이다. 서울과의 거리는 675리이다.

한전 旱田

수전 水田

건치연혁 建置沿革

본래 고구려 지역이다. 고구려가 망하자 지역이 황폐해졌다. 고려 때에 정수현(定水縣)을 설치하고 뒤에 영청(永淸)으로 고쳐 용강현(龍岡縣)에 병합시켰다가, 뒤에 다시 영청현(永淸縣)을 설치하였다. 고종(高宗) 때에 안인진(安仁鎭)의 진장(鎭將)이 현의 일을 겸하게 하였다. 본조 초에 안인진을 안주(安州)로 옮겨 편입시키고, 함종(咸從) 임내의 통해현(通海縣)을 현에 병합시켰다. 또 영원(寧遠)과 유원(柔遠) 두 진을 편입시키고 고쳐 영녕현(永寧縣)으로 삼았다. 세종(世宗) 5년(1423)에 다시 영유(永柔)로 고쳤다. 관장하는 면은 15개이다.

관원

현령(縣令), 훈도(訓導) 각 1인이다.

군명 郡名

정수(定水), 영청(永淸), 영녕(永寧)

형승 形勝

사면이 산으로 둘러싸여 있다. 본조 이지강(李之剛)의 시에 "사면이 산으로 둘러싸여 한 성을 이루었네.〔四面山圍作一城〕" 하였다.

서쪽은 창해(滄海)에 연해 있다. 본조 원효연(元孝然)의 시

산천 山川

미두산(米豆山) 현 동쪽 4리에 있다. 진산(鎭山)이다.

천보산(天寶山) 현 남쪽 40리에 있다.

자화산(慈華山) 현 남쪽 15리에 있다.

원산(圓山) 현 서남쪽 20리에 있다.

석련산(石連山) 현 서쪽 30리에 있다. 들판 안에 우뚝 솟아 있으며 서쪽으로 창해에 닿아 있다.

바다〔海〕 현 서쪽 40리에 있다.

덕지(德池) 현 서쪽 20리에 있다. 둘레가 5만 3400자이다.

가흘지(加訖池) 현 서쪽 30리에 있다. 둘레가 1만 1050자이다.

우륵지(亐勒池) 현 서쪽 25리에 있다.

사근교포(沙斤橋浦) 현 서쪽 20리에 있다.

판교포(板橋浦) 현 남쪽 20리에 있다.

토산 土産

명주실〔絲〕, 삼〔麻〕, 옻〔漆〕, 왕골자리〔莞席〕, 지치〔紫草〕, 소금〔鹽〕, 숭어〔秀魚〕, 홍어(洪魚), 조기〔石首魚〕, 자하(紫蝦 곤쟁이), 굴〔石花〕, 부레〔魚鰾〕, 윤화(輪花), 붕어〔鯽魚〕, 농어〔鱸魚〕, 조개〔蛤〕

학교 學校

향교(鄕校) 예전에는 현 동북쪽 2리에 있었는데, 숭정(崇禎) 말기에 현 서북쪽 1리로 옮겼다.

궁실 宮室

객관(客館)

향사당(鄕射堂) 객관 서쪽에 있다.

무학청(武學廳) 객관 동쪽에 있다.

봉수 烽燧

미두산 봉수(米豆山烽燧) 남쪽으로 순안현의 독자산(獨子山)에 응하고, 북쪽으로 숙천부의 도연산(都延山)에 응한다.

소산 봉수(所山烽燧) 현 북쪽 38리에 있다. 남쪽으로 대선곶(大船串)에 응하고, 북쪽으로 숙천부의 여을외(餘乙外)에 응한다.

대선곶 봉수(大船串烽燧) 현 서쪽 45리에 있다. 남쪽으로 평양의 불곡(佛谷)에 응하고, 북쪽으로 소산에 응한다.

관량 關梁

판교(板橋) 현 남쪽 20리에 있다.

사묘 祠廟

사직단(社稷壇) 현 서쪽에 있다.

문묘(文廟) 향교에 있다.

성황사(城隍祠) 현 동쪽 2리에 있다.

여단(厲壇) 현 북쪽에 있다.

사찰 寺刹

약사사(藥師寺), 황갑사(黃甲寺) 모두 천보산에 있다.

봉진사(鳳進寺), 북천왕사(北天王寺), 남암사(南菴寺) 모두 미두산에 있다.

추암사(楸巖寺) 원산에 있다.

수정사(水淨寺) 자화산에 있다.

석련사(石蓮寺) 석련산에 있다. 서쪽으로 창해에 닿아 있고, 의주(義州)의 가도(椵島) 등 여러 섬이 모두 눈 아래 있으니, 빼어난 경치로 지극히 칭송된다.

고적 古蹟

유원진(柔遠鎭) 현 북쪽 30리에 있다. 본래 고려 평로진(平虜鎭)이다. 정종(靖宗) 7년(1041)에 최충(崔沖)에게 명하여 쌓게 하였다. 토성(土城)이다. 둘레가 2920자이다. 뒤에 유원으로 고쳤다. 본조 태조(太祖) 5년(1396)에 편입되었다. 안에 우물 3개와 못 1개가 있다.

영원진(寧遠鎭) 현 서북쪽 40리에 있다. 영원진은 본래 희천(熙川)의 동쪽에 있었는데, 고려 때 그곳 백성들이 영청현 해변으로 옮겨 살았으므로 이에 영원진이라 일컬었다. 본조 태조 5년에 진을 없애고 그 지역을 현에 병합시켰다.

통해폐현(通海廢縣) 현 북쪽 30리에 있다. 고려 때에 함종현(咸從縣)에 병합되었는데, 본조 태조 2년(1393)에 옮겨 본현에 편입시켰다. 옛 성이 남아 있다.

고소토성(古小土城) 현 북쪽 1리에 있다. 둘레가 1820자이다. 안에 우물이 1개 있다.

미두산성(米豆山城) 흙으로 쌓았다. 둘레가 4380자이다. 안에 우물 14개와 못 2개가 있다.

고려 태조 영전(高麗太祖影殿) 미두산의 봉진사 남쪽에 있다. 중앙에 태조의 영정을 봉안하고 동쪽과 서쪽 벽에 37명의 공신과 12명의 장군상이 그려져 있다. 매양 기일, 설날, 연등절(燃燈節 초파일), 단오, 추석, 동지, 입춘에 계수관(界首官)이 제사 지냈다. 지금은 없어지고 유지(遺址)만 있다.

인물 人物

본조

김새(金璽) 관직은 봉사(奉事)를 지냈다. 성품이 지극히 효성스러웠다. 아버지의 상을 당해 3년 동안 상복을 벗지 않고 슬퍼하기를 지나치게 하였다. 일찍이 삭일(朔日)이 되었는데 가난하여 제사 지낼 수 없어서 묘 앞에서 곡하고 있는데 갑자기 암꿩이 떨어졌다. 묘를 지킨 지 한 달 남짓 되었을 때는 사슴 한 마리가 항상 묘소 좌측에 머물러 있었는데 다가가도 놀라지 않았다. 3년이 지난 뒤에 떠나가니, 사람들이 효성의 감응이라고 여겼다. 노모를 봉양하는 데 안색을 살펴 받들고 뜻을 따르며 맛있는 음식으로 공양하였으며 늙어서도 더욱 돈독히 하였다. 소경왕조(昭敬王朝 선조)에 정려하였다.

의주목 義州牧

동쪽으로 삭주부(朔州府) 경계까지 116리, 구성부(龜城府) 경계까지 82리이다. 남쪽으로 용천군(龍川郡) 경계까지 60리, 같은 군 경계의 양책관(良策館)까지 66리, 철산군(鐵山郡) 경계까지 79리이다. 서쪽으로 압록강(鴨綠江)까지 14리이다. 북쪽으로 같은 강까지 2리이다. 서울과의 거리는 1186리이다.

한전 旱田

수전 水田

건치연혁 建置沿革

본래 고구려 지역이다. 뒤에 발해에 함락되고 이어서 여진의 점거지가 되었다. 고려 때에 용만현(龍灣縣)을 설치하였다. 현종(顯宗) 초기에 거란(契丹)에 함락되어 보주(保州)라고 칭하였고 뒤에 또 포주(抱州)라고 칭하였다. 예종(睿宗) 12년(1117)에 요(遼)나라 자사(刺使) 상효손(常孝孫)이 금(金)나라 군사를 피하여 바다를 건너 도망해 와서 포주를 가지고 우리나라에 귀의하자 고쳐 의주(義州)를 설치하고 마침내 다시 압록강으로 경계를 삼았다. 예종 12년에 요나라 자사 상효손이 도통(都統) 야율령(耶律寧) 등과 함께 금나라 군사를 피하여 바다를 건너 도망해 와서 우리 영덕성(寧德城)에 문서를 보내어 내원성(來遠城) 및 포주를 가지고 우리에게 귀의하므로 우리 군사가 그 성에 들어가서 병장기와 전곡(錢穀)을 수습하니, 왕이 기뻐하여 고쳐 의주로 삼았다. 살피건대 내원성에 대해 《송사(宋史)》에 이르기를 "고려가 압록강 동쪽에 성을 쌓아 내원성과 마주 보고 있다." 하였으니, 내원성은 압록강 서북쪽에 있다. 고종(高宗) 때에 강등시켜 함신(咸新)이라고 칭하였다가 반역하였으므로 강등시켰다. 이윽고 다시 의주로 삼았다. 공민왕(恭愍王) 때에 승격시켜 목(牧)으로 삼고 얼마 뒤에 의주만호부(義州萬戶府)를 설치하였다. 본조 태종(太宗) 2년(1402)에 고쳐 목으로 삼고 정주(靜州) 및 위원진(威遠鎭)을 폐하여 병합시켰다. 세조(世祖) 때에 진(鎭)을 설치하였다. 관장하는 면은 □개이다.

진관

군 2개 철산(鐵山), 용천(龍川)

관원

목사(牧使), 판관(判官), 교수(敎授) 각 1인이다.

지금 증보하건대 선조 26년(1593)에 승격시켜 부(府)로 삼았다. 25년(1592)에 임금이 왜구를 피하여 서쪽으로 행차하여 본주에 이르러 명(明)나라에 군사를 요청하여 적을 물리치고, 이듬해에 마침내 환도(還都)하였는데, 이때 주를 승격시켜 부로 삼았다.

군명 郡名

용만(龍灣), 보주(保州), 포주(抱州)

형승 形勝

압강(鴨江)이 천연적인 참호이다. 《대명일통지(大明一統志)》

낙랑(樂浪)과 지경을 나누었다. 명나라 기순(祁順)의 시

서쪽으로 요양(遼陽)에 접하고, 장강(長江)이 경계가 된다.

풍속 風俗

기풍이 강건하고 굳세고, 활쏘기와 말타기를 잘하며, 사냥을 좋아한다. 지지(地志)

산천 山川

송산(松山) 주 동쪽 30리에 있다. 진산(鎭山)이다.

미라산(彌羅山) 주 남쪽 100리에 있다. 본래 용천군 지역인데, 본조 성종(成宗) 때에 떼어 내 본주에 예속시켰다. 어살(魚箭)이 두 군데 있는데, 하나는 용천군 사자도(獅子島) 남쪽에 있고, 하나는 섬 북쪽에 있다. 염분(鹽盆)이 두 군데 있다.

백마산(白馬山) 주 남쪽 30리에 있다. 민간에 전해지기를 흰 용마(龍馬)가 나와 놀았으므로 이렇게 이름하였다고 한다.

마두산(馬頭山) 주 남쪽 80리에 있다.

화엄산(華嚴山), **천마산**(天磨山) 모두 옛 정녕(定寧) 북쪽에 있으며, 주와의 거리는 150리이다. 천마산은 삭주(朔州)에도 보인다.

판막현(板幕峴) 주 동북쪽 116리에 있다.

가두등현(加頭等峴) 주 동쪽 50리에 있다.

진병곶(鎭兵串) 주 남쪽 50리에 있다.

바다〔海〕 주 남쪽에 있다.

압록강(鴨綠江) 주 서북쪽에 있으며 일명 마자수(馬訾水)라고 한다. 서쪽으로 요동 도사(遼東都司)와의 거리는 560리이다. 그 원류는 호지(胡地)의 백두산(白頭山)에서 나와 남쪽으로 수백 리 흘러 함경도 갑산(甲山)과 삼수(三水)를 경유하고 본도의 여연(閭延), 무창(茂昌), 우예(虞芮), 자성(慈城)을 지나서 강계(江界), 위원(渭原)[120]의 지경에 이르러 독로강(禿魯江)과 합해지고, 이산군(理山郡) 산양회(山羊會)에 이르러 포주강(浦州江)-원류는 건주위(建州衛)에서 나온다.-과 합해지며, 아이보(阿耳堡)에 이르러 동건강(童巾江)과 합해진다. 벽동(碧潼), 창성(昌城), 소삭주(小朔州)를 경유하여 주 북쪽 오적도(於赤島) 동쪽에 이르러 세 줄기로 나누어지니, 하나는 남쪽으로 흘러 모여 구룡연(九龍淵)이 되어 이름을 압록강이라고 한다. 물빛이 오리 머리처럼 푸르다고 하여 이렇게 이름하였다. 하나는 서쪽으로 흘러 서강(西江)이 되고, 하나는 가운데로 흘러 소서강(小西江)이라 이름한다. 검동도(黔同島)에 이르러 다시 합하여 하나가 된다. 수청량(水青

120 위원(渭原) : 대본에는 '渭源'으로 되어 있는데, 《동국여지지》 권9 〈평안〉 위원군에 근거하여 수정하였다.

梁)에 이르러 또 두 줄기로 나누어지니 하나는 서쪽으로 흘러 적강(狄江)-압록강 서북쪽에 있다.-과 합해지고, 하나는 남쪽으로 흘러 대강(大江)이 되어 위화도(威化島)를 감아 돌고 암림곶(暗林串)에 이른다. 서쪽으로 흘러 미륵당(彌勒堂)에 이른 다음 다시 적강과 합해져서 대총강(大摠江)이 되어 서해에 들어간다. 주자(朱子)가 말하기를 "여진이 일어난 곳에 압록강이 있다. 전하는 말에 '천하에 세 곳의 큰 물이 있으니, 황하(黃河), 장강(長江), 압록(鴨綠)이다.'라고 하였는데, 바로 이곳이다." 하였다. 《신당서(新唐書)》에 "마자수가 말갈(靺鞨)의 백산(白山)에서 나오는데 물빛이 오리처럼 푸르므로 압록(鴨綠)이라고 칭하였다. 서남쪽으로 흘러 안평(安平)에 이르러 바다에 들어간다." 하였다. 《송사(宋史)》에 "고려가 압록강을 의지하여 험고한 요새로 삼았으니, 강의 너비는 300보(步)이다. 그 동쪽은 바다에 들어가는데 물이 맑아서 열 길 물속이 환히 내려다보인다." 하였다. ○ 본조 권근(權近)의 시[121]에,

나라에는 지경이 험한 곳 있으니	國有封疆險
하늘이 웅건한 요지를 나누었도다	天分地利雄
세 갈래 물 하도 깊어 헤아릴 수 없고	三江深不測
한 길 너무 멀어서 통행하기 어렵네	一道浩難通
강이 드넓어 물결이 바다에 연하고	水闊波連海
바람 이니 파도가 하늘에 닿았네	風生浪接空
작은 배 빨라라 쏜살같이 달리니	小船如箭疾
사공아 감사하오 편히 건너서	利涉謝篙工

121 권근(權近)의 시 : 〈압록강에 배를 띄우고서〔鴨綠江泛舟〕〉이다. 《陽村集 卷5》

하였다. ○ 명나라 기순의 시에,

낙랑과 지경 나누어 요 땅에 근접하고	樂浪分疆近接遼
한줄기 강 그 사이에 흘러 멀리멀리 푸르네	一江中隔綠迢迢
장백산에서 근원하여 암석을 뚫고서	源從長白穿山骨
동영[122]으로 흘러 바닷물과 섞이네	流出東瀛雜海潮
두 언덕 산 빛은 개어서 옥을 담근 듯	兩岸山光晴浸玉
사철 구름 그림자는 시원하게 하늘 머금네	四時雲影冷涵霄
행인은 물고기와 자라를 부를 필요 없구나	行人不用招魚鱉
굳은 얼음 스스로 다리를 만들었네	自有堅氷作爲橋

하였다. ○ 명나라 왕창(王敞)의 시에,

물이 깊은 긴 강 만경에 가을인데	水暗長江萬頃秋
누선은 누가 보내 모래톱서 기다리나	樓船誰遣候沙頭
물결 날아 넘듯 함이 유독 사랑스럽고	獨憐波浪如飛渡
채찍 던져 물 끊다니[123] 믿을 수 없네	不信投鞭可斷流
정모에 바람 부니 적치가 나부끼고	風颭旌旄翻赤幟
융막에 밤이 차니 청유막을 둘렀구나	夜寒戎幕擁青油
동주 세워 분계를 멀리할 필요 없네	不須銅柱遙分界
저편 기슭 인가들이 바로 의주이네	隔岸人家是義州

122 동영(東瀛) : 여기서는 서해(西海)를 지칭한다.

123 채찍……끊다니 : 투편단류(投鞭斷流)의 고사에서 온 말로 군사가 매우 많음을 뜻한다. 전진(前秦)의 부견(苻堅)이 동진(東晉)을 정벌하려 할 때 석월(石越)이 "장강(長江)이 가로막고 있으니 출병해서는 안 된다." 하였다. 이에 부견이 "우리 군사들의 말채찍을 장강에 던지면 물을 못 흐르게 막을 수 있다." 하였다. 《晉書 苻堅載記》

하였다.

구룡연(九龍淵) 주 북쪽 8리에 있다. 못 남쪽에 토성(土城) 터가 있는데, 둘레가 600자이다. 민간에 전해지기를 "합단(哈丹)과 지단(指丹) 형제가 하나는 못가의 토성에서 살고 하나는 주성(州城) 안에 살았는데, 정주(靜州) 호장(戶長) 김유간(金裕幹)이 계략을 써서 그들을 쫓아 버리려고 거짓으로 말하기를 '우리나라에서 어느 날 밤에 너희들을 섬멸하려고 한다.' 하고, 그 밤에 이르러 산 위에 횃불을 많이 설치해 놓고서 보게 하였다. 합단 등이 사실로 믿고 마침내 성을 비우고 강을 건너 도망하였다. 그런데 강가에는 건너갈 배가 없었다. 김유간이 이상히 여겨 자세히 살펴보니, 강 북쪽 근변에 철우(鐵牛)를 물 속에 세우고 또 쇠사슬로 남쪽 강둑의 바윗돌 사이에 고정시킨 다음 철우의 등까지 이어서 부교(浮橋)를 만들어 건너는 것이었다. 김유간은 즉시 다리를 끊게 하여 다시는 건너오지 못하게 하였다. 영락(永樂) 무자년(1408, 태종8)에 의주성을 쌓을 때 헤엄 잘 치는 사람을 시켜서 쇠사슬을 가져오게 하여 성문의 자물쇠를 만들었는데, 그 철우는 못의 모래 속으로 함몰되어 다시 찾지 못하였다." 한다.

옥강(玉江) 주 동북쪽 60리에 있다. 원류가 둘인데, 하나는 천마산(天磨山)에서 나오고, 하나는 여자산(呂子山)에서 나와 산양천(山羊遷)에 이르러 합해지고, 또 서쪽으로 50리를 흘러서 압록강에 들어간다. 강 속에서 담청옥(淡靑玉)이 나므로 이렇게 이름하였다.

고진강(古津江) 주 동남쪽 36리에 있다. 그 원류가 셋인데, 하나는 천마산 남동쪽에서 나오고, 하나는 그 서남쪽에서 나오고, 또 하나는 보광산(普光山) 북쪽에서 나와서 미륵당(彌勒堂)에 이르러 모두 합해진다. 이후 옛 정녕(定寧) 10여 리를 지나 광화리(廣化里)에 이르러 이 강이 되고, 또 남쪽으로 흘러서 옛 영주(寧州)를 지나 옛 인산(麟山)에 이른 다음 서쪽으로 흘러서 압록강에 들어간다. 천순(天順) 연간에 서장관(書狀官) 강기수(姜耆壽)가 익사하였으므로[124] 서장강(書狀江)이라고도 칭한다.

오적도(於赤島) 난자도(蘭子島) 북쪽에 있다. 둘레가 17리이고, 그 안은 편평하고 넓어서 개간한 밭이 60여 경(頃)이다.

검동도(黔同島) 주 서쪽 15리에 있다. 둘레가 15리이다. 압록강이 여기에 이르러 세 갈래로 나뉘는데, 섬이 두 주(洲) 사이에 있고, 삼씨량(三氏梁)이 있다. 모든 강을 건너는 사람들은 반드시 이 섬의 북쪽을 지나가야 하니, 북경으로 가는 사신이 입조(入朝)하는 길이다.

위화도(威化島) 검동도의 아래에 있다. 둘레는 40리이다. 두 섬 사이에 압록강 지류가 가로막고 있는데, 굴포(堀浦)라고 칭한다. 주성(州城)과의 거리는 25리이다. 위 세 섬은 그 땅이 모두 기름지고 넉넉하여서 백성들이 많이 개간하여 경작하였는데, 천순 5년 신사년(1461, 세조7)에 농민들이 건주위(建州衛) 야인(野人)에게 잡혀가는 일이 생기자 그 뒤로 관에서 개간과 경작을 금하였다. 고려 신우(辛禑)가 요양(遼陽)을 공격하기를 꾀하여 평양에 주둔하고서 여러 도의 군사를 다급히 징집하여 십만이라 일컬어지는 대군을 모았다. 우리 태조(太祖)로 하여금 거느리게 하여 좌군과 우군이 압록강을 건너 위화도에 주둔하였는데, 도중에 도망하는 병사가 연이어 계속되니 태조가 여러 장수들을 회유하고는 군사를 돌렸다. 당시에 장맛비가 며칠 내렸는데도 물이 불지 않았는데 돌아오는 군사가 막 강을 건

124 천순(天順)……익사하였으므로 : 천순 연간은 1459년(세조5)이다. 《세조실록》 5년 7월 15일 기사에 주문사(奏聞使)로 간 서장관 강기수가 익사한 내용이 실려 있다.

너 언덕에 이르자마자 큰물이 갑자기 몰려와서 온 섬이 잠겼으니, 사람들이 모두 기이하게 여겼다.

난자도(蘭子島) 위화도 북쪽에 있다. 둘레가 10리이다. 물이 잦아들면 육지에 이어진다.

조몰정도(鳥沒亭島) 주 서쪽 7리에 있다. 둘레가 20리이다.

진병지(鎭兵池) 인산진성(麟山鎭城) 남쪽에 있다.

임덕지(臨德池) 옛 인산(麟山)에 있다.

노토동(老土洞) 이하는 모두 압록강 밖의 지역에 해당된다.

감창동(甘昌洞)

손량동(孫梁洞)

신호수동(申胡水洞)

금창동(金昌洞)

마자산(馬子山)

다양동(多陽洞)

파사포(婆娑鋪)

사오랑산(沙吾郎山)

형제산(兄弟山)

대모성(大母城)

권두산(權頭山)

소창산(小昌山)

대창산(大昌山)

송골산(松鶻山)

토산 土産

명주실〔絲〕, 삼〔麻〕, 담청옥(淡青玉), 수포석(水泡石 부석), 꿀〔蜂蜜〕, 황랍(黃蠟), 백지(白芷), 궁간목(弓幹木 애끼찌), 누치〔訥魚〕, 숭어〔秀魚〕, 은구어(銀口魚 은어), 쏘가리〔錦鱗魚〕, 농어〔鱸魚〕, 게〔蟹〕

성곽 城郭

부성(府城) 우리 공희왕(恭僖王 중종) 15년(1520)에 옛 성이 협소하다고 하여 고형산(高荊山)을 보내 편리 여부를 살펴보게 하고 마침내 터를 넓혀서 개축하였다. 석성(石城)이다. 둘레가 2만 7531자이다. 동서남북에 문이 있고 문에 옹성(甕城)을 설치하였다. 성안에 못 1개와 우물 43개가 있다.

공서 公署

방산 첨절제사진(方山僉節制使鎭) 주 동북쪽 61리에 있다. 우리 장헌왕조(莊憲王朝 세종)에 쌓았다. 석성이다. 둘레가 8782자이다. 안에 우물 7개 및 군창(軍倉)이 있다.

인산 첨절제사진(麟山僉節制使鎭) 주 서남쪽 38리에 있다. 우리 혜장왕조(惠莊王朝 세조)에 쌓았다. 석성이다. 둘레가 8206자이다. 안에 샘 9개와 군창이 있다.

○ 이상에는 병마첨절제사 각 1인이 있다.

수구보(水口堡) 주 동쪽 28리에 있다. 예전에는 만호(萬戶)를 두었는데, 지금은 폐하였다. 여름에는 권관(權管)을 보내 수어하게 하고 겨울에는 성안에 들어가게 하는데,[125] 연변의 다른 보도 같다. 강정왕(康靖王 성종) 24년(1493)에 쌓았는데 석성이다. 둘레가 2473자이다.

청수보(青水堡) 주 동북쪽 95리에 있다. 예전에는 만호를 두었는데, 지금은 폐하고 권관을 보내 지키게 한다. 강정왕 24년에 쌓았는데 석성이다. 둘레가 1686자이다.

소곶보(所串堡) 주 동남쪽 25리에 있다. 세속에서는 대모성(大母城)이라고 부른다. 겨울에는 조방장(助防將)을 보내 수어하게 하고, 봄과 여름에는 파한다. 강정왕 23년(1492)에 쌓았는데 석성이다. 둘레가 7712자이다. 안에 우물 5개가 있다.

신증新增

옥강보(玉江堡) 주 동북쪽 50리에 있다. 석성이다. 둘레가 744자이다.

학교學校

향교(鄉校) 주성(州城) 안 서쪽에 있다.

역학(譯學) 주 서쪽에 있다.

125 겨울에는……하는데 : 얼음이 얼면 오랑캐 기병이 평탄한 길을 다니듯이 강을 다녀서 방수(防戍)하기가 어려웠다. 그런 까닭으로 10월 초하루에 토병을 데리고 고을 성안으로 들어오는데, 이것을 첩입(疊入)이라고 하고, 3월 초하루에는 토병을 보에 돌려보내는데, 이것을 방첩(放疊)이라고 한다.

궁실 宮室

객관(客館)

통군정(統軍亭) 객관 북쪽에 있다. ○ 본조 임사홍(任士洪)의 기문에 "주성이 압록강에 닿아 있으니, 그 북쪽은 여진씨(女眞氏)의 지역이고, 그 서쪽은 바로 중국의 지경이다. 섬들이 둘러 있고 산들이 높고 험하며, 이른바 대창(大昌), 소창(小昌), 송골(松鶻) 같은 여러 산이 멀고 가깝게 층층이 나타나고 겹겹이 보이므로 중화(中華)의 산하와 성곽의 장려함을 연상할 수 있다. 곧장 주 북쪽에 우뚝 솟은 산봉우리가 있어서 사방을 모두 훤히 바라볼 수 있다. 그 위에 있는 정자는 이름을 통군(統軍)이라고 하는데, 어느 때에 창건되었는지는 모른다.……" 하였다. ○ 본조 조위(曺偉)의 시[126]에,

백 길 높은 층층의 성 아득한데	百雉層城迥
붉은 난간에 종일토록 기대었네	朱欄盡日憑
변방에는 호표들이 엄하고	塞垣嚴虎豹
바다에는 곤붕들이 판치는구나	溟海轉鵾鵬
땅 형세는 서와 남이 트여 있고	地勢西南拆
하늘 모습은 위아래로 맑네	天容上下澄
배회하며 끝없는 뜻이니	徘徊無限意
호기가 진등[127]보다 갑절 더하네	豪氣倍陳登

126 조위(曺偉)의 시 : 〈의주통군정(義州統軍亭)〉이다. 《梅溪集 卷1》

127 진등(陳登) : 삼국 시대 위(魏)나라 사람으로 호걸지사(豪傑之士)를 대표하는 인물이다. 국사(國士) 허사(許汜)가 진등을 찾아갔다 냉대를 받고 돌아와서는 진등의 호기(豪氣)가 여전하더라고 유비(劉備)에게 하소연하자, 유비가 "나 같으면 그 정도로 그치지 않고 나 자신은 백척루 위에 높이 눕고 당신은 땅바닥에 있게 했을 것이다."라고 했던 고사가 있다. 《三國

하고, 또

마자[128]가 경계 나누어 멀고　　馬訾分疆遠
용만의 옛 요새가 쓸쓸하구나　　龍灣古塞空
강물은 금대가 되어 견고하고　　江爲襟帶固
지세는 한병[129]을 이루어 웅건하네　　地作翰屛雄
세 섬은 경작하는 땅 밖에 있고　　三島耕犂外
외론 성은 부락 가운데에 있네　　孤城聚落中
저물녘에 길게 휘파람 불며 올라서니　　晩來長嘯立
석양에 강물 온통 붉어라　　斜日滿江紅

하고, 또

사방을 둘러보니 막힌 것이 하나 없어　　四顧都無礙
망망한 만상들이 분주하구나　　茫茫萬象奔
한 조각 마음은 우주를 궁구하고　　片心窮宇宙
두 눈엔 하늘땅이 좁아 보이네　　兩眼隘乾坤
해가 지니 강물 빛이 요동치고　　日落江光動
연기 사라지니 바다 기운 어두워지네　　煙消海氣昏
장군은 오늘날의 극곡[130]이라　　將軍今郤縠

志 魏書 陳登傳》

128 마자(馬訾) : 압록강의 별칭이다.

129 한병(翰屛) : 병풍과 기둥을 말한다. 《시경》〈상호(桑扈)〉에 "병풍이 되고 기둥이 되니, 온갖 제후들이 법으로 삼도다.〔之屛之翰, 百辟爲憲.〕"에서 나온 말로, 여기서는 관방을 뜻하는 말로 쓰였다.

130 극곡(郤縠) : 춘추 시대 진(晉)나라 대장(大將)으로, 보통 유장(儒將)의 대명사로 쓰인다. 진 문공(晉文公) 4년(기원전 633)에 군대를 피려(被廬)에 집결시켜 삼군(三軍)을 편성하고

나라의 서쪽 문을 굳게 지키네 鎖鑰國西門

하였다. ○ 본조 이안눌(李安訥)의 시[131]에,

유월의 용만에 장마가 개여 六月龍灣積雨晴
해 돋자 홀로 통군정에 오르네 平明獨上統軍亭
아득히 넓은 들은 하늘의 기운을 띄우고 茫茫大野浮天氣
세차게 흐르는 긴 강은 지형을 가르누나 滾滾長江割地形
우주 간에 백년 인생, 사람은 개미와 같고 宇宙百年人似蟻
산하가 만리인지라, 나라도 부평초와 같구나 山河萬里國如萍
문득 흰 학이 서쪽으로 날아가는 걸 보고 忽看白鶴西飛去
요동의 옛날 정씨[132] 아닌가 의심하였네 疑是遼東舊姓丁

하였다.

의순관(義順館) 예전 이름은 망화루(望華樓)이다. 성 남쪽 2리, 압록강 가에 있으며 중국 사신을 맞이하는 장소이다. 천순 연간에 누(樓)를 철거하고 관(館)을 두었다. ○ 본조 이첨(李詹)의 시[133]에,

평생 자양과 같음[134]을 늘 괴상히 여겼었는데 常怪平生似子陽

나서 원수(元帥)를 뽑을 적에, 시서(詩書)와 예악(禮樂)에 능하다는 조최(趙衰)의 천거에 따라 문공이 그를 중군(中軍)의 대장에 임명하였다.《春秋左氏傳 僖公27年》

131 이안눌(李安訥)의 시 : 〈통군정에 올라〔登統軍亭〕〉이다.《東岳集 卷2》

132 요동의 옛날 정씨 : 정령위(丁令威)를 말한다. 한(漢)나라 때 요동(遼東) 사람으로 영허산(靈虛山)에서 도술을 배워 학(鶴)이 되어 천 년 만에 요동으로 돌아왔다 한다.《搜神後記》

133 이첨(李詹)의 시 : 〈주운장 운에 차운하여 의순관 누각에 쓰다〔次周雲章韻題義順館樓〕〉이다.《雙梅堂篋藏集 卷2》

134 자양(子陽)과 같음 : 자양은 후한(後漢) 때 공손술(公孫述)의 자이다. 공손술이 망녕되이 스스로 잘난 체하여 촉(蜀)에서 황제를 자칭하자, 마원(馬援)이 그의 좁은 견문을 조롱하여 "우물 안 개구리"라고 한 데서 온 말이다.

멀리 중국에 놀아 관광하게 되었네	遠遊中國得觀光
동으로 돌아와서 좋은 날에 높은 누각에 올라	東還勝日登高閣
북쪽을 바라보니 뭇 산이 황무지에 연하였네	北望群山接大荒
구름은 변방 하늘에 일어 넓고 아득한 데로 돌아가고	雲起塞天歸浩渺
꽃은 봄 물결 따라 푸르고 아득한 곳에 들어가네	花隨春浪入蒼茫
무궁히 이는 지난 일들 거두기 어려워	無窮往事難收拾
새 시를 읊고는 한 번 길게 외치네	吟罷新詩一叫長

하였다. ○ 명나라 진가유(陳嘉猷)의 시에,

만리 하늘가에 먼 손이 지나는데	萬里天涯遠客過
붉은 정자 푸른 술에 뜻이 어떠뇨	紅亭綠酒意如何
부여의 지맥은 강에 임해 다했고	扶餘地脈臨江盡
요동의 산 빛은 물 건너 많구나	遼左山光隔岸多
절모가 경기를 가리켜 새벽 말을 재촉하는데	節指京畿催曉騎
은혜가 해국에 미쳐 맑은 물결 넘치네	恩覃海國漲晴波
서로 가면 절로 귀국하는 길이니	西行自是還朝路
양관곡[135] 나를 향해 부를 것 없네	不用陽關向我歌

하였다.

취승정(聚勝亭) 객관 동쪽에 있다. 홍치(弘治) 갑인년(1494, 성종25)에 목사(牧使) 구겸(具謙)이 세웠다. 홍귀달(洪貴達)의 기문이 있다. ○ 조위의

135 양관곡(陽關曲) : 양관은 중국 돈황(燉煌)으로 서쪽의 관새(關塞)이다. 당(唐)나라 때 왕유(王維)가 친구를 송별하면서 지은 시에 양관을 인용한 데에 유래하여 이별을 슬퍼하는 대표적인 노래로 일컬어진다.

시[136]에,

웅번이 예부터 변방을 장하게 했는데　雄藩自昔壯邊陲
화려한 정자 새로 지어 청산을 마주했네　新構華亭對翠微
절역의 구름 안개가 취한 눈에 들어오고　絶域雲煙來醉眼
층진 성의 꽃과 버들은 맑은 햇살에 아양 떠네　層城花柳媚晴暉
산을 두른 넓은 들은 그림같이 푸르고　山圍廣野青如畫
비 지나간 긴 강은 푸르름이 짙어졌네　雨過長江綠漸肥
올라 다시 멀리 바라보니 견디기 어려워라　叵耐登臨還望遠
고향 생각 밤낮없이 남쪽으로 날아가는 것을　歸心日夜正南飛

하였다. ○ 최숙생(崔淑生)의 시에,

말발굽이 서해로 와서 변방에 이르니　馬蹄西海到窮陲
백 척 높이 정자가 자미궁에 가깝네　百尺危亭近紫微
화려한 난간에 기대어 좋은 경치 바라보려니　且倚雕欄看勝景
구슬발이 맑은 햇빛을 가리지 말게 하소　不敎珠箔障晴暉
압록강이 비껴 흘러 하늘을 아우르며 맑고　江横鴨綠兼天淨
짙은 버들 노란 개지 비 맞아 살쪘구나　柳暗鵝黃着雨肥
문득 옥당을 생각하는데 몸은 만리 밖에 있으니　忽憶玉堂身萬里
봉래산 어느 곳에 오색구름 나는가　蓬萊何處五雲飛

하였다.

136 조위의 시 : 〈의주취승정(義州聚勝亭)〉이다. 《梅溪集 卷3》

창고 倉庫

군창(軍倉) 객관 북쪽에 있다. 본도의 철산(鐵山), 곽산(郭山), 정주(定州), 선천(宣川), 용천(龍川) 등 관아의 세조(稅租)를 모두 이곳에 수납한다.

우역 郵驛

의순역(義順驛) 바로 의순관이다.

소곶역(所串驛) 주 남쪽 33리에 있다.

방산역(方山驛) 방산진(方山鎭)에 있다.

고진강원(古津江院) 고진강 언덕에 있다.

개무원(蓋武院) 주 동남쪽 51리에 있다.

관량 關梁

광평보(廣平堡) 주 동쪽 115리에 있다. 석성(石城)이다. 둘레가 110자이다.

고미성보(姑未城堡) 주 동북쪽 87리에 있다. 석성이다. 둘레가 646자이다.

송산보(松山堡) 주 동쪽 12리에 있다. 전성(甎城)이다. 둘레가 850여 자이다.

○ 이상은 연산군(燕山君) 때에 권관(權管)을 차임하여 지키게 하였다.

성현보(城峴堡) 주 동쪽 60리에 있다. 석성이다. 둘레가 890자이다. 연산군 때에 설치하였다. 겨울에는 절도사가 조방장(助防將)을 보내 지키게 하고 얼음이 녹으면 파하였다.

미륵당보(彌勒堂堡) 주 서남쪽 40리에 있다. 지금은 없어졌다. 또 삼기보(三岐堡)가 주 북쪽에 있다.

검동보(黔同堡) 검동도에 있다. 지금은 모두 없어졌다.

사묘 祠廟

사직단(社稷壇) 주 서쪽에 있다.

문묘(文廟) 향교에 있다.

성황사(城隍祠) 성안 북쪽에 있다.

압록강사(鴨綠江祠) 구룡연 위에 있다. 《사전(祀典)》에 장단(長湍)의 덕진(德律) 및 평양강(平壤江)과 함께 서독(西瀆)이라고 하여 중사(中祀)로 실려 있다. 봄가을로 향축(香祝)을 내려 제사 지낸다.

여단(厲壇) 주 북쪽에 있다.

사찰 寺刹

미륵사(彌勒寺), 금강사(金剛寺) 모두 송산에 있다.

관음굴(觀音窟), 보라사(寶羅寺) 모두 마두산에 있다.

불장사(佛藏寺), 영장사(靈藏寺) 모두 천마산에 있다.

고적 古蹟

국내성(國內城) 일명 위나암성(尉那巖城)이라고 한다. 고구려 유리왕(瑠璃王) 21년(2)에 교제(郊祭)에 쓰려던 돼지가 달아나서 왕이 장생(掌牲) 설지(薛支)에게 명하여 쫓게 하였는데, 국내(國內) 위나암(尉那巖)에 이르러 잡았다. 돌아와서 왕에게 아뢰기를 "신이 국내에 이르러서 그 산수를 보니 깊고 험하며, 토질이 오곡(五穀)에 알맞고 또한 미록(麋鹿)과 어별(魚鱉)이 많습니다. 도읍을 옮긴다면 백성들에게 이로움이 무궁할 뿐 아니라 병란의 걱정도 면할 수 있습니다." 하니, 왕이 친히 가서 지세를 보고는 22년(3)에 졸본천(卒本川)에서 국내로 도읍을 옮기고 위나암성을 쌓았다. 214년을 지내고 산상왕(山上王) 13년(209)에 이르러 환도성(丸都城)으로 도읍을 옮겼다.[137] 《동국여지승람》에 이르기를 "정인지(鄭麟趾)의 《고려사(高麗史)》 〈지리지(地理志)〉에 '인주(麟州)에 장성(長城) 터가 있는데, 덕종(德宗) 때에 유소(柳韶)가 쌓은 것이며, 주의 압록강이 바다로 들어가는 곳에서 시작하였다.' 하였고, 또 〈병지(兵志)〉에 '서해(西海) 바닷가에 있는 옛 국내성 경계인 압록강이 바다에 들어가는 곳으로부터 시작하였다.' 하였으니, 국내성은 의당 옛 인주 경내에 있을 것이다. 김부식(金富軾)의 〈고구려지지(高句麗地志)〉에 이르기를 '국내성이 어느 곳에 있었는지는 모르겠으나 의당 압록강 이북에 있었을 것이다.' 하였으니, 어느 것이 옳은지 분명하지 않으나 우선 정인지의 설을 따라 여기에 붙인다." 하였다. 지금 상고하건대 당나라 총장(總章) 2년(669)에 영국공(英國公) 이적(李勣)이 칙서를 받들고 아뢰기를[138] "압

137 214년을……옮겼다 : 유리왕이 국내로 천도한 연대와 산상왕이 환도성으로 천도한 연대를 보면 206년이 지난 것인데, 214년이라는 기록은 불분명하나 근거가 불충분하여 그대로 번역하였다.

138 영국공(英國公)……아뢰기를 : 《삼국사기》 권37 〈지리지 4 고구려〉에는 이 부분이 "영국공 이적이 칙서를 받들어 고구려의 여러 성에 도독부 및 주, 현을 설치하고, 그 목록(目錄)에 이르기를"이라고 되어 있다.

록강 이북에서 이미 항복한 성이 11개인데, 그 하나가 국내성입니다. 평양에서 여기까지는 17개 역입니다." 하였다. 또 두우(杜佑)의 《통전(通典)》에 "마자수는 일명 압록수(鴨綠水)라고 한다. 원류는 동북쪽 말갈의 백산에서 나오는데, 물빛이 흡사 집오리 머리와 같으므로 이렇게 이름하였다. 요동과의 거리는 500리이다. 국내성 남쪽을 지나고 또 서쪽으로 흐르는 물과 합해지는데 바로 염난수(鹽難水)이다. 두 물이 합해져서 서남쪽으로 흐르다가 안평성(安平城)에 이르러 바다에 들어간다." 하였으니, 이 성이 압록강 북쪽에 있는 것은 분명하다. 다만 지금 어느 곳인지 알지 못할 뿐이다.

폐정주(廢靜州) 주 남쪽 25리에 있다. 고려 초에 송산현(松山縣)으로 삼았다. 덕종 2년(1033)에 성을 쌓아 정주진(靜州鎭)으로 삼고 민가를 이주시켜 거주하게 하고 문종(文宗) 때에 또 내지의 민가를 이주시켰다. 성의 둘레는 1만 2610자이다. 본조 공정왕(恭定王 태종) 2년(1402)에 주를 폐하여 병합시켰다. 장헌왕조(莊憲王朝 세종)에 또 석성(石城)을 쌓았는데 둘레가 2770자이다. 안에 우물이 5개 있다.

폐인주(廢麟州) 주 남쪽 35리에 있다. 고려 초에 영제현(靈蹄縣)으로 삼았다. 현종 9년(1018)에 승격시켜 인주(麟州)를 설치하고 21년(1030)에 토성(土城)을 쌓았는데, 세속에서 조여(鳥餘)라고 불렀다. 둘레는 1만 1100자이다. 영평진(永平鎭)의 백성을 이주시켜 거주하게 하였다. 고종 때 반역의 일로 강등시켜 함인(含仁)이라고 칭하다가 뒤에 옛 이름을 회복시켰다. 본조 초에 주를 폐하여 병합시켰고, 장헌왕조에 인산진(麟山鎭)을 설치하였다.

폐영주(廢靈州) 주 남쪽 55리에 있다. 고려 초에 흥화진(興化鎭)으로 삼았다. 현종 21년[139]에 승격시켜 영주(靈州)를 설치하였다. 본조에서 주를 폐하여 병합시켰다. 토성 터가 남아 있는데, 둘레는 1만 2580자이다. 고려 현종 1년(1010)에 거란주(契丹主)가 직접 군사를 이끌고 와서 강조(康兆)를 토벌하려고 흥화진을 에워싸니, 양규(楊規)가 도순검사(都巡檢使)가 되어 호부 낭중(戶部郎中) 정성(鄭成), 부사(副使) 이수화(李守和), 판관(判官) 장호(張顥)와 더불어 성을 단단히 방비하여 고수하였다. 뒤에 거란의 소손녕(蕭遜寧)이 내침(來侵)하자 강감찬(姜邯贊)을 서북면 행영도통사(西北面行營都統使)로 삼고 대장군(大將軍) 강민첨(姜民瞻)을 부원수로 삼아 군사 20만 명을 거느리고 영주(寧州)에 주둔하게 하였다. 흥화진에 이르러 기병(騎兵) 1만 2000명을 뽑아 산골짜기 안에 매복시키고 큰 밧줄에 소가죽을 꿰어서 성 동쪽에 있는 큰 하천을 막고 기다렸다가, 적이 이르자 막은 것을 트고 복병을 일으켜서 크게 패배시켰다.

정녕폐현(定寧廢縣) 주 동남쪽 25리에 있다. 본조 공정왕 5년(1405)에 설치하였고, 장헌왕 27년(1445)에 방산(方山)으로 치소를 옮기고 승격시켜 군으로 삼았다. 세조 1년(1455)에 옛 현으로 환원시키고 2년(1456)에 편입시켰다.

위원폐진(威遠廢鎭) 주 남쪽 25리에 있다. 고려 현종 20년(1029)에 유소를 보내 옛 성을 수리하고 위원진(威遠鎭)을 설치하였다. 흥화진 서북쪽에 있다. 성의 둘레는 4840자이다. 본조 태종 때 편입시켰다.

영덕폐진(寧德廢鎭) 주 동남쪽 40리에 있다. 고려 현종 21년에 토성을 쌓았

139 21년 : 대본에는 '二十三年'으로 되어 있는데, 《高麗史 卷58 地理志3 安北大都護府 靈州》에 '靈州顯宗二十一年, 陞興化鎭爲州, 置防禦使.'라고 한 데 근거하여 수정하였다.

는데, 둘레는 4012자이다. 안에 우물이 12개 있다. 문종이 거란 흥종(興宗)의 휘(諱)[140]를 피해 영덕성(寧德城)이라고 개칭하니, 진(鎭) 자가 진(眞)을 따랐기 때문이다. 본조에서 정녕현(定寧縣)으로 고치고 뒤에 편입시켰다.

영삭폐진(寧朔廢鎭) 주 동쪽 120리에 있다. 고려 문종이 안의진(安義鎭)의 진자농장(榛子農場)에 성을 쌓고 영삭진(寧朔鎭)으로 삼아서 번방의 적 요충지를 제압하였다. 성의 둘레는 7760자이다. 본조 초에 폐하고 지금은 토성의 유지(遺址)만 있다.

정융폐진(定戎廢鎭) 주 동쪽 80리에 있다. 고려 현종 때에 유소가 또 흥화진 북쪽의 옛 석벽(石壁)을 수리하여 정융진(定戎鎭)을 설치하고, 영평성(永平城) 백성들을 이주시켜 거주하게 하였다. 토성을 쌓았는데, 둘레는 7792자이다. 지금은 없어지고 유지만 있다. 세속에서는 임천성(臨川城)이라고 부른다.

연평성(延平城) 주 동남쪽 80리에 있다. 흙으로 쌓았다. 둘레가 4887자이다. 안에 우물이 13개 있었다. 지금은 유기(遺基)만 있다.

연주성(延州城) 주 동쪽 28리에 있다. 흙으로 쌓았다. 둘레가 480자이다. 지금은 유기만 있다.

옥강성(玉江城) 옥강 동쪽 언덕에 있다. 돌로 쌓았다. 둘레가 620자이다. 사면이 절벽이고 가운데 못이 있다.

전문령성(箭門嶺城) 주 동남쪽 20리에 있다. 흙으로 쌓았다. 둘레가 1만 1610자이다. 안에 우물이 62개 있다.

140 거란 흥종(興宗)의 휘(諱) : 흥종의 휘는 종진(宗眞)이다. 재위 기간은 1031년(고려 현종 22)~1055년(고려 문종9)이다. 《遼史 興宗本紀》

가미성(嘉彌城) 주 북쪽 100리에 있다. 돌로 쌓았다. 둘레가 7300자이다. 샘이나 우물이 없다.

고려장성(高麗長城) 덕종 초에 평장사 유소에게 명하여 북쪽 지경의 관성(關城)을 창설하게 하였는데, 주의 서해 바닷가에 있는 옛 국내성의 경계인 압록강이 바다에 들어가는 곳에서부터 시작하여 동쪽으로 위원(威遠), 흥화(興化), 정주(靜州), 영해(寧海), 영덕(寧德), 영삭(寧朔), 운주(雲州), 안수(安水), 청새(淸塞), 평로(平虜), 영원(寧遠), 정융(定戎), 맹주(孟州), 삭주(朔州) 등 14개 성을 거치고, 요덕(耀德), 정변(靜邊), 화주(和州) 등 3개 성에 다다라 동쪽으로 바다까지 닿았다. 성곽의 크기는 1000여 리이다. 돌로 성을 쌓았다. 높이와 두께가 각 25자이다. 세속에서 전하기를 만리장성(萬里長城)이라고 한다. 주 동쪽 옥강리(玉江里) 북쪽에 있는 것은 길이가 302보(步)이고, 구룡연 북쪽에 있는 것은 길이가 411보이다.

명환 名宦

고려

양규(楊規) 목종(穆宗) 때 순검사(巡檢使)로서 흥화진을 지켰다. 현종 초에 거란주가 직접 군사를 거느리고 강을 건너 성을 공격하기 위해 에워싸니, 양규가 진사(鎭使) 정성(鄭成), 부사(副使) 이수화(李守和)와 함께 성을 단단히 방비하여 고수하였다. 거란주가 거짓으로 강조(康兆)의 글을 지어 항복을 회유하였는데, 양규가 말하기를 "나는 왕명을 받는다. 강조의 명을 받지 않는다." 하고 항복하지 않았다. 양규는 거란 군사가 곽주(郭州)를 함락시키고 서경(西京)의 포위가 임박했다는 말을 듣고 700인을 거느리고 통주(通州)에 이르러 병사를 모집하고 곽주에 들어가 남아 있는 거란의 군사를 치고 직접 목을 베었다. 그리고 성안의 남녀 7000여 인을 통주로 이주시켰다. 거란주가 경성(京城)을 함락시킨 다음 군사를 돌려 물러가는데, 양규가 또 무로대(無老代), 석령(石嶺), 여리참(余里站)에서 맞아 공격하자 매 전투에서 모두 크게 이겨 전후로 6000여 급(級)을 베고 포로로 3만여 구(口)를 사로잡았다. 거란 군사가 또 대거 이르렀는데, 양규가 힘써 싸우다 죽었다. 왕이 손수 교지를 지어 양규의 처인 홍씨(洪氏)에게 곡식을 매년 100섬씩 하사하고, 벽상공신(壁上功臣)의 호를 하사하였다.

유소(柳韶) 현종 때 유소가 서북면 판병마사(西北面判兵馬事)가 되어 위원진(威遠鎭)과 정융진(定戎鎭)을 수보해 두었다. 거란을 배반하고 세운 흥료국(興遼國)[141]에서 군사를 청하자 왕이 허락하지 않고 유소로 하여금 변방에 진을 치고 대비하게 하였다. 덕종 초에 병마 원수(兵馬元帥)에 제수되고 문하평장사(門下平章事)로 승진되었다. 유소가 처음으로 북쪽 변경의 관성(關城)을 설치하였으니, 서해 바닷가에서부터 시작하여 동쪽으로 위원, 흥화, 정주, 영해, 영덕을 거쳐 맹주, 삭주 등 14개 성에 이르고 동계(東界)인 화주(和州)에 미쳤다. 왕이 유소에게 추충탁경 공신(推忠拓境功臣)의 호를 하사하고 상주국 태위(上柱國太尉)에 올렸다.

김인존(金仁存) 예종 때 판서북면병마사(判西北面兵馬使)로서 용만(龍灣)을 진수(鎭守)하러 나가 군무(軍務)를 조치(措治)하였다. 당시 거란의 내

141 홍료국(興遼國) : 발해 시조 대조영(大祚榮)의 7대손인 대연림(大延琳)이 거란을 배반하여 나라를 세우고 국호를 홍료라 하였다.

원성 자사(來遠城刺使) 상효손(常孝孫)이 금나라 군사를 피하여 배를 타고 도망쳐 영덕성(寧德城)으로 문서를 보내 내원(來遠)과 포주(抱州)를 가지고 우리에게 귀의하였다. 이에 김인존이 군사를 포주에 보내 병장기와 전곡(錢穀)을 거두었다. 왕이 기뻐하여 포주를 고쳐서 의주로 삼아 관수(官守 방어사(防禦使))를 설치하고, 이때에 다시 압록강을 경계로 삼았다.

김경손(金慶孫) 고종조(高宗朝)에 정주 분도장군(靜州分道將軍)이 되었다. 몽고 군사가 압록강을 건너 침입하여 정주(靜州)에 이르자, 김경손이 관아 안의 결사대 12인을 이끌고 성문을 열고 나아가 힘껏 싸우니 몽고 군사가 물러나 달아났다. 뒤에 다시 공격해 와서 크게 싸운 지 20여 일이 되었을 때 김경손이 기미를 살피고 계책을 세워 귀신같이 응변하니, 몽고인이 말하기를 "이 성은 작은 것으로써 큰 것을 대적하니 하늘이 돕는 것이지 사람의 힘이 아니다." 하고는 드디어 포위를 풀고 물러갔다. 이윽고 대장군 지어사대사(大將軍知御史臺事)에 제수되었다.

김극기(金克己) 일찍이 용만에 있으면서 지어 읊은 글이 많다.

본조

이사검(李思儉), 유익명(兪益明) 모두 의주 목사가 되었다.

김여물(金汝岉) 소경왕조(昭敬王朝 선조)에 의주 목사가 되었다. 주가 서쪽 경계로서 사신을 영송하는 곳이 되어 전후로 관리 된 자들이 오직 술상과 풍악만 일삼았는데, 김여물이 악기를 모두 치워 없애고 오직 성지(城池)를 잘 수보하고 군졸을 조련시켰다.

이홍주(李弘胄) 광해군(光海君) 초에 의주 부윤(義州府尹)이 되었다. 청렴간명하며 엄중하게 다스리니, 백성들이 그 정사에 감복하였다. 잘 다스린다 하여 1년을 더 재임하였다.

이완(李莞) 인조조(仁祖朝)에 의주 부윤이 되었다. 오랑캐 군사가 대거 이르러 주성(州城)을 습격하여 함락시키자 이완이 판관 최몽량(崔夢亮)과 함께 거리에서 싸우다가 전사하였다.

임경업(林慶業) 인조조에 의주 부윤이 되었다. 당시 변방에 변고가 많았는데 임경업이 일을 잘 처리하여 백성들을 편안히 하고, 사졸을 위무하면서 훈련시켰으며, 제일 하층인 이들과도 고락(苦樂)을 함께하니 백성들이 그를 사랑하기를 부모처럼 하였다. 뒤에 또 본도 절도사가 되었다.

유우 流寓

정희량(鄭希良) 본조 해주(海州) 사람이다. 연산군(燕山君) 때에 유신(儒臣)으로서 옥사에 연루되어[142] 본부에 유배되었다. 뒤에 방환되었는데, 사화(士禍)가 일어날 줄을 알고 스스로 강물에 투신하였다. 혹자는 말하기를 "종적을 감추어 간 곳을 모른다." 하였다. 유배 중에 지은 시문이 매우 많은데, 모두 놀랄 만큼 뛰어나서 사람들을 감동시킨다. 전해지는 것은 원래의 시편 수에 미치지 못한다.[143]

조위(曺偉) 본조 김산(金山) 사람이다. 연산군 때에 일찍이 본부에 유배되었다. 뒤에 관직이 참판에 이르렀다. 호는 매계(梅溪)이다.

142 옥사에 연루되어 : 1498년(연산군4)의 무오사화(戊吾史禍)를 말한다. 정희량은 난언(亂言)을 알고도 고하지 않았다는 죄목으로 의주에 유배되었다.

143 전해지는……못한다 : 대본에는 '所傳有準元數'로 되어 있는데, 문맥이 통하지 않아 오자가 있는 것으로 판단하여 '有'를 '不'로 고쳐 번역하였으나, 미상이다.

인물 人物

고구려

을두지(乙豆智), **송옥구**(松屋句) 대무신왕(大武神王) 때에 두 사람이 좌보(左輔)와 우보(右輔)가 되었다. 한(漢)나라 요동 태수(遼東太守)가 군사를 거느리고 고구려를 침공하자 왕이 뭇 신하들을 모으고 싸워 지킬 계책을 물었다. 우보 송옥구가 "신이 듣기로는 덕을 믿는 자는 창성하고 힘을 믿는 자는 망한다고 하였습니다. 지금 중국이 흉년이 들어 도적이 벌떼처럼 일어나고 있으니 군대 출동에 명분이 없습니다. 험한 곳에 의지하여 기묘한 계책을 쓰면 격파할 것이 틀림없습니다." 하고, 좌보 을두지가 "적은 군사로는 많은 군사를 대적할 수 없으니, 계략으로 칠 수는 있어도 힘으로 이길 수는 없습니다. 의당 성문을 닫고 지키다가 그 군사가 지치면 공격해야 합니다."라고 말하였다. 이에 왕이 위나암성에 들어가 여러 달을 굳게 지켰는데, 힘이 다하고 군사들이 피폐해졌다. 을두지가 말하기를 "한나라 군대는 우리 성이 암석이라 필시 물 나오는 샘이 없을 것이라고 말하며 오래도록 포위해서 우리가 지치기를 기다리는 것이니, 마땅히 못의 물고기를 잡아 수초(水草)에 싸서 술과 함께 저쪽 군사들을 호궤하소서." 하니 왕이 따랐다. 한나라 장수가 말하기를 "성안에 물이 있으니 끝내 함락시킬 수 없겠다." 하고 곧 군사를 끌고 돌아갔다.

고복장(高福章) 태조왕(太祖王) 때에 우보가 되었다. 왕이 장차 아우인 수성(遂成)에게 선위하려고 하자, 고복장이 간언하기를 "수성은 잔인하고 어질지 않아서 오늘 선위를 받으면 내일 왕의 자손을 해칠 것입니다. 부디 대왕께서는 숙고하소서." 하였는데 왕이 듣지 않았다. 수성이 즉위하고는 고복장을 죽이려 하자, 고복장이 "나는 선조(先朝)의 근신(近臣)으로서 난적을 보고 말하지 않을 수 있겠는가. 무도(無道)한 때에 사는 것은 차라리 빨리 죽느니만 못하다."라고 말하고 마침내 죽으니, 나라 사람들이 모두 통탄하고 안타깝게 여겼다. 수성이 마침내 태조왕의 원자(元子)와 그 아우를 죽였다.

안류(晏留) 고국천왕(故國川王)이 이미 모반한 외척을 주벌한 뒤에 영을 내리기를 "근래에 지위를 덕으로 진취시키지 아니하여 그 해독이 백성에게 미치니, 이는 과인이 현명하지 못하기 때문이다. 4부(部)에서는 각자 현량(賢良)한 인물을 천거하라." 하였다. 이에 다 함께 동부(東部)의 안류를 천거하였다. 왕이 그를 불러들여 국정(國政)을 맡겼는데, 안류는 바로 을파소(乙巴素)를 천거하였다. 왕이 이르기를 "그대가 아니었다면 내가 을파소를 얻지 못했을 것이다." 하고, 안류를 대사자(大使者)에 제수하였다.

을파소(乙巴素) 유리왕(琉璃王) 때의 대신인 을소(乙素)의 후손이다. 고국천왕이 안류를 임용하자, 안류가 사양하며 말하기를 "신은 용렬하고 어리석어서 대정(大政)에 참여하기에 부족합니다. 서압록곡(西鴨綠谷)의 좌물촌(左勿村)에 처사(處士) 을파소라는 자가 있으니, 성품이 질박하면서도 강직하여 굽힘이 없고 지려(智慮)가 매우 깊은데 힘써 농사지으며 살아가고 있습니다. 만약 나라를 다스리려면 이 사람이 아니고서는 안될 것입니다." 하니, 왕이 후한 예로 초빙하여 중외대부(中畏大夫)에 제수하고 곧이어 국상(國相)으로 삼았다. 을파소는 정교(政教)를 밝히고 상벌(賞罰)을 삼가서 백성들이 편안히 여겼고 나라 안팎이 무사하였다. 그가 죽자 나라 사람들이 몹시 슬퍼하였다.

밀우(密友), 유유(紐由) 동천왕(東川王) 때에 위(魏)나라의 유주 자사(幽州

刺史)인 관구검(毌丘儉)이 와서 환도성(丸都城)을 함락시키자 왕이 남옥저(南沃沮)로 달아나려고 죽령(竹嶺)에 이르렀는데, 사졸들이 모두 흩어지고 오직 동부의 밀우만이 임금 곁에 남아 있었다. 밀우가 왕에게 아뢰기를 "추격하는 군사가 임박하여 사태가 매우 다급합니다. 신이 목숨을 걸고 막겠으니 왕께서는 떠나십시오." 하고 드디어 결사대를 모집하여 적진에 나아가 힘써 싸웠다. 왕은 빠져나가 사잇길로 가서 남옥저에 이르렀는데, 위나라 군사가 계속해서 추격해 왔다. 이에 동부 사람 유유가 나아와 아뢰기를 "형세가 매우 위급합니다. 그냥 죽을 수 없으니, 신이 가서 위나라 군사에게 호궤하게 해 주소서." 하고 마침내 칼을 식기(食器)에 숨기고 앞으로 나아가 위나라 장수를 찌르고 그와 함께 죽었다. 위나라 군사가 마침내 혼란에 빠지자 왕이 군사를 이끌고 세 길로 만들어 추격하였다. 왕이 나라를 회복하고 전공을 논할 때 밀우와 유유를 첫째로 삼아 밀우에게 거곡(巨谷)과 청목곡(青木谷)을 하사하여 식읍(食邑)으로 삼게 하고, 유유를 추증하여 구사자(九使者)로 삼았으며, 유유의 아들 다우(多優)에게 관직을 제수하여 대사자로 삼았다.

○ 이상은 국내성에 도읍했을 때의 사람이므로 여기에 붙여 두었다.

고려

정오보(丁五甫) 임연(林衍)이 제멋대로 왕위를 폐하였는데 세자(世子)가 동쪽으로 돌아온다는 말을 듣고 군사를 보내 압록강에서 기다렸다가 위협하려고 하였다. 정오보가 밤에 강을 건너가서 변을 고하니 세자가 중국 조정으로 돌아가서 천자에게 알렸다. 황제가 왕에게 복위(復位)하고 입조(入朝)하라는 조칙(詔勅)을 내리자 임연이 근심과 두려움으로 등창이 나서 죽었다.

조문발(趙文拔) 정융진(定戎鎭) 사람이다. 어려서 총명하고 민첩하였으며, 글을 읽으면 바로 기록하여 문사(文詞)가 뛰어나게 깨끗하였다. 과거에 장원 급제하고 여러 번 전직하여 중서 주서(中書注書)가 되었다. 일찍이 성중(省中)에서 직숙할 때 한 하리(下吏)가 매우 추워하므로 조문발이 가엾게 여겨 이불 안에 들어오기를 허락하였더니 하리가 어려워하지 않고 배 위에 발을 올려놓았다. 그날 밤에 마침 정령(政令)이 반포되어 성리(省吏)가 와서 주서가 정언(正言)이 되었음을 알리니, 하리가 가만히 그 발을 거두었는데, 조문발은 오히려 깊이 잠든 척하였다. 벼슬은 예부 낭중(禮部郎中)에 이르렀다.

본조

장사길(張思吉) 본주의 토호(土豪)인 장씨(張氏)들이 조정의 명령을 따르지 않으므로 국가의 정령이 미칠 수 없었는데, 장사길이 우리 태조의 휘하에 예속되기를 원하자 그 뒤로는 다시 배반하지 않았다. 뒤에 개국 공신(開國功臣)이 되어 관직이 화산부원군(花山府院君)에 이르렀다. 시호는 희양(僖襄)이다.

열녀 列女

조개동(趙開同)의 처 조개동은 바로 양민이고, 처 역시 민가의 딸로 이름은 벌등(伐等)이다. 성품이 방정하고 부인의 행실이 있었다. 어느 날 개동이 호랑이에게 물려 갔는데, 호랑이가 으르렁대며 기세등등하게 버티고 있어서 사람들이 감히 가까이 가지 못하였다. 처가 크게 소리 지르며 앞에 다가가 호랑이를 후려치니 호랑이가 남편을 버리고 가서 죽음을 면하자 향리 사람들이 탄복하였다. 본조 중종조(中宗朝)에 일이 보고되어 정려하였다.

철산군鐵山郡

동쪽으로 선천군(宣川郡) 경계까지 18리이다. 남쪽으로 해안까지 41리이다. 서쪽으로 용천군(龍川郡) 경계까지 36리이다. 북쪽으로 의주(義州) 경계까지 56리이다. 서울과의 거리는 1050리이다.

한전 旱田

수전 水田

건치연혁 建置沿革

본래 고구려 지역이다. 뒤에 발해에 함락되고 이어서 여진의 점거지가 되었다. 고려 때에 장녕현(長寧縣)을 설치하였다. 현종 때에 고쳐 철주(鐵州)로 삼았다. 본조 태종(太宗) 13년(1413)에 고쳐 철산군으로 삼았다. 관장하는 면은 5개이다.

관원

군수(郡守), 훈도(訓導) 각 1인이다.

지금 증보하건대 당시 승격시켜 도호부(都護府)로 삼았다.[144]

군명 郡名

장녕(長寧), 철주(鐵州)

산천 山川

웅골산(熊骨山) 군 동쪽 10리에 있다. 진산(鎭山)이다. 산에 모두 큰 바위가 있고, 산 남쪽에 석굴(石窟)이 있는데 그 깊이가 거의 5리이며 가운데는 모두 텅 비어 있다.

장화산(長花山) 군 서남쪽 27리에 있다.

오랑산(於郎山) 군 서쪽 22리에 있다.

취가산(鷲家山) 군 남쪽 35리, 대곶(大串) 목장 안에 있다.

석현산(石懸山) 군 북쪽 33리에 있다.

백량산(白梁山) 군 남쪽 20리에 있다.

바다〔海〕 군 남쪽 23리에 있다.

대곶도(大串島) 군 남쪽 19리[145]에 있다. 목장이 있다. 봄가을에 관아에서 제사 지낸다.

144 당시……삼았다 : 태종 13년(1413)을 말한다.

145 19리 : 해안에서부터 수로(水路)로 잰 거리이다. 이하 철산군의 섬의 거리는 모두 동일하다.

가차리도(加次里島) 군 남쪽 40리에 있다.

저지도(楮只島) 군 서쪽 28리에 있다.

월로도(月老島) 군 서쪽 27리에 있다.

거우도(車牛島) 군 서쪽 40리에 있다. 모양이 수레를 끄는 소 같으므로 이름이 되었다. 섬 안에 기암괴석이 많아 날아가는 새가 내려앉지 못한다. 사람이 만약 가까이 간다면 머리털이 곤두서며 떨려서 머무를 수 없을 것이다. 봄가을에 관아에서 제사 지낸다.

가도(椵島) 군 남쪽 47리에 있다. 둘레가 41리이다. 혹 피도(皮島)라고도 칭한다. 예전에는 목장이 있었다. 천계(天啓) 1년(1621, 광해군13)에 금(金) 오랑캐가 요심(遼瀋)[146]을 함락시키자 군문 표하(軍門標下) 모문룡(毛文龍)이 바다를 건너 용천(龍川) 땅에 이르러 요(遼) 백성들을 불러 모아 밤에 진강성(鎭江城)을 습격하여 항복한 장수 동양정(佟養正)을 베었다. 이듬해에 총병(摠兵)으로 승진되어 가도에 부(府)를 개설하고 동강진(東江鎭)이라고 하였다. 요 백성들이 와서 귀의하는 자들이 전후로 수십 만이 되니 가옥이 즐비하게 들어차서 섬 안에 다 수용할 수 없자 그 일부는 선천(宣川)의 신미도(身彌島)에 나누어 살게 하였다. 등주(登州)에서 배로 군량미와 금백(金帛)을 운송해 왔는데 이루 다 헤아릴 수 없을 정도이고, 본국에서도 군량을 조달해 주었다. 육지로 나가 매매하는 자들의 왕래가 양서(兩西) 연해 지역에 끊이지 않았는데, 한인(漢人)들도 섞여 있었다. 숭정(崇禎) 2년(1629, 인조7)에 요광 경략(遼廣經略) 원숭환(袁崇煥)이 영원(寧遠) 앞바다에서 모문룡을 만나 그가 오랑캐와 통하고 황제의 명을 거짓으

146 요심(遼瀋) : 요동(遼東), 심양(瀋陽)을 중심으로 하는 지역을 말한다.

로 꾸몄다는 죄목으로 주벌하고, 유격(遊擊) 진계성(陳繼盛)을 보내 대신 다스리게 하였다. 그 무리인 유흥치(劉興治)라는 자는 애초 오랑캐 가운데서 도망해 귀속하여 모문룡 진영에 있었는데, 진계성과 불화하여 항복한 호인을 거느리고 난을 일으켜 진계성을 쳐서 죽였다. 본국에서 이에 이서(李曙)와 정충신(鄭忠臣)을 보내 수군을 거느리고 정벌하게 하자, 유흥치가 달아나 등양도(登洋島) 안으로 들어갔으므로 우리 군대가 파하고 돌아왔다. 유흥치는 조칙(詔勅)을 받았다고 사칭하며 섬 백성들을 다스렸는데, 오래지 않아 유흥치가 오랑캐에게 투항하려 하자 섬 백성들이 따르지 않았다. 이에 장관, 군민 및 남쪽 상인 등을 겁살(刼殺)하니, 장관(將官) 심세괴(沈世魁)가 유흥치를 잡아 베고 항복한 호인 800여 인을 죽이자 섬 안이 마침내 안정되었다. 숭정 10년(1637, 인조15) 봄에 오랑캐가 본국을 격파한 뒤에 본국 군사를 위협하여 도진(島鎭)을 습격하여 함락하게 하였다. 심세괴가 죽자 한인을 다 섬멸하고 부녀자와 보화(寶貨)를 약탈해 가니, 섬 안이 마침내 비게 되었다.

토산 土産

명주실〔絲〕, 삼〔麻〕, 옻〔漆〕, 지치〔紫草〕, 수달(水獺), 소금〔鹽〕, 삼치〔麻魚〕, 숭어〔秀魚〕, 석수어(石秀魚), 홍어(洪魚), 밴댕이〔蘇魚〕, 준치〔眞魚〕, 민어(民魚), 상어〔鯊魚〕, 광어(廣魚), 낙지〔絡締〕, 조개〔蛤〕, 굴〔石花〕, 새우〔蝦〕, 부레〔魚鰾〕, 제호유(鵜鶘油), 농어〔鱸魚〕, 붕어〔鯽魚〕, 토화(土花 미네굴)

성곽 城郭

철산성(鐵山城) 돌로 쌓았다. 군 남쪽 9리, 가산(架山) 위에 있다. 둘레가 6975자이고, 안에 샘이 9개 있으며, 군창(軍倉)도 있다. 본조 공정왕(恭定王 태종) 때에 쌓아 군성(郡城)으로 삼았고, 혜장왕(惠莊王 세조) 때에는 그곳이 높고 험준하여 고을 사람들이 꺼리므로 평지로 옮겼다. 지금은 무너지고 황폐해졌다.

학교 學校

향교(鄕校) 군 북쪽 2리에 있다.

궁실 宮室

장녕관(長寧館) 바로 거련역(車輦驛) 역관(驛館)이다.

향사당(鄕射堂) 부사 관아 북쪽에 있다.

봉수 烽燧

웅골산 봉수(熊骨山烽燧) 서쪽으로 용천군의 용호산(龍虎山)에 응하고, 동쪽으로 선천군의 오도곶(吾道串)에 응한다.

오랑산 봉수(於郎山烽燧) 남쪽으로 취가산(鷲家山)에 응하고, 북쪽으로 소곶(所串)에 응한다.

취가산 봉수(鷲家山烽燧) 동쪽으로 기곶(岐串)에 응하고, 서쪽으로 오랑산에 응한다.

기곶 봉수(岐串烽燧) 군 서쪽 23리에 있다. 동쪽으로 백량산(白梁山)에 응하고, 서쪽으로 취가산에 응한다.

백량산 봉수(白梁山烽燧) 동쪽으로 선천군의 우이곶(牛耳串)에 응하고, 남쪽으로 기곶에 응한다.

소곶산 봉수(所串山烽燧) 군 서쪽 25리에 있다. 북쪽으로 용천군의 석을곶(石乙串)에 응하고, 남쪽으로 오랑산에 응한다.

우역 郵驛

거련역(車輦驛) 군 북쪽 27리에 있다. 관 앞에 반송(盤松)이 있는데, 모습이 구불구불하면서 휜칠하여 맑은 날에는 그늘이 몇 이랑을 덮고 있다. 조사(詔使) 김식(金湜)의 시에 "뻗어 나간 깊은 뿌리는 지맥과 잇닿았고, 넓게 덮인 일산은 하늘 가운데를 떠받쳤네.〔袞袞深根聯地脈 盤盤偃蓋向天心〕" 한 것이 이것이다.

두로롱원(豆老弄院) 군 북쪽 30리에 있다.

용천원(龍川院) 군 동쪽 17리에 있다.

사묘 祠廟

사직단(社稷壇) 군 서쪽에 있다.

문묘(文廟) 향교에 있다.

성황사(城隍祠) 군 북쪽 1리에 있다.

여단(厲壇) 군 북쪽에 있다.

대곶도사(大串島祠) 봄가을에 관아에서 제사 지낸다.

거우도사(車牛島祠) 봄가을에 관아에서 제사 지낸다.

사찰 寺刹

운암사(雲巖寺), **석봉암**(石峯菴) 모두 웅골산에 있다.

옥동사(玉洞寺) 동골산(東骨山)에 있다.

고적 古蹟

고철주성(古鐵州城) 군 북쪽 35리, 마포현(亇砲峴) 북쪽에 있다. 돌로 쌓았고 그 나머지는 흙으로 쌓았다. 둘레가 1만 500자이고, 안에 우물이 7개 있다.

고영삭성(古寧朔城) 군 동쪽 4리에 있다. 돌로 쌓았다. 둘레가 1200자이다. 예전에 만호영(萬戶營)이 있었는데 지금은 없어졌다. 의주의 영삭진(寧朔鎭)과는 다른 곳이다.

명환 名宦

고려

이원정(李元禎) 몽고 군사가 침범해 왔을 때에 이원정이 철주의 원이 되어 굳게 지키느라 진력하였으나, 화를 면하지 못할 것을 알고서 마침내 관창

(官倉)을 불태우고 처자와 함께 불속에 몸을 던져 죽었다. ○ 고려 김구(金坵)의 시[147]에,

그해 성난 도둑 국경 난입하여	當年怒寇闌塞門
사십여 개 성이 불타는 듯 같았는데	四十餘城如燎原
산을 의지한 외로운 성첩이 적로를 막으니	倚山孤堞當虜蹊
일만 군사가 입 벌리고 기어코 삼키려 하였지	萬軍鼓吻期一呑
백면서생이 이 성을 지켜	白面書生守此城
나라 위해 바친 몸 기러기 털처럼 가벼웠네	許國身比鴻毛輕
일찍이 어짊과 신의 높여 인심을 결속하였으니	早推仁信結人心
장사들의 고함 소리가 천지를 진동하였네	壯士懽呼天地傾
서로 버티어 반달 동안 해골을 쪼개어 밥 지으며[148]	相持半月折骸炊
낮에 싸우고 밤에 지키니 용과 범도 지쳤네	晝戰夜守龍虎疲
형세가 다하고 힘이 꺾였어도 외려 한가함 보이느라	勢窮力屈猶示閑
누대에서 관현 타니 소리 더욱 구슬펐네	樓上管絃聲更悲
관창이 하룻저녁에 붉은 불꽃 뿜으니	官倉一夕紅焰發
기꺼이 처자와 함께 몸을 던져 재가 되었네	甘與妻孥就灰滅
충성스러운 혼 장한 넋은 어디를 향해 갔나	忠魂壯魄向何之
천고의 고을 이름 부질없이 철주로 기념하지	千古州名空記鐵

147 김구(金坵)의 시 : 〈철주를 지나며[過鐵州]〉이다. 《止浦集 卷1》

148 해골을……지으며 : 춘추 시대 초(楚)나라 장왕(莊王)이 송(宋)나라 성을 포위하였을 때 초나라 사마자반(司馬子反)이 송나라 쪽의 상황을 묻자, 화원(華元)이 "자식을 바꾸어 잡아먹고 뼈를 부수어 불을 때어 밥을 짓는다." 하였다는 고사에서 나온 말이다. 《春秋公羊傳 宣公15年》 적에게 포위되어 매우 곤궁한 형편에 놓인 상황을 뜻한다.

하였다.

전충(全忠) 충선왕(忠宣王) 때에 지철주사(知鐵州事)가 되어 정사를 간명하고 편리하게 행하였다.

이희적(李希勣) 철주 판관(鐵州判官)이 되었다. 적병이 성 아래에 이르러 공격하기를 매우 급박하게 하였는데, 성안의 양식이 다 떨어져 고수하지 못하게 되자 이희적이 장정(壯丁)들을 거느리고 스스로 찔러 죽었다.

인물 人物

본조

정봉수(鄭鳳壽) 강개(慷慨)하고 담략(膽略)이 있었다. 무과에 급제하여 일찍이 만호(萬戶)를 역임하였다. 인조(仁祖) 5년(1627)에 금(金) 오랑캐가 침입하여 여러 성이 모두 궤멸되었다. 당시 용골(龍骨)에는 지키는 장수가 없었는데, 모반인 장사준(張士俊)이 성을 가지고 적에 호응하였다. 이에 군 안의 사민(士民)들이 장사준을 주벌하고 정봉수를 추대하여 장수로 삼고 용골을 지켰다. 적이 대거 이르니, 정봉수가 뭇 군민들과 함께 힘을 다하여 막아 지켰다. 크고 작은 수십의 전투에서 무수히 적을 죽이고 마침내 용골성(龍骨城)을 보전하였다. 뒤에 전라 병마절도사(全羅兵馬節度使)가 되었는데, 군율을 엄숙히 하여 사졸들이 경외하고 따랐다.

용천군龍川郡

동쪽으로 의주목(義州牧) 경계 양책관(良策館)까지 19리이다. 북쪽으로 같은 목 경계까지 19리이다. 남쪽으로 철산군(鐵山郡) 경계까지 22리이다. 서쪽으로 해안까지 40리이다. 서울과의 거리는 1107리이다.

한전 旱田

수전 水田

건치연혁 建置沿革

본래 고구려 지역이다. 뒤에 발해에 함락되고 이어서 여진의 점거지가 되었다. 고려 때에 안흥군(安興郡)을 설치하고, 현종(顯宗) 때에 고쳐 용주(龍州)로 삼았다가 뒤에 승격시켜 용만부(龍灣府)로 삼았다. 충선왕(忠宣王) 초에 강등시켜 군(郡)으로 삼았다. 본조 태종(太宗) 13년(1413)에 고쳐 용천군으로 삼았다. 관장하는 면은 □개이다.

관원

군수(郡守), 훈도(訓導) 각 1인이다.

지금 증보하건대 당시 승격시켜 도호부(都護府)로 삼았다.[149]

군명 郡名

안흥(安興), 용주(龍州), 용만(龍灣)

형승 形勝

강은 발해와 잇닿아 있고, 들은 요양(遼陽)과 접해 있다. 유정현(柳廷顯)의 시

산천 山川

용골산(龍骨山) 일명 용호산(龍虎山)이라고 한다. 군 동쪽 8리에 있다. 진산(鎭山)이다. 서쪽으로 큰 바다에 닿아 있고 북쪽으로 압록강(鴨綠江)을 바라보며, 강 너머로 송골산(松鶻山) 등 여러 산이 궤안(几案) 앞에 있는 듯하여 최고의 절경을 이룬다.

용안산(龍眼山) 군 서쪽 20리에 있다.

바다〔海〕 군 서남쪽 40리에 있다.

149 당시……삼았다 : 태종 13년(1413)의 일이다.

사위포(沙爲浦) 군 서쪽 30리에 있다.

장천(長川) 성안 서산(西山)에서 나와 동쪽으로 흘러 성 동문(東門)에 이르고, 또 돌아 서쪽으로 흘러 바다에 들어간다.

신도(薪島) 군 서쪽 60리에 있다.

대우도(大牛島) 군 남쪽 80리에 있다.

삼도(蔘島) 군 남쪽 29리에 있다.

신지도(信知島) 군 서쪽 62리에 있다.

사자도(獅子島) 군 서쪽 30리에 있다.

오도도(吾道島) 군 서쪽 39리에 있다.

마도(馬島) 군 남쪽 45리에 있다. 어량(魚梁)이 있다.

월로도(月老島) 군 남쪽 32리에 있다.

양량곶(梁良串) 군 서쪽 35리에 있다.

용암(龍巖) 군 서쪽 45리에 있다. 조수(潮水)가 왕래하고, 바위 위에 용 발톱 자국이 있다.

토산 土産

명주실〔絲〕, 삼〔麻〕, 지치〔紫草〕, 무명석(無名石), 유산(柳山)에서 난다. 소금〔鹽〕, 밴댕이〔蘇魚〕, 조기〔石首魚〕, 광어(廣魚), 대하(大蝦), 숭어〔秀魚〕, 홍어(洪魚), 굴〔石花〕, 토화(土花 미네굴), 조개〔蛤〕, 낙지〔絡締〕, 민어(民魚), 준치〔眞魚〕, 오징어〔烏賊魚〕, 상어〔鯊魚〕, 부레〔魚鰾〕, 제호유(鵜鶘油)

성곽 城郭

군성(郡城) 돌로 쌓았다. 둘레가 1만 3308자이다. 문이 있으며, 성안에 우물 95개, 시내 3개, 못 4개가 있다.

학교 學校

향교(鄕校) 예전에는 군성 안 서쪽에 있었는데, 중종조(中宗朝)에 성 밖 서쪽으로 옮겼다.

궁실 宮室

객관(客館)

관덕정(觀德亭) 군 동쪽 2리에 있다.

침류당(枕流堂) 양책역(良策驛) 역관(驛館)이다. 사객(使客)을 접대하는 곳으로, 천석(泉石)의 경치가 좋다.

봉수 烽燧

용호산 봉수(龍虎山烽燧) 서쪽으로 의주의 도산(刀山)에 응하고, 동쪽으로 철산군의 웅골산(熊骨山)에 응한다.

대산 봉수(代山烽燧) 군 서쪽 11리에 있다. 서쪽으로 의주의 방리암(方里巖)에 응하고, 동쪽으로 용안산(龍眼山)에 응한다.

용안산 봉수(龍眼山烽燧) 서쪽으로 대산에 응하고, 동쪽으로 진곶(辰串)에 응한다.

진곶 봉수(辰串烽燧) 군 서쪽 42리에 있다. 서쪽으로 용안산에 응하고, 동쪽으로 사위포(沙爲浦)에 응한다.

사위포 봉수(沙爲浦烽燧) 서쪽으로 진곶에 응하고, 동쪽으로 석을곶(石乙串)에 응한다.

석을곶 봉수(石乙串烽燧) 군 서쪽 35리에 있다. 서쪽으로 사위포에 응하고, 동쪽으로 철산군의 소곶(所串)에 응한다.

우역 郵驛

양책역(良策驛) 군 동쪽 18리에 있다. ○ 이첨(李詹)의 시[150]에,

봉화 전하니 바닷가 산인지 알겠고	烽傳知海嶠
세상 변화는 산성을 보고 기억하지	世變記山城
그윽한 골짜기에 구름 안개 예스럽고	洞密雲霞古
차가운 창밖에 눈 내린 밤 달 밝아라	窓寒雪月明

하였다.

재송원(裁松院) 군 남쪽 25리에 있다.

건천원(乾川院) 군 동쪽 27리에 있다.

150 이첨(李詹)의 시 : 〈양책관에서 호정공의 시에 차운하다〔良策館次浩亭公韻〕〉이다. 《雙梅堂篋藏文集 卷2》

사묘 祠廟

사직단(社稷壇) 군 서쪽에 있다.

문묘(文廟) 향교에 있다.

성황사(城隍祠) 군 서쪽 2리에 있다.

여단(厲壇) 군 북쪽에 있다.

사찰 寺刹

용호사(龍虎寺) 군성 안에 있다. 절 앞에 압각수(鴨脚樹)가 있는데, 뿌리 하나에 두 개의 줄기가 뻗어 있다. 혹 오래되어 말라 죽었다가 다시 살아난 것도 있는데, 이런 것이 두세 개가 된다.

불정사(佛頂寺) 성안에 있다.

원통사(元通寺), 원적사(元寂寺) 모두 용골산에 있다.

고적 古蹟

고용주(古龍州) 군 서쪽 20리에 있다.

유등정폐현(柳等井廢縣) 군 남쪽 15리에 있다.

명환 名宦

고려

추적(秋適) 충렬왕(忠烈王) 때에 용주의 원이 되어 은혜로운 정사를 많이 행하였다. 성품이 화통하고 정직함을 좋아하였으니, 항상 말하기를 "손님 대접은 간결하게 하는 것이 마땅하니, 어찌 꼭 많은 돈을 써서 팔진미를 차려야겠는가." 하였다.

본조

이희건(李希建) 인조(仁祖) 초에 용주 부사(龍州府使)가 되었다. 재직하는 동안 청렴하고 검소하였으며, 일 처리를 과감하게 해내어 어렵고 쉬운 일을 가리지 않았다. 이르기를 "부가 변새(邊塞)에 있는데, 세워 둔 성참(城塹)이 없다." 하고, 용골산성(龍骨山城)을 축성할 것을 청하고서, 직접 돌을 짊어지어 이졸(吏卒)들을 권려하였다. 성이 축성된 지 얼마 안 되어 호란(胡亂)이 일어났는데, 여러 성이 다 함락되어 패전하였으나 용골성만은 온전하였다. 사람들이 추후에 은덕이라 여겨 비석을 세워 공적을 기록하였다.

창성도호부昌城都護府

동쪽으로 운산군(雲山郡) 경계까지 190리, 태천현(泰川縣) 경계까지 204리이다. 남쪽으로 삭주부(朔州府) 경계까지 23리이다. 서쪽으로 압록강(鴨綠江)까지 3리이다. 북쪽으로 벽동군(碧潼郡) 경계까지 63리이다. 서울과의 거리는 1254리이다.

한전 旱田

수전 水田

건치연혁 建置沿革

본래 고구려 지역이다. 뒤에 발해에 함락되고 이어서 여진의 점거지가 되었다. 고려 정종(靖宗) 때에 창주(昌州)를 설치하였고, 고종(高宗) 때에 오랑캐 군사의 침략을 받아 성읍이 폐허가 되었다. 공민왕(恭愍王) 때에 다시 주 남쪽 땅에 이성만호부(泥城萬戶府)를 설치하였다. 본조 태종(太宗) 2년(1402)에 창성과 이성을 병합하고 고쳐 창성군(昌城郡)으로 삼았다. 세종(世宗) 때에 승격시켜 도호부(都護府)로 삼았고, 세조

(世祖) 때 진(鎭)을 설치하였다. 관장하는 면은 □개이다.

관원

부사(府使), 교수(教授) 각 1인이다.

군명 郡名

창주(昌州)

산천 山川

연평산(延坪山) 부 남쪽 22리에 있다. 산 남쪽으로 삭주부와의 경계에 철미륵(鐵彌勒)이 있다.

달각산(達覺山) 부 동쪽 90리, 벽동군과의 경계에 있다. 세속에서 전하기를 "나무나 사냥을 한다고 시끄럽게 굴면 갑자기 구름이 일고 비가 내린다." 한다.

청산(青山) 부 동쪽 90리에 있다.

당아리산(堂阿里山) 부 동쪽 175리에 있다.

운원산(雲圓山) 세속에서 운두리산(雲頭里山)이라고 칭한다. 부 서쪽 13리, 태천군(泰川郡)과 운산군의 경계에 있다.

압록강(鴨綠江) 벽동군 경계에서 흘러 들어와 부 북쪽 4리를 지나고, 또 서쪽으로 흘러 삭주(朔州) 구령진(仇寧鎭)을 지나 의주(義州) 지경의 바다에 들어간다. 의주에 보인다.

창주천(昌洲川) 창주진(昌洲鎭) 남쪽에 있다. 원류는 부 동쪽 오정동(於頂洞)에서 나와 남쪽으로 흘러 압록강에 들어간다.

갑암천(甲巖川) 부 남쪽 10리에 있다. 원류는 방장현(防墻峴)에서 나오고 압록강에 들어간다.

어정탄(漁汀灘) 부 북쪽 30리에 있다. 압록강의 지류이다.

마랑이동(馬郎耳洞) 이하는 압록강 밖의 지역에 해당된다.

와천동(瓦遷洞)

대와방동(大瓦方洞)

소와방동(小瓦方洞)

산양천(山羊遷)

적전암(狄田巖)

여토탄(驢土灘)

토산 土産

명주실〔絲〕, 삼〔麻〕, 수포석(水泡石 부석), 담비〔貂〕, 황서(黃鼠), 청서(靑鼠), 인삼(人蔘), 잣〔海松子〕, 복신(茯神), 꿀〔蜂蜜〕, 황랍(黃蠟), 백랍(白蠟), 궁간목(弓幹木 애끼찌), 영양(羚羊), 사향(麝香), 수달(水獺), 은구어(銀口魚 은어), 여항어(餘項魚)

성곽 城郭

부성(府城) 돌로 쌓았다. 둘레가 2155자이다. -원문 3, 4자 결락- 문이 있다.

성안에 샘이 11개 있다.

압록강 행성(鴨綠江行城) 부 -원문 3, 4자 결락-에서 처음 시작되어 압록강 언덕에 기대어 길게 뻗어 끊어졌다 이어졌다 하면서 강계부(江界府) 만포진(滿浦鎭)에 이르러 끝난다. 본조 초에 쌓았다. 부 지경에 있는 것은 -원문 1, 2자 결락-에서 -원문 1, 2자 결락-까지 길이가 2만 1580자이고, 또 고림성(古林城)에서 실호리(失號里) 동구(洞口) 두 곳까지 길이가 300자이며, 창주진(昌洲鎭)에서 어정탄(漁汀灘) 동구 다섯 곳까지 길이가 1000자이다.

공서 公署

창주 첨절제사진(昌洲僉節制使鎭) 부 북쪽 45리에 있다. 석성(石城)이다. 둘레가 1850자이다. 병마첨절제사 1인이 있다.

학교 學校

향교(鄕校) 부성 안 북쪽에 있다.

궁실 宮室

객관(客館)

봉수 烽燧

갑암 봉수(甲巖烽燧) 북쪽으로 운원산(雲圓山)에 응하고, 남쪽으로 삭주부의 연평산(延坪山)에 응하고, 서쪽으로 같은 부의 권적암(權狄巖)에 응한다.

운원산 봉수(雲圓山烽燧) 남쪽으로 갑암에 응하고, 동쪽으로 묘동(廟洞)에 응한다.

묘동 봉수(廟洞烽燧) 부 북쪽 10리에 있다. 서쪽으로 운원산에 응하고, 북쪽으로 어정탄(漁汀灘)에 응한다.

어정탄 봉수(漁汀灘烽燧) 서쪽으로 묘동에 응하고, 북쪽으로 서개동(徐介同)에 응한다.

서개동 봉수(徐介同烽燧) 부 북쪽 39리에 있다. 서쪽으로 어정탄에 응하고, 북쪽으로 고림성(古林城)에 응한다.

고림성 봉수(古林城烽燧) 동쪽으로 벽동군의 호조리(胡照里)에 응하고, 서쪽으로 서개동에 응한다.

우역 郵驛

창주역(昌洲驛) 창주진(昌洲鎭)에 있다.

여정원(旅貞院) 부 동쪽 90리에 있다.

구계원(九階院) 부 동쪽 100리에 있다.

관량 關梁

연평령관(延坪嶺關) 연평령(延坪嶺) 위에 있다. 삭주부에도 보인다.

운원산보(雲圓山堡) 운원산에 있다. 석성이다. 둘레가 340자이다.

대실호리보(大失號里堡) 부 북쪽 53리에 있다. 석성이다. 둘레가 700자이다.

갑암천보(甲巖川堡) 석성이다. 둘레가 416자이다.

어정탄보(漁汀灘堡) 석성이다. 둘레가 347자이다.

전자동보(田子洞堡) 부 동쪽 15리에 있다. 석성이다. 둘레가 505자이다.

우구리책(牛仇里柵) 부 동쪽 42리에 있다.

○ 이상은 모두 권관(權管)을 차임하여 지키게 한다.

사묘 祠廟

사직단(社稷壇) 부 서쪽에 있다.

문묘(文廟) 향교에 있다.

성황사(城隍祠), 여단(厲壇) 모두 부 북쪽에 있다.

사찰 寺刹

복숭사(福崇寺) 당아리산에 있다.

상암사(上菴寺) 달각산에 있다.

정혜사(淨惠寺) 운림산(雲林山)에 있다.

고적 古蹟

청산향(青山鄕) 부 동쪽 □리에 있다. 본래 운산군 지역인데, 본조 세종 때에 떼어 내 본부에 편입시켰다.

청산성(青山城) 산에 있는 돌로 빙 둘러 쌓았다. 고려 말에 홍적(紅賊 홍건적)이 난입하였을 때 고을 사람들이 지형의 험함에 의지하여 난을 피하였다. 본조 태종 때에 석성을 쌓았다. 둘레가 5450자이다. 사면이 위험한데, 오직 하나의 문이 있어서 거기에 현교(懸橋)를 설치해야 들어갈 수 있었다. 성안에 시내가 3개 있다. 예전에는 군창(軍倉)이 있었는데 지금은 없어졌다.

옛 성〔古城〕 부 동쪽 150리에 있다. 성 둘레가 1만 7000자이며, 안에 큰 내가 있고 또 우물이 11개 있다. 세속에서 고성(古城)이라고 칭한다.

옥개역(玉開驛) 옛터가 부 동쪽 205리에 있다.

풍전역(楓田驛) 옛터가 부 동쪽 200리에 있다.

성인교(聖人橋) 부 남쪽 15리, 압록강 수면 아래에 있다. 물이 얕아지면 볼 수 있다.

인물 人物

본조

김을시(金乙時) 부모를 섬기는 데 지극한 효성이 있었다. 성안에 불이 나서 불길이 그 집까지 미쳤는데, 아버지가 병이 들어 일어날 수 없었다. 김을시가 곧장 화염 속으로 들어가 아버지를 업고 나왔으나 아버지와 함께 모두 죽었다. 성종조(成宗朝)에 일이 보고되어 정려하였다.

삭주도호부朔州都護府

동쪽으로 창성부(昌城府) 경계까지 84리이다. 북쪽으로 같은 부 경계까지 18리이다. 남쪽으로 구성부(龜城府) 경계까지 94리이다. 서쪽으로 의주(義州) 경계까지 20리, 압록강(鴨綠江)까지 36리이다. 서울과의 거리는 1095리이다.

한전 旱田

수전 水田

건치연혁 建置沿革

본래 고구려 지역이다. 뒤에 발해에 함락되고 이어서 여진의 점거지가 되었다. 고려 때에 영새현(寧塞縣)을 설치하였고, 현종(顯宗) 때에 고쳐 주(州)로 삼았다가 뒤에 승격시켜 삭주부(朔州府)로 삼았다. 본조 태조(太祖) 3년(1394)에 강등시켜 군(君)으로 삼았다. 공정왕(恭定王 태종) 13년(1413)에 도호부(都護府)로 승격시켰다. 혜장왕(惠莊王 세조) 12년(1466)에 치소를 소삭주(小朔州)로 옮겨 설치하고 진(鎭)을 두었다. 관장하는 면은 □개이다.

진관

진(鎭) 1개 구령(仇寧)

관원

부사(府使), 교수(教授) 각 1인이다.

군명 郡名

영새(寧塞)

형승 形勝

수하(水下)[151]의 요충지이다. 본조 이지완(李志完)의 상소[152]에 "삭주는 수하의 요충지입니다." 하였다.

151 수하(水下) : 압록강(鴨綠江) 하류 지역을 지칭한다. 《학봉집(鶴峯集)》 속집 권2 〈황해도를 순무할 때 올린 상소〔黃海道巡撫時疏〕〉에 "부방(赴防)은 군졸들이 평안도의 수상(水上)과 수하에 나아가 겨울철에 방수(防戍)하는 일입니다. 수상은 위원(渭原), 벽동(碧潼), 이산(理山), 강계(江界) 등지에 있는 진보(鎭堡)이고, 수하는 삭주(朔州), 의주(義州) 이하의 지역에 있는 진보입니다." 하였다.

152 이지완(李志完)의 상소 : 《동국여지지》 권9 〈삭주도호부〉 관량에는 '서쪽 변방의 형세에 대한 상소〔西邊形勢疏〕'라고 되어 있다.

산천 山川

천마산(天磨山) 《일통지(一統志)》에는 운산(雲山)으로 되어 있다. 부 서남쪽 80리, 의주 및 구성부와의 경계에 있다.

흑산(黑山) 부 동쪽 25리에 있다.

개막산(蓋幕山) 부 서쪽 20리에 있다.

청룡산(青龍山) 부 남쪽 90리, 구성부와의 경계에 있다.

세정산(洗井山) 부 남쪽 30리에 있다.

연평산(延坪山) 부 북쪽 18리, 창성부와의 경계에 있다.

계반산(界畔山) 부 남쪽 30리에 있다.

오봉산(五峯山) 부 동쪽 65리에 있다.

두롱산(豆籠山) 부 동쪽 79리에 있다.

팔령산(八嶺山) 대삭주(大朔州) 남쪽 94리에 있다. 구성(龜城)에도 보인다.

삼기천(三岐川) 부 북쪽 10리에 있다. 그 원류는 셋인데, 하나는 세정산에서 나오고 하나는 개막산에서 나오고 하나는 흑산에서 나온다. 이곳에 이르러 합해져서 흐르므로 이렇게 이름하였다. 또 서쪽으로 흘러 압록강에 들어간다.

계반천(界畔川) 부 동쪽 35리에 있다. 계반산에서 나와 서쪽으로 흘러 삼기천에 들어간다.

온정천(溫井川) 부 남쪽 35리에 있다. 세정산에서 나와 북쪽으로 흘러 삼기천에 들어간다.

판막천(板幕川) 부 서쪽 15리에 있다. 개막산에서 나와 계반천, 온정천과 합해져서 서쪽으로 흘러 압록강에 들어간다.

천동천(泉洞川) 부 동쪽 70리에 있다. 대삭주에서 나와 동쪽으로 흘러 백려

자천(白呂子川)에 들어간다.

백려자천(白呂子川) 부 남쪽 50리에 있다. 천마산에서 나와 남쪽으로 흘러 형제천(兄弟川)에 들어간다.

형제천(兄弟川) 부 남쪽 68리에 있다. 원류가 둘인데, 하나는 천마산에서 나오고, 하나는 청룡산에서 나온다. 부 남쪽에 이르러 합류하여 동쪽으로 계반천에 들어간다. 두 물이 나란히 흐르므로 형제천이라 이름하였다.

생동천(栍洞川) 부 남쪽 95리에 있다. 형제천의 지류이다.

온천(溫泉) 부 남쪽 30리에 있다. 온정천 곁에 있다.

토산 土産

명주실〔絲〕, 삼〔麻〕, 수포석(水泡石 부석), 잣〔海松子〕, 인삼(人蔘), 궁간목(弓幹木 애끼찌), 꿀〔蜂蜜〕, 황랍(黃蠟), 사향(麝香), 담비〔貂〕, 황서(黃鼠), 청서(靑鼠), 영양(羚羊), 수달(水獺), 은구어(銀口魚 은어), 여항어(餘項魚)

성곽 城郭

부성(府城) 돌로 쌓았다. 둘레가 2933자이다. -원문 2, 3자 결락- 문이 있으며, 성안에 우물과 샘이 13개 있다.

압록강 행성(鴨綠江行城) 구령(仇寧) 구자동서동(口子東西洞) 어귀에 있다. 돌로 쌓았다. 길이가 1230자이다.

공서 公署

만호진(萬戶鎭)[153] 부 북쪽 35리에 있다. 본래 의주 지역인데, 우리 세종 때에 떼어 내 부에 편입시켰다. 석성(石城)이다. 둘레가 2817자이다. 병마만호 1인이 있다.

학교 學校

향교(鄕校) 성안 남쪽에 있다.

궁실 宮室

객관(客館)

봉수 烽燧

연평산 봉수(延坪山烽燧) 북쪽으로 창성부의 갑암(甲巖)에 응하고, 남쪽으로 건전산(件田山)에 응한다.

건전산 봉수(件田山烽燧) 부 서남쪽 12리에 있다. 북쪽으로 연평산에 응하

153 만호진(萬戶鎭) : 《신증동국여지승람》 권53 〈평안도 삭주도호부〉 관방(關防)에는 구령보(仇寧堡)에 동일한 내용이 실려 있는 것으로 보아 구령보에 둔 만호진으로 보인다.

고, 남쪽으로 오리동(梧里洞)에 응한다.

권적암 봉수(權狄巖烽燧) 부 북쪽 32리에 있다. 동쪽으로 창성부의 갑암에 응하고, 서쪽으로 전왕구비산(田往仇非山)에 응한다.

전왕구비산 봉수(田往仇非山烽燧) 부 북쪽 33리에 있다. 동쪽으로 권적암에 응하고, 서쪽으로 의주의 노토탄(老土灘)에 응한다.

오리동 봉수(梧里洞烽燧) 부 남쪽 29리에 있다. 북쪽으로 건전산에 응하고, 남쪽으로 성두산(城頭山)에 응한다.

성두산 봉수(城頭山烽燧) 부 남쪽 65리에 있다. 남쪽으로 구성부의 팔령산(八嶺山)에 응하고, 북쪽으로 오리동에 응한다.

우역 郵驛

대삭역(大朔驛) 옛 삭주(朔州)에 있다.

소삭역(小朔驛) 부성 남쪽에 있다.

계반원(界畔院) 부 남쪽 40리에 있다.

대삭원(大朔院) 부 남쪽 95리에 있다. 일명 팔령원(八嶺院)이라고 한다.

관량 關梁

연평령관(延坪嶺關) 연평령(延坪嶺) 위에 있다. 예전에 관문(關門)을 설치하고, 관문을 중심으로 좌우로 행성을 쌓았는데, 지금은 없어지고 유지(遺址)만 있다. 본조 이지완의 〈서쪽 변방의 형세에 대한 상소〔西邊形勢疏〕〉에서 "삭주는 수하의 요충지로 연평령은 적로(賊路)의 좌협(左協)이 되고 구령진(仇寧鎭)은 그 우협(右協)이 됩니다.[154] 그러므로 예전에 거란(契丹)과 몽고가 침입해 왔을 때 모두 이 길을 통해 들어왔는데, 이 고개가 높고 험준하므로 기병이 대오를 갖추지 못하여 결국 백이(百二)의 중관(重關)[155]을 지나가지 못하였으니, 혹 위급한 경보가 있더라도 수천 군사를 이끌고 험지를 점거하여 요로를 지킨다면 비록 오랑캐 기병이 천을 헤아리더라도 또한 어찌할 수 없을 것입니다. 그 고개 위에 쌓은 성과 설치한 관문의 기지(基址)를 보건대 완연히 그대로 남아 있어서 옛사람의 깊은 뜻을 대개 알 수 있었습니다." 하였다.

사묘 祠廟

사직단(社稷壇) 부 서쪽에 있다.

문묘(文廟) 향교에 있다.

성황사(城隍祠) 부 서쪽 3리에 있다.

여단(厲壇) 부 북쪽에 있다.

154 좌협(左協)이……됩니다 : 적진을 향한 군대의 진군 경로를 가리키는 말로서, 오른쪽에서의 진군을 우협(右協), 가운데로의 진군을 중협(中協), 왼쪽에서 진군하며 공격해 가는 것을 좌협이라 한다.

155 백이(百二)의 중관(重關) : 당(唐)나라 때 낙빈왕(駱賓王)이 시(詩)에서 "진나라의 중관은 일백 이의 산하이고〔秦地重關一百二〕"라고 한 데서 나온 말이다. 백이는 진(秦)나라의 함곡관(函谷關)이 험조(險阻)하여 두 사람이 백 명을 감당할 수 있다는 뜻이고, 중관은 겹겹으로 설치한 관문이라는 뜻으로, 험준하고 유리한 지세를 일컫는다.

사찰 寺刹

보현사(普賢寺) 오봉산에 있다.

약사암(藥師菴) 연평산에 있다.

고적 古蹟

고삭주(古朔州) 부 남쪽 65리에 있으니, 바로 옛 읍치(邑治)이다. 세속에서는 대삭주(大朔州)라고 칭한다. 석성(石城)이다. 둘레가 4615자이며, 안에 샘이 11개 있다. 예전에 군창(軍倉)을 설치하여 박천(博川), 태천(泰川), 가산(嘉山) 등 관아의 조세(租稅)를 수합하였다. 지금은 없어졌다.

기이역(岐伊驛) 옛터가 부 남쪽 90리에 있다.

암사역(巖舍驛) 옛터가 기이역 서쪽 10리에 있다.

창평역(昌平驛) 옛터가 기이역 동쪽 10리에 있다.

○ 이상 세 역은 본래 구성(龜城) 지역이었다. 본조 태조 때에 떼어 내 부 지역에 편입시켰다.

명환 名宦

본조

최운해(崔雲海) 삭주 병마사(朔州兵馬使)가 되었는데, 용맹과 지략이 있고 백성 사랑하기를 자식과 같이 하였다. 서북면 도순문사(西北面都巡問使)로 승진하였다.

유우流寓

권벌(權橃) 본조 안동(安東) 사람이다. 여러 관직을 거쳐 의정부 찬성이 되었다. 공헌왕(恭憲王 명종) 초에 충직함으로써 사화(士禍)에 연루되어[156] 삭주에 유배되었는데, 1년 만에 병사하였다. 간신이 실각하여 죽게 되자 비로소 추증되어 충정(忠定)의 시호를 받았다. 정광필(鄭光弼)이 일찍이 일컫기를 "권벌에게는 죽음도 빼앗을 수 없는 절개가 있다." 하였다.

156 사화(士禍)에 연루되어 : 1547년(명종2)에 양재역 벽서 사건(良才驛壁書事件)에 연루되었다.

구성도호부 龜城都護府

동쪽으로 태천현(泰川縣) 경계까지 38리이다. 남쪽으로 정주(定州) 경계까지 38리, 선천군(宣川郡) 경계까지 72리, 곽산군(郭山郡) 경계까지 58리이다. 서쪽으로 의주(義州) 경계까지 113리이다. 북쪽으로 삭주부(朔州府) 경계까지 29리이다. 서울과의 거리는 886리이다.

한전 旱田

수전 水田

건치연혁 建置沿革

본래 고구려 지역이다. 뒤에 발해에 함락되고 이어서 여진의 점거지가 되었다. 고려 성종(成宗)이 서희(徐熙)를 보내 여진을 축출하게 하고 구주(龜州)를 설치하였다. 고종(高宗) 때에 승격시켜 정원대도호부(定遠大都護府)로 삼고, 고종 18년(1231)에 몽고 군사가 침입해 왔을 때 병마사(兵馬使) 박서(朴犀)가 방어하여 공적이 있으므로 승격시켰다. 또 정주목(定州牧)으로 고쳤다. 뒤에 치소(治所)를 수천(隨川)으로 옮겼으니, 바로 지금의 정주이다. 고려 말에 치소를 마산(馬山) 남쪽으로 옮겼고, 본조에 이르러 또 수천으로 옮겼다. 본조 세조(世祖) 초에 구주의 본래 성지(城地)가 실로 요해지이고 지금 정주와 매우 멀리 떨어져 있다는 이유로 다시 떼어 내 구성군(龜城郡)을 설치하고, 얼마 뒤에 승격시켜 도호부(都護府)로 삼고 진(鎭)을 두었다. 관장하는 면은 □개이다.

진관

군(郡) 2개 선천(宣川), 곽산(郭山)

관원

부사(府使), 교수(敎授) 각 1인이다.

군명 **郡名**

구주(龜州), 정원(定遠)

풍속 **風俗**

활쏘기와 말타기에 힘쓴다.

간소하고 질박한 것을 숭상한다. 모두 군적(郡籍)에 있다.

산천 山川

여벽산(鑢鐴山) 부 서북쪽 10리에 있다. 진산(鎭山)이니, 바로 청룡산(青龍山) 동쪽 줄기이다. 산 모양이 뾰족하게 솟아 마치 여벽(鑢鐴)과 같으므로 이렇게 이름하였다. 방언(方言)에 여벽을 보십(甫十 보습)이라고 하므로 민간에서는 보십산(甫十山)이라고 칭한다.

서양산(西陽山) 부 남쪽 40리에 있다.

서산(西山) 부 서쪽 15리에 있으니, 바로 보십산 서쪽 줄기이다.

청룡산(青龍山) 부 서북쪽 35리에 있다.

검산(檢山) 부 서북쪽 70리에 있다.

팔령산(八嶺山) 부 북쪽 29리에 있다.

천현(泉峴) 부 남쪽 48리에 있다. 정주에도 보인다.

굴암산(窟菴山) 부 동북쪽 39리에 있다. 팔령산 동쪽 줄기와 서로 이어져 있다. 돌로 쌓은 옛 성터가 있는데, 둘레가 1만 50자이고, 안에 우물이 2개 있다.

황화천(皇華川) 부 북쪽 20리에 있다. 굴암산에서 나와 객관(客館)을 지나 동쪽으로 흘러 구림천(丘林川)에 들어간다.

구림천(丘林川) 부 남쪽 30리에 있다. 검산에서 나와 동쪽으로 흘러 팔령천(八嶺川)에 들어간다.

팔령천(八嶺川) 부 북쪽 20리에 있다. 팔령동(八嶺洞)에서 나와 남쪽으로 흘러 구림천과 합해져서 박천(博川) 대령강(大寧江)에 들어간다.

부연(釜淵) 부 동쪽 25리에 있다. 깊이를 헤아릴 수 없으며, 가뭄이 들어 비를 빌면 효험이 있다.

옛 성지〔古城池〕 부 남쪽 30리에 있다.

토산 土産

명주실〔絲〕, 삼〔麻〕, 동철(銅鐵), 여연(閭延)에서 난다. 화피(樺皮), 지치〔紫草〕, 인삼(人蔘), 꿀〔蜂蜜〕, 황랍(黃蠟), 담비〔貂〕, 청서(靑鼠), 홍어(洪魚), 준치〔眞魚〕, 민어(民魚), 밴댕이〔蘇魚〕, 굴〔石花〕, 낙지〔絡締〕

성곽 城郭

부성(府城) 돌로 쌓았다. 둘레가 1만 2335자이다. -원문 3, 4자 결락- 문이 있고, 성안에 우물과 샘이 50개 있다.

학교 學校

향교(鄕校) 부 북쪽 4리에 있다.

궁실 宮室

객관(客館)

봉수 烽燧

소곶 봉수(所串烽燧) 부 북쪽 28리에 있다. 북쪽으로 삭주부의 성두산(城頭山)에 응하고, 남쪽으로 고성(古城)에 응한다.

고성 봉수(古城烽燧) 부 서쪽 3리에 있다. 북쪽으로 소곶에 응하고, 남쪽으로 태천현의 농오리(籠吾里)에 응한다.

우역 郵驛

구주역(龜州驛) 부성 안에 있다.

부연원(釜淵院) 부 동쪽 24리, 부연 곁에 있다.

팔령원(八嶺院) 부 북쪽 30리에 있다.

구림원(丘林院) 부 남쪽 30리, 구림천 곁에 있다.

사묘 祠廟

사직단(社稷壇) 부 서쪽에 있다.

문묘(文廟) 향교에 있다.

성황사(城隍祠) 부 북쪽 3리에 있다.

여단(厲壇) 부 북쪽에 있다.

사찰 寺刹

광법사(廣法寺) 청룡산에 있다.

사자암(獅子菴), 원통사(圓通寺) 모두 굴암산에 있다.

길상사(吉祥寺) 검산에 있다.

문수사(文殊寺) 서산에 있다.

고적 古蹟

안의진(安義鎭) 부 남쪽 170리에 있다. 예전에 수주(隨州)에 예속되어 있었는데, 본조 혜장왕조(惠莊王朝 세조)에 본부에 편입시켰다.

편월성(片月城) 부 서쪽 78리에 있다. 흙으로 쌓았다. 둘레가 3759자이다. 안에 샘이 2개 있다. 민간에 전해지기를 안의(安義)의 백성들이 이곳으로 피란하였다고 한다.

서양역(西陽驛) 옛터가 부 남쪽 50리에 있다.

통의역(通義驛) 옛터가 부 서쪽 35리에 있다.

대평역(大平驛) 옛터가 부 서쪽 60리에 있다.

명환 名宦

고려

서희(徐熙) 성종 때 평장사(平章事)로서 여진을 공격하여 쫓아낸 뒤에 성을 쌓고 구주를 설치하였다.

김숙흥(金叔興) 구주 별장(龜州別將)이 되었다. 현종(顯宗) 초에 거란주(契丹主)가 경성을 함락하고 돌아갈 때에 김숙흥이 공격하여 거란 군사 1만여 급(級)을 베었다. 거란 군사가 또 대거 이르니, 김숙흥이 흥화진 순검사(興化鎭巡檢使) 양규(楊規)와 힘을 합하여 종일 힘써 싸웠는데, 화살이 다하고 군진이 함락되어 모두 죽었다. 왕이 그 어머니에게 곡식을 매년 50섬씩 하사하고, 벽상공신(壁上功臣)을 추사(追賜)하였다.

박서(朴犀) 고종 때에 서북면 병마사(西北面兵馬使)가 되었다. 몽고의 원수

(元帥) 살례탑(撒禮塔)이 철주(鐵州)를 도륙하고 구성(龜城)에 이르러 성을 몇 겹으로 포위하고는 밤낮으로 공격하였다. 또 위주 부사(渭州副使) 박문창(朴文昌)을 사로잡아서 성에 들어가 항복을 권유하도록 하였는데, 박서가 그를 베었다. 몽고 군사가 한 달 동안 성을 포위하고 온갖 계교를 써서 성을 공격하였으나 박서가 그때마다 기회를 타서 잘 응변하여 끝까지 굳게 지키니, 몽고 군사가 마침내 물러갔다. 몽고 장수 중에 일흔에 가까운 자가 있었는데, 성 아래에 이르러 성루(城壘)와 기계를 둘러보고 탄식하며 이르기를 "내가 소싯적부터 종군(從軍)하여 천하의 성지(城池)에서 공전(攻戰)하는 모습을 두루 보았지만 이처럼 공격을 받고도 끝내 꺾이지 않는 것은 본 적이 없다. 성안의 장수들은 후일 필시 모두 장상(將相)이 될 것이다." 하였는데, 뒤에 박서가 과연 평장사(平章事)에 제수되었다.

선천군宣川郡

동쪽으로 곽산군(郭山郡) 경계까지 13리이다. 서쪽으로 철산군(鐵山郡)경계까지 70리이다. 남쪽으로 해안까지 21리이다. 북쪽으로 구성부(龜城府) 경계까지 91리이다. 서울과의 거리는 963리이다.

한전 旱田

수전 水田

건치연혁 建置沿革

본래 고구려 지역이다. 뒤에 발해에 함락되고 이어서 여진의 점거지가 되었다. 고려 때에 통주(通州)를 설치하였고, 현종(顯宗) 때 고쳐 선주(宣州)로 삼았다. 본조 태종(太宗) 13년(1413)에 고쳐 선천군으로 삼았다. 관장하는 면은 □개이다.

관원

군수(郡守), 훈도(訓導) 각 1인이다.

지금 증보하건대 당시에 승격시켜 도호부(都護府)로 삼았다.[157]

군명 郡名

통주(通州), 선주(宣州)

산천 山川

서운산(棲雲山), 보리산(菩提山) 모두 군 북쪽 60리에 있다.

검산(劍山) 군 서쪽 20리에 있다. 봉우리들이 뾰족하고 험하기가 칼끝 같으므로 이렇게 이름하였다.

무골산(無骨山) 군 동쪽 10리에 있다.

소산(所山) 군 북쪽 65리에 있다. 옛 선주(宣州)의 진산(鎭山)이다.

향산현(香山峴) 군 북쪽 90리에 있다.

영산(靈山) 군 동남쪽에 있다.

바다〔海〕 군 남쪽에 있다.

동로강(東路江) 군 동쪽 50리에 있다. 구성(龜城) 마전산(馬轉山)에서 나와 동쪽으로 흘러 군 동쪽을 경유하고, 또 남쪽으로 흘러 바다에 들어간다.

청강(淸江) 군 북쪽 40리에 있다. 그 원류가 둘인데, 하나는 향산현에서 나오고 또 하나는 보리산에서 나온다. 옛 군영(軍營)에 이르러 합해져서 북쪽으로 흘러 철산군 지경 20리에 이른 다음 바다에 들어간다.

157 당시에……삼았다 : 태종 13년(1413)의 일이다.

굴강포(掘江浦) 군 서쪽 30리에 있다. 원류는 보리산에서 나온다.

석화포(石和浦) 군 남쪽 15리에 있다.

대지(大池) 군 남쪽 1리에 있다.

탄도(炭島) 군 남쪽 32리에 있다.

대화도(大和島) 군 남쪽 60리에 있다.

신미도(身彌島) 군 남쪽 30리에 있다. 둘레가 180리이다. 높은 봉우리와 험한 절벽이 바다 위에 큰 산을 이루고 있다. 또 숲과 초목이 무성하고 풍부하여 예전에 목장이 있었다. 천계(天啓) 연간[158]에 명(明)나라 총병(總兵) 모문룡(毛文龍)이 가도(椵島)에 진을 설치하고 그 무리를 나누어 이곳에 거처하게 하고는 호칭을 바꾸어 운종도(雲從島)라고 하였는데, 가도가 함락되자 이 섬도 마침내 황폐해졌다. 금상(今上)[159] 때에 이르러 비로소 다시 목장을 설치하였다.

접도(蝶島) 군 남쪽 30리에 있다. 민간에 전해지기를 우물이 99개 있다고 한다.

우리경도(于里梗島) 군 남쪽 70리에 있다.

진경도(眞梗島) 군 남쪽 80리에 있다.

158 천계(天啓) 연간 : 1621~1627년을 말하는데, 여기서는 1622년(광해군14)의 일이다.

159 금상(今上) : 《인조실록(仁祖實錄)》 26년 7월 20일에 신미도 등에 목장을 다시 설치한다는 기록이 있다. 《동국여지지》의 저술 시기는 효종, 현종 연간이므로 여기서 금상이 인조를 가리키는지는 불분명하다.

토산 土產

명주실〔絲〕, 삼〔麻〕, 지치〔紫草〕, 자기(磁器), 자연석(紫硯石), 군 동쪽 다미리(多米里)에서 난다. 소금〔鹽〕, 준치〔眞魚〕, 청어(靑魚), 밴댕이〔蘇魚〕, 숭어〔秀魚〕, 조기〔石首魚〕, 홍어(洪魚), 은구어(銀口魚 은어), 민어(民魚), 광어(廣魚), 오징어〔烏賊魚〕, 상어〔鯊魚〕, 부레〔魚鰾〕, 낙지〔絡締〕, 새우〔蝦〕, 굴〔石花〕, 토화(土花 미네굴), 윤화(輪花), 조개〔蛤〕, 제호유(鵜鶘油)

성곽 城郭

군성(郡城) 돌로 쌓았다. 둘레가 1856자이다. -원문 3, 4자 결락- 문이 있으며, 성안에 우물이 2개 있다.

학교 學校

향교(鄕校) 예전에는 성안 남쪽에 있었는데, 중종(中宗) 때에 성 바깥 남쪽으로 옮겼다.

궁실 宮室

객관(客館)

봉수 烽燧

우이곶 봉수(牛耳串烽燧) 군 서쪽 25리에 있다. 서쪽으로 철산군의 백량(白梁)에 응하고, 동쪽으로 입암(立巖)에 응한다.

입암 봉수(立巖烽燧) 군 서쪽 20리에 있다. 서쪽으로 우이곶에 응하고, 동쪽으로 의요(蟻腰)에 응한다.

의요 봉수(蟻腰烽燧) 군 남쪽 15리에 있다. 서쪽으로 입암에 응하고, 동쪽으로 곽산군의 청암산(靑巖山)에 응한다.

오도곶 봉수(吾道串烽燧) 군 서쪽 20리에 있다. 동쪽으로 곽산군의 송족(松足)에 응하고, 서쪽으로 철산군의 웅골산(熊骨山)에 응한다.

우역 郵驛

임반역(林畔驛) 군 북쪽 25리에 있다. ○ 명나라 기순(祈順)의 시에,

돌길 따라 동으로 와 관문 하나 지나니	石逕東來度一關
손님 맞는 정관이 청산 사이에 있네	迎賓亭館翠微間
옛 성으론 동림성에 가까이 닿았고	古城近接東林境
가는 길은 멀리 북악산에 통하였네	去路遙通北嶽山

하였다.

가물천원(加勿川院) 군 동쪽 15리에 있다.

백현원(柏峴院) 군 서쪽 60리에 있다.

관량 關梁

동로강교(東路江橋) 동로강에 놓여 있다.

청강교(淸江橋) 청강에 놓여 있다.

사묘 祠廟

사직단(社稷壇) 군 서쪽에 있다.

문묘(文廟) 향교에 있다.

성황사(城隍祠) 군 남쪽 2리에 있다.

여단(厲壇) 군 북쪽에 있다.

탄도사(炭島祠) 봄가을에 관아에서 제사 지낸다.

대화도사(大和島祠) 봄가을로 관아에서 제사 지낸다.

사찰 寺刹

묘혜사(妙惠寺), 서운사(棲雲寺) 모두 서운산에 있다.

영안사(永安寺), 보덕사(寶德寺) 모두 검산에 있다.

보광사(普光寺) 보리산에 있다.

무골사(無骨寺) 무골산에 있다.

상각암(上覺菴) 신미도 안에 있다. 산 위에 높이 자리 잡고 있어서 경치가 매우 뛰어나다. 그 아래에 또 중각암(中覺菴)이 있다.

고적 古蹟

동림성(東林城) 군 북쪽 61리에 있으니, 바로 옛 선천성(宣川城)이다. 서북쪽은 흙으로 쌓았고 동남쪽은 돌로 쌓았다. 둘레가 1만 7562자이다. 지금은 없어졌다. 안에 우물과 내가 5개 있다. 민간에 전해지기를 예전에 5령(嶺)과 5부(部)가 있었다고 한다.

옛 군영〔古軍營〕 군 북쪽 40리에 있다.

수청진(水淸鎭) 군 서쪽 15리에 있다.

명환 名宦

본조

김응하(金應河) 광해군(光海君) 때에 선천 군수가 되었다. 당시 명나라에서 건로(建虜)[160]를 정벌할 때 김응하는 겸좌영장(兼左營將)으로서 도원수(都元帥) 강홍립(姜弘立)을 따라 동쪽 길로 군사를 진군하여 강을 건너 오랑캐 군영에 이르렀다. 명나라 장수들이 모두 패배하고 강홍립 등은 건로에게 투항하였는데, 오직 김응하만이 힘써 싸우다 전사하였다. 신종황제(神宗皇帝)가 사신을 보내 포상하여 요동백(遼東伯)을 증직하였다.

160 건로(建虜) : 건주 오랑캐, 곧 만주의 건주여진(建州女眞)을 말한다.

인물 人物

고려

방서란(房瑞鸞) 본주 향공 진사(鄕貢進士)이다. 조위총(趙位寵)이 군사를 일으키자 서북 지방의 여러 성(城)이 모두 귀부하였다. 방서란이 그의 형 방효진(方孝珍)에게 말하기를 "지금 조위총이 여러 성의 토호들을 협박하고 꾀어서 거짓으로 관직을 임명하였는데, 우리들도 그 안에 포함되어 있다. 조위총이 도모하는 것은 적을 토벌하는 것뿐이 아니니, 만약 우리들이 계책을 바꾸지 않는다면 패악을 함께하여 추한 무리에 빠질까 두렵다." 하였다. 마침내 고을 사람을 조용히 설득하여 조위총이 임명한 장군을 죽이게 하고, 사람을 보내 그 머리를 가지고 가 행영에 보고하게 하니, 여러 성에서 이 소식을 듣고 모두 군사를 해산하였다. 왕이 훌륭하게 여겨 내시부(內侍府)에 소속시켰다.

곽산군郭山郡

동쪽으로 정주(定州) 경계까지 13리이다. 남쪽으로 해안까지 13리이다. 서쪽으로 선천군(宣川郡) 경계까지 23리이다. 북쪽으로 구성부(龜城府) 경계까지 32리이다. 서울과의 거리는 927리이다.

한전 旱田

수전 水田

건치연혁 建置沿革

본래 고구려 지역이다. 뒤에 발해에 함락되고 이어서 여진의 점거지가 되었다. 고려 성종(成宗)이 서희(徐熙)를 보내 여진을 축출하게 하고 곽주(郭州)를 설치하였다. 고종(高宗) 때에 강등시켜 정양(定襄)이라고 칭하였다. 반역이 일어나서 강등시켰다. 원종(元宗) 초에 몽고 군사의 침입을 받아 잔파되어 수주(隨州)에 병합시켰다. 공민왕(恭愍王) 때에 다시 떼어 내 곽주를 설치하고 군(郡)으로 삼았다. 본조 태종(太宗) 13년(1413)에 고쳐 곽산군으로 삼았다. 관장하는 면은 □개이다.

관원

군수(郡守), 훈도(訓導) 각 1인이다.

군명 郡名

곽주(郭州), 정양(定襄)

산천 山川

능한산(凌漢山) 《일통지(一統志)》에는 웅화산(熊花山)으로 되어 있다. 군 동북쪽 7리에 있다. 진산(鎭山)이다.

장경산(長境山) 군 북쪽 30리에 있다.

바다〔海〕 군 남쪽 13리에 있다.

삼장천(三長川) 군 서쪽 5리에 있다. 서쪽으로 흘러 바다에 들어간다.

방축포(防築浦) 군 남쪽 20리에 있다.

부락포(浮落浦) 군 서쪽 28리에 있다.

소포(召浦) 군 남쪽 15리에 있다. 어량(魚梁)이 있다.

거라지(居羅池) 군 남쪽 10리에 있다.

우통지(牛筒池) 군 동쪽 13리에 있다.

성이곶(聲伊串) 군 동쪽 23리에 있다.

우리곶(于里串) 군 서쪽 15리에 있다.

내은금곶(內隱金串) 군 서쪽 20리에 있다.

토산 土産

명주실〔絲〕, 삼〔麻〕, 지치〔紫草〕, 자연석(紫硯石), 선사포(宣沙浦)에서 난다. 소금〔鹽〕, 은구어(銀口魚 은어), 밴댕이〔蘇魚〕, 숭어〔秀魚〕, 조기〔石首魚〕, 오징어〔烏賊魚〕, 상어〔鯊魚〕, 민어(民魚), 홍어(洪魚), 광어(廣魚), 준치〔眞魚〕, 새우〔蝦〕, 굴〔石花〕, 토화(土花 미네굴), 낙지〔絡締〕, 부레〔魚鰾〕, 제호유(鵜鶘油)

성곽 城郭

능한산성(凌漢山城) 돌로 쌓았다. 둘레가 6913자이다. -원문 3, 4자 결락- 문이 있고, 성 안에 우물 23개와 못 1개가 있다. 군창(軍倉)이 있다.

공서 公署

선사포 첨절제사진(宣沙浦僉節制使鎭) 군 서쪽 32리에 있다. 수군첨절제사 1인이 있다.

학교 學校

향교(鄕校) 군 동쪽 1리에 있다.

궁실 宮室

객관(客館)

신정(新亭) 객관 북쪽에 있다.

운흥관(雲興館) 운흥역(雲興驛)에 있다.

봉수 烽燧

청암산 봉수(青巖山烽燧) 군 서쪽 28리에 있다. 서쪽으로 선천군의 의요(蟻腰)에 응하고, 동쪽으로 방축포(防築浦)에 응한다.

방축포 봉수(防築浦烽燧) 서쪽으로 청암산에 응하고, 동쪽으로 정주의 입파산(立波山)에 응한다.

송족 봉수(松足烽燧) 군 서쪽 25리에 있다. 서쪽으로 선천군의 오도곶(吾道串)에 응하고, 남쪽으로 소산(所山)에 응한다.

소산 봉수(所山烽燧) 군 동남쪽 5리에 있다. 서쪽으로 송족에 응하고, 동쪽으로 정주의 구령산(仇寧山)에 응한다.

우역 郵驛

운흥역(雲興驛) 군 북쪽 17리에 있다. ○ 명(明)나라 김식(金湜)의 시에,

운흥으로 접어든 길에 물을 몇 번이나 건넜던가	路入雲興幾渡河
구불구불 돌아서 점점 지형이 다양함을 알겠네	盤回漸覺地形多
높고 낮은 모래밭 언덕에는 층층이 보리요	高低沙壟層層麥
끊겼다 이어졌다 한 시냇가 무논엔 곳곳이 벼로다	斷續溪田處處禾

바다의 어염이 제때에 이로움을 주니	海上漁鹽時有利
성안의 관부는 예전부터 세금 거둘 일이 없었지	城中官府舊無科
내가 오니 마침 단오절인데	我來正値端陽節
누가 용주로 멱라수에서 경도를 할 줄 알리오[161]	誰解龍舟競汨羅

하였다.

능제원(凌濟院) 군 북쪽 13리에 있다.

자비원(慈悲院) 군 동쪽 13리에 있다.

가을마천원(加乙亇川院) 군 서쪽 23리에 있다.

관량 關梁

실광천교(實光川橋) 군 남쪽 1리에 있다.

사송천교(史松川橋) 군 북쪽 10리에 있다.

삼장천교(三長川橋) 삼장천에 있다.

사묘 祠廟

사직단(社稷壇) 군 서쪽에 있다.

문묘(文廟) 향교에 있다.

161 용주(龍舟)로……알리오 : 용주는 일반적으로 임금이 타는 큰 배 혹은 경주용 채색 배를 지칭한다. 경도(競渡)는 배로 건너가는 경기를 말하는데, 초(楚)나라 굴원(屈原)이 단오절에 멱라수(汨羅水)에 빠져 죽은 것을 추모하여 단오절에 이 놀이를 하는 풍속이 있었다.《荊楚歲時記》

성황사(城隍祠) 군 북쪽 2리에 있다.

여단(厲壇) 군 북쪽에 있다.

사찰 寺刹

개원사(開元寺) 군 북쪽 23리에 있다.

장경사(長境寺) 장경산에 있다.

열녀 列女

김씨(金氏) 딸 이름은 사월(四月)이다. 고을 백성 김말건(金末巾)의 딸로, 성품이 매우 효성스러웠다. 19세에 어머니가 광질(狂疾)에 걸려 해가 지나도록 낫지 않자 지아비에게 버림받았다. 딸은 산 사람 뼈로 병이 나을 수 있다는 말을 듣고 스스로 손가락을 잘라 약을 만들어 드리니, 즉시 나았다. 본조 세종(世宗) 때에 그 마을에 정표(旌表)하고 복호(復戶)하였다. 명나라 조사(詔使) 예겸(倪謙)이 〈효녀시〉를 짓고 그 일을 기록하였다.

명환 名宦

고려

서희(徐熙) 성종 때 평장사(平章事)로서 여진을 공격하여 쫓아내고, 성을 쌓고 곽주를 설치하였다.

영변대도호부 寧邊大都護府

동쪽으로 개천군(价川郡) 경계까지 21리, 덕천군(德川郡) 경계까지 109리이다. 남쪽으로 안주(安州) 경계까지 56리이다. 서쪽으로 태천현(泰川縣) 경계까지 40리, 박천군(博川郡) 경계까지 46리이다. 북쪽으로 희천군(熙川郡) 경계까지 102리, 운산군(雲山郡) 경계까지 21리이다. 서울과의 거리는 823리이다.

한전 旱田

수전 水田

건치연혁 建置沿革

본래 고구려 운남군(雲南郡)이다. 일명 고청산(古靑山)이라고 한다. 성종(成宗) 때 고쳐 무주(撫州)로 삼았다. 고종(高宗) 18년(1231)에 몽고 군사를 피하느라 그 지역을 비우고 해도(海島)에 들어갔다가 원종(元宗) 2년(1261)에 유지로 나와 임시로 위주(渭州) 옛 성에 거주하며 가주(嘉州)에 예속시켰다. 공민왕(恭愍王) 때에 태주(泰州)에 병합시켰다가 공양왕(恭讓王) 때에 다시 무주를 떼어 내 현(縣)으로 삼았다. 본조 공정왕(恭定王 태종) 13년(1413)에 고쳐 무산현(撫山縣)으로 삼았다. 장헌왕(莊憲王 세종) 11년(1429)에, 약산(藥山)에 성을 쌓고 그대로 읍치를 설치하여 연산부(延山府)를 병합하고, 승격시켜 영변대도호부로 삼아 도절제사가 부사를 겸하게 하였다. 세조(世祖) 때에 그대로 절도사 본영으로 삼았다. 혜장왕조(惠莊王朝 세조)에 옛 연주(延州) 지역을 떼어 내 운산군에 예속시켰다. 관장하는 면은 □[162]개이다.

진관

군(郡) 3개 운산(雲山), 희천(熙川), 박천(博川)

현(縣) 1개 태천(泰川)

관원

부사(府使) 절도사(節度使)가 겸한다. 인조(仁祖) 5년(1627)에 절도사영을 안주(安州)로 옮기고 특별히 부사를 두었다.

판관(判官), 교수(敎授) 각 1인이다.

군명 郡名

운남(雲南), 무주(撫州), 무산(撫山), 연주(延州) 별호는 약산(藥山)이다.

162 □ : 대본에는 없는데, 《동국여지지》 건치연혁(建置沿革) 서술 투식에 근거하여 보충하여 번역하였다.

형승 形勝

동쪽으로 향산(香山)의 험준함에 의거하고, 남쪽으로 청천(淸川)을 경계로 삼으며, 서쪽으로 구성(龜城)과 삭주(朔州)로 가는 길과 통하며, 북쪽으로 강계(江界)와 위원(渭原)의 변새에 막혀 있으니, 하늘이 만든 성이다. 부적(府籍)에 이르기를 "약산은 하늘이 만든 성이다."라고 하였다.

형상이 철옹(鐵甕) 같다. 약산은 험준하기가 우리나라에서 으뜸이고, 층층으로 겹겹이 쌓인 산봉우리가 서로 사면을 에워싸고 있어 그 형상이 철옹과 같다.

군사가 모이는 곳이다. 본조 최치운(崔致雲)의 기문에 "지역이 의주(義州), 삭주, 강계 등 여러 주의 중앙에 자리하고 있어 실로 군사를 집결하는 곳이 된다."라고 하였다.

여러 고을의 중앙에 있어서 관서(關西)를 제어한다.

풍속 風俗

무용(武勇)을 숭상한다.

산천 山川

약산(藥山) 부 서쪽 8리에 있다. 진산(鎭山)이다.

묘향산(妙香山) 부 동쪽 130리에 있다. 옛 이름은 태백산(太伯山)이다. 400여 리에 웅거하여 광대하게 자리 잡고 있는데, 산세가 매우 높아 전나무, 잣나무는 자랄 수 없고 향나무가 산을 덮고 있다. 고기(古記)에 이르기를 "산에 360개의 암자가 있다." 하였다. ○ 고려 이색(李穡)의 기문[163]에 "향산(香山)은 압록강(鴨綠江) 남쪽, 평양(平壤) 북쪽에 있으면서 요양(遼陽)과 경계를 짓고 있는데 산의 거대함은 비할 데가 없으니 장백산(長白山)이 뻗어 내려와 나누어진 것이다. 그곳에는 향나무와 사철나무가 많으며, 선불(仙佛)의 옛 자취가 남아 있다." 하였다. ○ 고려 고종 3년(1216)에 금산(金山)의 군사[164]가 이 산에 몰려와서 보현사(普賢寺)를 불태웠는데, 관군이 추격하여 2400여 급(級)을 베었고, 적장 지노(只奴)는 화살에 맞아 죽었다.

검산(檢山) 부 동쪽 60리에 있다.

이산(耳山) 부 북쪽 60리에 있다.

청천강(淸川江) 부 동남쪽 20리에 있다. 그 원류는 둘인데 하나는 희천군 적유령(狄踰嶺)에서 나와 동쪽으로 110리를 흘러 어천(魚川)이 되고, 또 하나는 영원군(寧遠郡)에서 나와 서쪽으로 흘러 40리에 이르러 어천과 희천군 봉단성(鳳丹城)에서 합류한 다음 이 강이 되고, 부 동쪽을 경유하여 다시 남쪽으로 흘러 안주(安州) 경계로 들어간다. 부 지경에 있는 것은 세속에서 화천강(花遷江)이라고 칭한다.

향산천(香山川) 부 동쪽 150리에 있다. 원류는 향산에서 나와 50여 리를 흘러 어천과 합류한다.

어천(魚川) 부 동쪽 60리에 있으니, 바로 청천강 상류이다.

163 이색(李穡)의 기문 : 〈향산윤필암기(香山潤筆菴記)〉이다. 《牧隱藁 牧隱文藁 卷2》

164 금산(金山)의 군사 : 금산은 요(遼)나라의 후예로 자칭 대금(大金)을 칭하던 무리를 일컫는다.

공포수(孔浦水) 부 서쪽 15리에 있다. 세속에서 구음포진수(仇音浦津水)라고 칭한다. 그 원류는 이산군(理山郡) 지경의 우령(牛嶺)에서 나와 운산(雲山)을 거쳐 부 북쪽 40리에 이르러 사탄(沙灘)이 되고, 동쪽으로 흘러 안주 무골도(無骨島)에 이른 다음 청천강에 들어간다.

대령강(大寧江) 부 서쪽 40리에 있다. 그 원류는 삭주, 창성(昌城) 등의 지경에서 나와 태천군(泰川郡)에 이르고, 남쪽으로 30여 리를 흘러 부 서쪽을 경유한 다음 박천군 지경으로 들어간다. 부 경계에 있는 것은 진강(鎭江)이라고 칭한다.

부이탑연(夫伊塔淵) 부 남쪽 15리에 있다. 공포수의 지류이다.

용추(龍湫) 부성(府城)의 서문(西門) 밖에 있다. 가뭄이 들면 비를 빈다.

토산 土産

명주실〔絲〕, 설면(雪綿 풀솜), 삼〔麻〕, 오미자(五味子), 인삼(人蔘), 잣〔海松子〕, 복령(茯苓), 지치〔紫草〕, 궁간목(弓幹木 애끼찌), 사향(麝香), 꿀〔蜂蜜〕, 황랍(黃蠟), 영양(羚羊), 매〔鷹〕, 은구어(銀口魚 은어)

성곽 城郭

부성(府城) 바로 약산성(藥山城)이다. 돌로 쌓았다. 둘레가 2만 6815자이다. 문을 세웠는데, 동문을 □□라 하고 남문을 □□라 하고 서문을 □□라 하고 북문을 □□라 한다. 성안에 우물 50개와 시내 3개가 있다.

공서 公署

절도사영(節度使營) 부성 안에 있었는데, 인조 5년(1627)에 안주로 옮겼다.

어천도 찰방사(魚川道察訪司) 부 동쪽 60리에 있다. 어천(魚川), 소고(所古), 개평(開平), 장동(長洞), 평전(平田), 가막(加莫), 적유(狄踰), 입석(立石), 성간(城干), 종포(從浦), 북동(北洞), 앙토(央土), 고리(古理), 우장(牛場), 고연(古延), 벽단(碧團), 창주(昌洲), 만포(滿浦), 대삭(大朔), 소삭(小朔), 방산(方山), 초천(草川) 등 22개 역을 관할한다. 찰방 1인이 있다.

학교 學校

향교(鄕校) 부 동쪽 3리에 있다.

궁실 宮室

객관(客館) 본조 심수경(沈守慶)의 〈영변부기(寧邊府記)〉에 "바위산이 우뚝 솟아 북쪽에서 연이어 서쪽으로 뻗은 것이 약산이고, 시내가 굽이돌며 서쪽에서 남쪽으로 띠처럼 둘러 지나는 것이 공포수이고, 치첩(雉堞 성가퀴)이 언덕을 따라 있는 것이 부성이다. 객관은 그 중앙에 있는데 규모가 크고 사방이 툭 트여 있으며, 원수(元帥) 및 요좌(僚佐 속관)가 각각 그 옆의 청당(廳堂)에 있다." 하였다.

운주루(運籌樓) 부성 안에 있다. ○ 최치운(崔致雲)의 기문에 "통판(通判) 이정(李禎) 군이 나에게 말하기를 '저 약산은 사방이 높고 험준하며 암석이 깎은 듯이 서 있어 하늘이 만든 성이라고 일컬어집니다. 게다가 토질이 비옥하여 뽕나무와 삼을 심기에 알맞으니 실로 고을을 세울 만한 곳입니다. 또한 의주, 삭주, 강계 등 여러 고을의 중앙에 있으니 군사를 집결하기에도 적합한 곳입니다. 태종 16년(1416) 봄에 공조가 삼가 왕지(王旨)를 받들어 본도에 공문을 보내 성을 쌓게 하였습니다. 그때 도안무 겸 절제사(都安撫兼節制使) 신유정(辛有定) 공이 공사를 맡아 감독하였는데, 축성은 오래가는 것이 중요하니 돌로 쌓는 것이 가장 좋다고 생각하였습니다. 그리하여 본도에서 3만 600명을 부역시켜 마침내 이 산의 돌을 가져다 쌓았는데 높이가 2장(丈)에다 둘레가 거의 20리가 되며, 동문, 남문, 수문(水門) 등 세 개의 문에는 각각 누각을 세우고 서문과 북문 두 개 문에는 단지 문비(門扉)만 세워 2월 2일에 공사를 시작해 27일에 준공하였습니다. 성 안에 모두 34칸 되는 창고를 지은 것은 여러 고을의 조세를 수납하여 군수(軍需)를 갖추어 둠으로써 혹 위급한 일이 있을 때 다만 여기에서 난을 피하고자 할 따름이었습니다. 전하 11년(1429, 세종11) 겨울에 본도 도체찰사(都體察使) 황희(黃喜) 등이 글을 올려 말하기를 「약산성(藥山城)은 실로 하늘이 만든 성터로서 무주(撫州)와 연주(延州)를 합쳐서 한 고을로 만들어 대도호부라 칭하고, 부사와 판관을 두고 병마도절제사가 겸임하게 하여 큰 진(鎭)을 이루도록 하소서.」 하니, 임금께서 따랐습니다. 도절제사 조비형(曺備衡) 공이 공사를 감독하여 아문(衙門) 창고를 개설하고, 영사(營舍)의 단청에 이르기까지 모두 공사를 마쳤고, 또 아문(牙門)[165]의 남쪽에 누각을 세워 운주(運籌)라고 이름 지었으니, 비록 부족한 저도 참여하였습니다. 이때부터 전에 이곳을 떠났던 백성들이 모두 되돌아오고 새로

165 아문(牙門) : 장군의 기(旗)를 세운 군문을 말한다.

오는 백성들이 뒤를 이어 성 주변에 묵은 밭이 없게 되었습니다. 지난해 봄 1월에는 상공(相公) 최윤덕(崔潤德)이 도절제사로서 여기에서 작전을 계획하여 군마(軍馬)를 모아 북쪽 오랑캐를 평정하였으며, 가을 7월에는 다시 우의정으로서 도안무찰리사(都按撫察理使)가 되어 이곳에 부임하였고 제가 막료가 되었는데, 작전을 계획하는 일에 빈틈이 없었습니다. 그리하여 모련위 도독(毛憐衛都督) 이살만(李撒滿), 답실리(答失里)와 건주위 도지휘(建州衛都指揮) 이만주(李滿住) 등이 각각 그 아우와 조카를 보내 항복하는 글월을 보내와 궐하(闕下)에 머리를 조아렸고, 그 밖의 두목(頭目)들도 직접 내조(來朝)하여 성심으로 귀순하였으므로 변방의 경보를 걱정할 우려가 거의 없어졌습니다. 그대가 이 사실을 기록하여 후세에 영원토록 전하는 것이 옳은 일이 아니겠습니까.' 하였다.

내가 생각건대 바야흐로 거룩한 임금과 어진 정승이 서로 함께 다스리기를 꾀하여 군정(軍政)을 중히 하는 때에 그대와 조상(曺相 조비형)이 조정의 선임(選任)을 받고 이 새 고을에 부임하여 백성을 어루만져 기르는 방법과 적을 막고 지키는 방도들이 모두 칭술(稱述)할 만하니 간책(簡冊)에 실려 있는 것과 비교하여도 대개 부끄러움이 없다. 하물며 나라의 명을 받들어 개암나무와 밤나무 숲을 헤치며, 가시덤불을 베고 사람들을 불러들여 이렇게 큰 고을을 이루어 놓았으니, 그 공이 어찌 작다고 하겠는가. 생각건대 우리 우의정 공이 선공(先公)[166]의 업적을 이어받아 세 번이나 왕명을 받고 와서 본도에 진(鎭)을 만들어 나라의 울타리로 삼아 단번에 흉

166 선공(先公) : 당시 우의정 최윤덕의 아버지 최운해(崔雲海)를 말한다. 고려 말부터 조선 초까지 왜구를 격퇴하고 서북 변방을 진수하는 데 많은 공을 세웠다.

노를 쳐부수고, 한 장의 격문(檄文)으로 오랑캐를 귀순시켜 태산 같은 공을 이루었으니, 내 비록 옹졸한 붓이나마 감히 사양하지 못하고 써서 기문을 삼노라." 하였다.

결승정(決勝亭) 부이탑연 위에 있다. -원문 3, 4자 결락- 빈객(賓客)을 영접하고 전별하는 장소이다.

언무정(偃武亭) 부 동쪽 15리, 장항나루〔獐項渡〕 위에 있다.

관심정(寬心亭) 부 북쪽 100리에 있다.

봉수 烽燧

율현 봉수(栗峴烽燧) 부 서북쪽 39리에 있다. 서쪽으로 태천현의 농오리(籠吾里)에 응하고, 남쪽으로 박천군(博川郡)의 독산(禿山)에 응한다.

우역 郵驛

어천역(魚川驛) 어천 북쪽 언덕에 있다. 찰방사 본역이다.

개평역(開平驛) 부 북쪽 100리에 있다. 고려 고종 3년(1216)에 금산(金山)의 군사가 연주(延州) 개평역에 주둔하여 여러 군대가 앞으로 나아가지 못하고 있는데, 김취려(金就礪)가 검을 빼어 들고 말을 몰아 장군 기존정(奇存靖)과 함께 곧장 적의 포위를 뚫고 드나들면서 맹공격을 하니 적군이 흩어져 달아났다. 추격하여 개평역에 이르렀는데, 적군이 역 북쪽에 복병을 두고 중군(中軍)을 급습하였다. 이에 김취려가 군사를 돌려 공격하자 또 흩어져 달아났다.

가을현원(加乙峴院) 부 북쪽 40리에 있다.

둔평원(頓坪院) 부 동쪽 50리에 있다.

수영역(隨營驛) 부 남쪽에 있다.

석교원(石橋院) 부 북쪽 60리에 있다.

관량 關梁

장항나루〔獐項渡〕 부 동쪽 15리에 있으니, 바로 청천강진나루〔淸川江津渡〕이다. 길이 개천(价川)과 덕천(德川)으로 통한다.

사묘 祠廟

사직단(社稷壇) 부 서쪽에 있다.

문묘(文廟) 향교에 있다.

성황사(城隍祠) 부 북쪽 3리에 있다.

여단(厲壇) 부 북쪽에 있다.

사찰 寺刹

보현사(普賢寺) 묘향산 서남쪽에 있다. 절에 만세루(萬歲樓)가 있고, 그 동북쪽 5리에 또 내보현암(內普賢菴)이 있다.

윤필암(潤筆菴), 안심사(安心寺), 금강굴(金剛窟) 모두 묘향산에 있다.

용문사(龍門寺) 검산에 있다.

임정암(林井菴), **관음암**(觀音菴), **서운사**(棲雲寺), **원효암**(元曉菴), **심적사**(深寂寺), **의상암**(義相菴) 모두 약산에 있다.

만합사(滿合寺) 이산에 있다.

금증今增

내원암(內院菴) 묘향산 동북쪽에 있다. 또 내빈발암(內賓鉢菴), 외빈발암(外賓鉢菴), 은선암(隱仙菴), 상선암(上仙菴), 하선암(下仙菴) 등의 암자가 있다.

건각사(建閣寺) 묘향산 북쪽에 있다. 숭정(崇禎) 연간에 승려 영조(靈照)가 중건하였다.

비로암(毗盧菴) 묘향산 정상에 있다. 비로봉(毗盧峯) 아래에 상하로 2개의 암자가 있다.

법왕대암(法王臺菴), **금선대암**(金仙臺菴) 모두 묘향산에 있다. 고기(古記)[167]에 의하면, 삼국 때 한 승려가 배두산(白頭山)에서 와서 향산(香山) 비로봉 북쪽에 들어와 북부용봉(北芙容峯)을 얻었는데, 봉우리에 네 개의 대가 있어 그중 두 개의 대에 암자를 짓고 거처하였다. 동쪽 암자를 법왕대(法王臺)라고 하고 서쪽 암자를 금선대(金仙臺)라고 하였으며, 법왕대 동쪽에 대 하나가 있으니 산화대(散花臺)라고 하고, 금선대 서쪽에 대 하나가 있으니 극락대(極樂臺)라고 하였다. 산화대 북쪽에 샘이 있으니 감로수(甘露水)라고 하고, 극락대 북쪽에 샘이 있으니 우동수(芋筒水)라고 하였다.

167 고기(古記) : 《청허당집(淸虛堂集)》 권6 〈묘향산의 법왕대와 금선대 두 암자의 기(妙香山法王臺金仙臺菴記)〉에는 '신라고기(新羅古記)'로 되어 있다.

고적 古蹟

고무주(古撫州) 부 북쪽 25리에 있다. 토성(土城)이 있는데, 둘레가 5947자이며, 세속에서 무산성(撫山城)이라고 칭한다.

폐위주(廢渭州) 부 서북쪽 40리에 있다. 고려 초에 설치하였다. 문종(文宗) 4년(1050)에 성을 쌓았는데, 뒤에 주(州)가 없어졌다. 원종 초에 무주(撫州)의 치소(治所)가 되었다. 토성이 있는데, 둘레가 4560자이며, 세속에서 위천성(渭川城)이라고 칭한다.

폐연주(廢延州) 부 남쪽 30리에 있다. 고려 초에 밀운군(密雲郡)으로 삼았다. 광종(光宗) 때에 고쳐 연주(延州)로 삼았으며, 공민왕 때에 연산부(延山府)로 승격시켰다. 본조에서 그대로 따랐다. 장헌왕(莊憲王 세종) 11년(1429)에 본부에 병합시켰다. 혜장왕(惠莊王 세조) 때에 운산군(雲山郡)에 떼어 주어 지금 운산(雲山) 지역이 되었다.

신풍역(新豐驛) 옛터가 부 북쪽 30리에 있다.

흥교역(興郊驛) 옛터가 위주(渭州)에 있다.

관화역(官化驛) 옛터가 옛 무주(古撫州)에 있다.

태백산(太伯山) 고기에 일컫기를 "예전에 천신(天神) 환인(桓因)이 아들 환웅(桓雄)과 함께 그 무리를 거느리고 태백산 정상에 내려왔다." 하고, 또 말하기를 "신인(神人)이 태백산 단목(檀木) 아래에 내려왔는데, 이가 바로 단군(檀君)이고, 나라를 세워 이름을 조선(朝鮮)이라고 하였다." 하였다.

우발수(優渤水) 《삼국사(三國史)》에 "부여(扶餘) 왕이 태백산 남쪽 우발수에서 여자를 만났는데, 햇빛이 비추더니 태기가 있어 알을 낳았다. 부화하여 아이가 되었는데 골격과 외모가 영특하고 기묘하였으며, 7세 때에는 스스로 활과 화살을 만들어 쏘니 백발백중이었다. 부여의 풍속에 활을 잘

쏘는 이를 주몽(朱蒙)이라고 하였으므로 이름을 주몽이라고 지었다. 이가 바로 고구려 시조 동명왕(東明王)이다."라고 하였다. 살피건대 우발수는 그 지역이 자세하지 않은데, 우선 태백산 남쪽이라는 설에 따라 여기에 붙인다.

행인국(荇人國) 태백산 동남쪽에 있다. 고구려 시조 6년(기원전 32)에 오이(烏伊)와 부분노(扶芬奴)를 보내 정벌하여 취하였는데, 지금 그 지역은 자세하지 않다.

명환 名宦

본조

신유정(辛有定) 공정왕조(恭定王朝 태종)에 도절제사 겸 영변부사(都節制使兼寧邊府使)가 되어 성읍을 영건하였다.

최윤덕(崔潤德) 장헌왕조(莊憲王朝 세종)에 도절제사가 되어 파저강(婆猪江)의 야인(野人)을 정벌하여 승첩을 거두고 군사를 온전히 하여 돌아왔다. 뒤에 다시 우의정으로서 도진무찰리사(都鎭撫察理使)가 되어 영변에 나가 진수(鎭守)하자, 모련위 도독(毛憐衛都督) 이살만(李撒滿)과 답실리(答失里), 건주위 도지휘(建州衛都指揮) 이만주(李滿住) 등이 각각 자식과 조카를 보내 항복하였다.

조비형(曺備衡) 장헌왕조에 판영변부사(判寧邊府使)가 되었다. 관사를 영건하고 백성들을 위무하여 보살피니, 흩어져 떠났던 이들이 도로 모여 전야(田野)가 점차 개척되었다.

이정(李禎) 장헌왕조에 영변 통판(寧邊通判)이 되었다. 근실하여 정사의 공적이 있었다.

구치관(具致寬) 도절제 겸 영변부사가 되었다. 성품이 엄정하고 문무의 재질이 있었다. 군사를 다스리고 백성을 위무하는 데에 모두 적합하게 조처하였다. 성화(成化) 3년(1467, 세조13)에 황제가 군사를 징집하여 이만주를 토벌하도록 하니, 혜장왕이 구치관에게 영을 내리고[168] 또 영의정으로서 진서 대장군(鎭西大將軍)을 삼으며 말하기를 "나의 만리장성(萬里長城)이다." 하였다.

장만(張晩) 광해군(光海君) 초에 절도사가 되었는데, 알맞게 조처하여 군사를 보살펴서 서쪽 백성들이 편안히 여겼다. 여연(閭延) 등 사군(四郡)이 폐지된 지 또 100년이 지나면서[169] 오랑캐 종족이 함부로 거처하는 일이 많아지자 장만이 이르기를 "조종(祖宗)의 강토를 버려두어서는 안 된다." 하고, 사람을 보내 가서 살펴보게 하면서 공첩(公牒) 한 장을 주며 말하기를 "만약 오랑캐를 만나면 이것을 꺼내 보여라." 하였다. 과연 오랑캐를 만나 묶여서 돌아갈 때 이에 공첩을 꺼내 그 추장에게 보여 주니, 추장이 말하기를 "이 관인(官人)은 죽여서는 안 된다. 여연은 본래 조선 땅인데 우리들이 살고 있으니 잘못은 우리에게 있다." 하고 즉시 철수하고 돌아갔다. 뒤에 또 체찰부사(體察副使)로서 관서(關西)를 진수할 때에 심하(深河)의

168 혜장왕이……내리고 : 군사 조발에 관한 황제의 칙지에 답하는 사목(事目)을 의논하도록 구치관 등에게 명한 것을 말한 듯하다.《世祖實錄 13年 10月 16日》

169 여연(閭延)……지나면서 : 사군(四郡)은 우예(虞芮), 무창(茂昌), 자성(慈城), 여연을 말한다. 이 4개 군은 세종 때 개척한 것이었는데, 1455년(단종3)에 우예, 무창, 여연 3개 군을 폐하고, 1459년(세조5)에 자성군을 폐하였다. 이후 사군을 폐사군(廢四郡)이라고 하였다.

군사가 패배당하여 변방 백성들이 누차 놀랐는데, 장만이 조용히 진정시켰다.

인물 人物

고려

현덕수(玄德秀) 연주(延州) 사람이다. 검붉은 쇠빛 얼굴에 이마 양쪽이 툭 튀어나온 귀인의 상으로〔鐵面犀角〕, 담력과 지략이 있었다. 명종(明宗) 때에 조위총(趙位寵)이 서경(西京)에서 군사를 일으키니, 절령(岊嶺 자비령(慈悲嶺)) 이북이 모두 호응하였다. 현덕수가 고을 장수들과 함께 성문을 닫아 굳게 지키고 여러 성의 군사를 누차 패배시켰다. 그 공으로 내시지후(內侍祗候)에 제수되었으며, 외직으로 나가 안남 도호부사(安南都護府使)가 되었다. 정사를 행하는 데 청렴 공명하고, 음사(淫祀)를 더욱 미워하였으므로 무당들이 경내에 들어오지 못하였다. 조정에 들어와 도관낭중(都官郎中)이 되고, 신종조(神宗朝)에 누차 승진하여 병부 상서(兵部尚書)가 되었다.

오세(吳世), **임만**(任萬) 지정(至正) 갑오년(1354, 공민왕3)에 덕흥군(德興君 충선왕의 셋째 아들)이 군사를 거느리고 올 때 그의 장수 요주(要主)가 피난민들을 모조리 죽이려고 하였다. 이때 오세가 하늘에 빌고 돌을 던져 요주가 맞아 죽었고 임만이 그 목을 베었다. 이에 덕흥군이 마침내 물러갔고 그 공으로 자손들이 서용되었다.

운산군雲山郡

동쪽으로 영변부(寧邊府) 경계까지 59리이다. 남쪽으로 같은 부 경계까지 15리이다. 서쪽으로 태천현(泰川縣) 경계까지 34리이다. 북쪽으로 이산군(理山郡) 경계까지 81리이다. 서울과의 거리는 859리이다.

한전 旱田

수전 水田

건치연혁 建置沿革

본래 고구려 지역이다. 뒤에 발해에 함락되고 이어서 여진의 점거지가 되었다. 고려 때에 운중군(雲中郡)을 설치하였다. 광종(光宗) 때에 위화진(威化鎭)으로 삼았다. 성종(成宗) 때에 고쳐 운주(雲州)로 삼았고, 원종(元宗) 초에 몽고 군사의 침입을 받아 잔파되어 연주(延州)에 병합시켰다. 공민왕(恭愍王) 때에 다시 떼어 내 운주를 설치하고 군(郡)으로 삼았다. 본조 태종(太宗) 13년(1413)에 고쳐 운산군으로 삼았고, 세조(世祖) 때에 영변부(寧邊府)에 편입시켰다가 얼마 뒤에 다시 떼어 내 설치하였다. 관장하는 면은 □개이다.

관원

군수(郡守), 훈도(訓導) 각 1인이다.

군명 郡名

위화(威化), 운주(雲州)

산천 山川

백벽산(白碧山) 군 서쪽 20리에 있다. 진산(鎭山)이다. 산 정상에 용지(龍池)가 있어 가물 때 비를 빈다.

운대산(雲臺山) 군 북쪽 30리에 있다. 정상에 용연(龍淵)이 있는데 물이 깊어 헤아릴 수 없고 가뭄이 들면 비를 빈다.

동천(東川) 군 동쪽 40리에 있다. 원류가 둘인데 하나는 이산군 지경에서 나오고, 하나는 벽동군(碧潼郡) 지경에서 나와 영변부 지경에 이르러 공포수(孔浦水)에 들어간다.

온정천(溫井川) 군 동쪽 40리에 있다. 운대산에서 나와 영변부 지경에 이르러 공포수에 들어간다. 옆에 온정(溫井)이 있다.

평한천(平限川) 군 서쪽 10리에 있다. 백벽산에서 나와 영변부의 공포(孔浦)에 들어간다.

약수(藥水) 군 서쪽 30리에 있다. 물이 매우 차고, 온갖 병을 치료할 수 있다.

토산 土産

궁간상(弓幹桑), 명주실〔絲〕, 삼〔麻〕, 복령(茯苓), 오미자(五味子), 인삼(人蔘), 송이버섯〔松蕈〕, 석이버섯〔石蕈〕, 꿀〔蜂蜜〕, 황랍(黃蠟), 영양(羚羊), 쏘가리〔錦鱗魚〕, 여항어(餘項魚)

학교 學校

향교(鄕校) 군 남쪽 3리에 있다.

궁실 宮室

객관(客館)

우역 郵驛

고연역(古延驛) 옛 연주(延州)에 있다.

차유원(車踰院) 군 북쪽 60리에 있다.

우계원(牛界院) 군 서쪽 35리에 있다.

우원(牛院) 군 동쪽 60리에 있다.

사묘 祠廟

사직단(社稷壇) 군 서쪽에 있다.

문묘(文廟) 향교에 있다.

성황사(城隍祠) 군 북쪽 3리에 있다.

여단(厲壇) 군 북쪽에 있다.

사찰 寺刹

반야사(般若寺) 백벽산에 있다.

고적 古蹟

백벽산성(白碧山城) 돌로 쌓았다. 둘레가 1569자이다. 지금은 없어졌다.

직동토성(直洞土城) 군 북쪽 30리에 있다. 둘레가 6099자이다. 지금은 없어졌다.

폐연주(廢延州) 군 동쪽 40리에 있다. 고려에서 연주를 설치하였고, 공민왕 때에 연산부(延山府)로 승격시켰다. 본조에서 그대로 따랐다. 세종조(世宗朝)에 주를 없애 영변부에 병합시켰고, 혜장왕(惠莊王 세조) 때에 떼어 내 군에 편입시켰다. 토성이 있었는데, 둘레가 8589자이다. 지금은 없어졌다.

옥아리역(玉兒里驛) 옛터가 군 동쪽 20리에 있다.

운반역(雲畔驛) 옛터가 군 북쪽 40리에 있다.

희천군熙川郡

동쪽으로 강계부(江界府) 경계까지 119리이다. 북쪽으로 같은 부 경계까지 108리이다. 남쪽으로 영변부(寧邊府) 경계까지 46리, 영원군(寧遠郡) 경계까지 94리이다. 서쪽으로 이산군(理山郡) 경계까지 74리이다. 서울과의 거리는 972리이다.

한전 旱田

수전 水田

건치연혁 建置沿革

본래 고구려 지역이다. 뒤에 발해에 함락되고 이어서 여진의 점거지가 되었다. 고려 때에 청새진(淸塞鎭)을 설치하였다. 고종(高宗) 초에 승격시켜 위주(威州)로 삼았고, 거란 군사를 방어한 공적이 있어서 승격시켰다. 뒤에 고쳐 희주(熙州)로 칭하고 개주(价州)가 겸임하도록 하였다. 나라를 배반하고 오랑캐에 투항하였다는 이유로 그 관을 폐하였다. 본조 태조(太祖) 5년(1396)에 다시 희주를 설치하였다. 태종(太宗) 13년(1413)에 고쳐 희천군으로 삼았다. 관장하는 면은 □개이다.

관원

군수(郡守), 훈도(訓導) 각 1인이다.

군명 郡名

청새(淸塞), 위주(威州), 희주(熙州)

형승 形勝

나라의 변경 지역이다. 본조 최립(崔岦)의 〈양현사기(兩賢祠記)〉에 "희천군은 강계(江界)와 인접하고, 나라의 변경 지역이다." 하였다.

산이 크고 계곡이 깊고 하천이 넓다.

산천 山川

백산(白山) 군 북쪽 108리에 있다. 산 동쪽에 두첩굴(頭疊窟)이 있다. 산허리에서 꼭대기까지 모두 흰 돌이므로 이렇게 이름하였다.

남산(南山) 군 남쪽 1리에 있다.

묘향산(妙香山) 군 남쪽 50리에 있다. 영변부에 자세히 나온다.

저유령(狄踰嶺) 군 북쪽 150리, 강계부와의 경계에 있다. 강계부에 자세히 나온다.

구인성령(蚯蚓城嶺) 군 서쪽 74리, 이산군과의 경계에 있다.

호현(狐峴) 군 서쪽 45리, 영변부와의 경계에 있다.

평전령(平田嶺) 군 동남쪽 93리, 영원군과의 경계에 있다.

원림현(元林峴) 군 남쪽 22리, 영변부와의 경계에 있다.

입암(立巖) 장동(長洞) 동북쪽 10리에 있다. 조그만 봉우리가 홀로 솟아 있는 모양이 마치 송곳을 세워 놓은 듯하며, 물가에서의 높이가 3장(丈)이 넘는다.

어천(魚川) 일명 서천(西川)이라고 한다. 군 서쪽 4리에 있다. 원류는 백산에서 나와 적유령에 이르러 영변부 지경에 흘러 들어간다.

온천(溫泉) 군 동쪽 50리, 원홍리(元洪里)에 있다.

토산 土産

명주실〔絲〕, 삼〔麻〕, 옻〔漆〕, 복령(茯苓), 인삼(人蔘), 오미자(五味子), 잣〔海松子〕, 송이버섯〔松蕈〕, 사향(麝香), 궁간목(弓幹木 애끼찌), 꿀〔蜂蜜〕, 황랍(黃蠟), 영양(羚羊), 담비〔貂〕, 황서(黃鼠), 청서(靑鼠), 수달(水獺), 여항어(餘項魚), 쏘가리〔錦鱗魚〕, 누치〔訥魚〕

성곽 城郭

군성(郡城) 흙으로 쌓았다. 둘레가 9707자이다. -원문 3, 4자 결락- 문이 있으며, 안에 샘이 7개 있다. 고려 현종(顯宗) 때에 쌓은 것인데 지금은 허물어졌다.

학교 學校

향교(鄕校) 군 북쪽 1리에 있다.

새훤서원(塞暄書院)[170] 향교 옆에 있다. 선조(宣祖) 때에 관찰사 김계휘(金繼輝)가 세웠다. 〈양현사기(兩賢祠記)〉가 있다. 한훤당(寒暄堂) 김굉필(金宏弼)과 정암(靜菴) 조광조(趙光祖)를 향사하였다. 이이(李珥)의 기문[171]이 있다.

궁실 宮室

객관(客館)

우역 郵驛

장동역(長洞驛) 군 동쪽 42리에 있다.

적유역(狄踰驛) 적유령 아래에 있다.

평전역(平田驛) 평전령 아래에 있다.

170 새훤서원(塞暄書院) : '塞'는 '寒'의 오기인 듯하다. 《대동지지(大東地志)》 〈희천군(熙川郡)〉 사원(祠院)에는 '중현서원(衆賢書院)'이 있고 "선조 병자년(1576, 선조9)에 세웠으며 숙종 갑술년(1694, 숙종20)에 사액하였다."라는 주가 달려 있는데, 동일한 서원을 지칭하는지는 미상이다. 《회재집(晦齋集)》 부록 〈강계부사묘기(江界府祠廟記)〉에는 "관서(關西) 지역에서 사우를 지어 선현에게 제사 지내는 곳은 이 강계부와 희천뿐이다. 희천의 사우는 김한훤(金寒暄)과 조정암(趙靜菴) 두 선생을 모시고 제사 지내는 곳이다." 하였는데, 사우의 이름은 모른다.

171 이이(李珥)의 기문 : 〈희천양현사기(熙川兩賢祠記)〉이다. 《栗谷全書 卷13》

적유령원(狄踰嶺院)

관량 關梁

사묘 祠廟

사직단(社稷壇) 군 서쪽에 있다.

문묘(文廟) 향교에 있다.

성황사(城隍祠) 군 동쪽 4리에 있다.

여단(厲壇) 군 북쪽에 있다.

사찰 寺刹

원명사(圓明寺), 광제사(廣濟寺) 모두 묘향산 북쪽에 있다.

금증 今增

심원사(深源寺) 묘향산 북쪽에 있다. 또 금선대(金仙臺), 법왕대(法王臺) 등 대암(臺菴)이 있으니 모두 향산 정상의 동쪽에 있다.[172] 돌벼랑에 잔도(棧道)가 나 있는데 사람들의 통행이 드물다고 한다.

172 금선대(金仙臺)……있다 : 《동국여지지》 권9 〈영변대도호부〉 사찰에 "묘향산 동쪽 암자를 법왕대라 하고, 서쪽 암자를 금선대라 한다." 하였다.

고적 古蹟

봉단성(鳳丹城) 군 동쪽 64리에 있다. 예전에 이름이 봉단(鳳丹)인 자가 살았으므로 이렇게 이름하였다. 지금은 없어졌다.

유우 流寓

김굉필(金宏弼) 본조 연산군(燕山君) 때에 사화(史禍)를 입어 희천에 유배되었다. 당시 조광조(趙光祖)가 어린 나이에 아버지를 따라 어천(魚川) 임소(任所)에 이르렀다가 김굉필의 학문이 연원(淵源)이 있다는 말을 듣고 찾아와 강학(講學)하였다.[173]

인물 人物

본조

김우(金宇) 태종조(太宗朝)에 좌명 공신(佐命功臣)으로서 희천군(熙川君)에 봉해졌다. 시호는 양정(襄靖)이다.

173 당시……강학(講學)하였다 : 조광조는 17세 때 어천 찰방(魚川察訪)으로 부임한 아버지 조원강(趙元綱)을 따라가서 당시 평안도 희천(熙川)에 유배 와 있던 김굉필(金宏弼)에게 수학하였다.《靜菴集 附錄 年譜》

박천군博川郡

동쪽으로 영변부(寧邊府) 경계까지 11리이다. 북쪽으로 같은 부 경계까지 12리, 태천현(泰川縣) 경계까지 12리이다. 남쪽으로 안주(安州) 경계까지 33리이다. 서쪽으로 가산군(嘉山郡) 경계까지 16리이다. 서울과의 거리는 800리이다.

한전 旱田

수전 水田

건치연혁 建置沿革

본래 고구려 지역이다. 뒤에 발해에 함락되고 이어서 여진의 점거지가 되었다. 고려 때에 박릉군(博陵郡)을 설치하였다. 성종(成宗) 때에 고쳐 박주(博州)로 삼았다. 원종(元宗) 초에 몽고 군사의 침입을 받아 잔파되어 가주(嘉州)에 병합시켰다. 공민왕(恭愍王) 때에 다시 박주(博州)를 떼어 내 군(郡)으로 삼았다. 본조 태종(太宗) 13년(1413)에 고쳐 박천군으로 삼았고, 세조(世祖) 5년(1459)에 영변부(寧邊府)에 편입시켰다가 10년(1464)에 다시 떼어 내 설치하였다. 관장하는 면은 □개이다.

관원

군수(郡守), 훈도(訓導) 각 1인이다.

군명 郡名

박릉(博陵), 박주(博州)

산천 山川

와룡산(臥龍山) 군 동쪽 3리에 있다. 진산(鎭山)이다. 일명 고방산(高方山)이라고 한다.

봉린산(鳳麟山) 군 남쪽 18리에 있다. 일명 심원산(深源山)이라고 한다.

대령강(大寧江) 일명 대정강(大定江)이라고 하고, 박천강(博川江)이라고도 칭한다. 군 서쪽 15리에 있다. 그 원류는 창성(昌城)과 삭주(朔州) 등의 지경에서 나와 태천현을 지나 안주 지역의 노강(老江)에 합쳐져서 바다에 들어간다. 가산군에도 보인다.

연지지(蓮支池), 맹지통지(孟之筒池) 모두 군 남쪽 30리에 있다.

강금지(江金池) 군 남쪽 35리에 있다.

토산 土産

명주실〔絲〕, 삼〔麻〕, 지치〔紫草〕, 옻〔漆〕, 닥나무〔楮〕, 왕골자리〔莞席〕, 꿀〔蜂蜜〕, 황랍(黃蠟), 붕어〔鯽魚〕, 숭어〔秀魚〕, 홍어(洪魚), 굴〔石花〕,

조개〔蛤〕

학교 學校

향교(鄕校) 군 남쪽 1리에 있다.

궁실 宮室

객관(客館)

봉수 烽燧

독산 봉수(禿山烽燧) 군 서쪽 3리에 있다. 북쪽으로 영변부의 율현(栗峴)에 응하고, 남쪽으로 안주의 성황당(城隍堂)에 응한다.

덕간곶 봉수(德間串烽燧) 군 남쪽 49리에 있다. 서쪽으로 정주(定州)의 사읍동음(沙邑冬音)에 응하고, 남쪽으로 안주의 호혈(虎穴)에 응한다.

우역 郵驛

광통원(廣通院) 군 남쪽 15리에 있다.

사묘 祠廟

사직단(社稷壇) 군 서쪽에 있다.

문묘(文廟) 향교에 있다.

성황사(城隍祠) 군 동쪽 2리에 있다.

여단(厲壇) 군 북쪽에 있다.

사찰 寺刹

대장사(大藏寺) 군 서남쪽 30리, 대장산(大藏山)에 있다.

심원사(深源寺), 극락암(極樂菴), 서공암(西孔菴) 모두 봉린산에 있다.

영천암(靈泉菴) 와룡산에 있다.

고적 古蹟

고박릉성(古博陵城) 군 남쪽 10리에 있다. 둘레가 7355자이다. 가운데에 샘이 9개, 못이 3개 있다.

장림역(長林驛) 옛터가 군 서쪽 23리에 있다. ○ 이색(李穡)의 시[174]에,

장림역에서 잠깐 쉬면서	小憩長林驛
옷깃 풀고 서늘한 낮 바람 쐬노니	開襟納午涼
다발 꼴은 말을 먹여 건장케 하고	束蒭扶馬壯
잔술은 사람 얼굴을 붉게 빛내네	盃酒照人光

174 이색(李穡)의 시 : 〈장림역(長林驛)〉이다. 《牧隱藁 牧隱詩藁 卷2》

집은 낡았으나 산은 그대로 가깝고	屋古山仍近
뜨락이 텅 비니 해는 절로 길구나	庭空日自長
사람들이 일찍이 임금님이 주필하여	人言曾駐蹕
쉬던 곳이 높은 산에 있다 말하네	茇舍在高岡

하였다.

태천현泰川縣

동쪽으로 영변부(寧邊府) 경계까지 36리이다. 남쪽으로 가산군(嘉山郡) 경계까지 35리이다. 서쪽으로 구성부(龜城府) 경계까지 21리이다. 북쪽으로 운산군(雲山郡) 경계까지 21리이다. 서울과의 거리는 846리이다.

한전 旱田

수전 水田

건치연혁 建置沿革

본래 고구려 지역이다. 뒤에 발해에 함락되고 이어서 여진의 점거지가 되었다. 고려 광종(光宗) 때에 태주(泰州)를 설치하였다. 원종(元宗) 초에 몽고 군사의 침략을 받아 잔파되어 가주(嘉州)에 병합시켰다. 공민왕(恭愍王) 때에 다시 떼어 내 태주를 설치하였다. 본조 태종(太宗) 13년(1413)에 고쳐서 태천군(泰川郡)으로 삼았다. 성종(成宗) 3년(1472)에 강등시켜 현(縣)으로 삼았다. 군의 사람이 그 계모를 살해하였으므로 강등시켰다. 관장하는 면은 □[175]개이다.

관원

현감(縣監), 훈도(訓導) 각 1인이다.

지금 증보하건대 당시 다시 승격시켜 군(郡)으로 삼았다.

군명 郡名

태주(泰州)

산천 山川

향적산(香積山) 현 동쪽 25리에 있다.

삼각산(三角山) 현 북쪽 50리에 있다. 정상에 있는 샘에서 물이 솟아 나와 동쪽으로 30여 리 흘러 오지천(烏知川)에 들어간다.

퇴라산(退羅山) 현 동쪽 15리에 있다.

양화산(陽和山) 현 동쪽 25리에 있다.

오지천천(烏知遷川) 현 동쪽 10리에 있다. 그 원류는 셋인데 하나는 창성부(昌城府) 청산(青山)에서 나오고, 하나는 삭주부(朔州府)에서 나오고, 하나는 옛 구주(龜州)의 팔령(八嶺)에서 나온다. 현 동쪽에 이르러 합류한 다

175 □ : 대본에는 없는데, 《동국여지지》 건치연혁(建置沿革) 서술 투식에 근거하여 보충하여 번역하였다.

음 박천군(博川郡)에 이르러 대령강(大寧江)이 된다.

온천(溫泉) 퇴라산 아래에 있다.

토산 土産

명주실〔絲〕, 삼〔麻〕, 오옥(烏玉), 현 남쪽 장림리(長林里)에서 난다. 꿀〔蜂蜜〕, 인삼(人蔘), 지치〔紫草〕, 오미자(五味子), 잣〔海松子〕, 복령(茯苓), 사향(麝香), 궁간목(弓幹木 애끼찌), 옻〔漆〕, 영양(羚羊)

학교 學校

향교(鄕校) 현 서쪽 1리에 있다.

궁실 宮室

객관(客館)

척서정(滌暑亭) 객관 동쪽에 있다. 아래에 연못이 있다.

봉수 烽燧

농오리 봉수(籠吾里烽燧) 서쪽으로 구성부의 고성(古城)에 응하고, 동쪽으로 영변부의 율현(栗峴)에 응한다.

우역 郵驛

퇴여원(退餘院) 현 서쪽 23리에 있다.

와동원(瓦洞院) 현 동쪽 18리에 있다.

사묘 祠廟

사직단(社稷壇) 현 서쪽에 있다.

문묘(文廟) 향교에 있다.

성황사(城隍祠) 현 서쪽 2리에 있다.

여단(厲壇) 현 북쪽에 있다.

사찰 寺刹

양화사(陽和寺) 양화산에 있다.

송림사(松林寺) 삼각산에 있다.

화장사(華藏寺), **원각암**(圓覺菴), **원적암**(圓寂菴) 모두 향적산에 있다.

고적 古蹟

옛 성〔古城〕 현 동쪽 15리에 있다. 둘레가 6674자이다.

농오리산성(籠吾里山城) 현 서쪽 20리에 있다. 돌로 쌓았다. 둘레가 4369자이다. 안에 샘이 3개 있다. 세속에서 고성(姑城)이라고 칭한다.

인물 人物

고려

변려(邊呂) 고종(高宗) 19년(1232)에 몽고 군사가 송경(松京)을 포위하자 왕이 강화도(江華島)로 피신하니, 적이 배를 만들어 공격하려고 하였다. 당시 변려가 향호(鄕戶)로서 잡혀 있었는데 적이 뱃길을 물으며 포락(炮烙)의 형벌을 가하였다. 변려가 물길이 매우 험하다고 답하니, 적이 그 말을 믿고 배를 불태우고 물러갔다. 이에 바로 상장군(上將軍)에 제수되었다.

본조

김인상(金麟祥) 효행이 매우 지극하였다. 어머니가 병이 들어 꿩고기가 먹고 싶다고 하니 김인상이 호소하며 울부짖자 꿩이 집으로 날아들었다. 잡아서 잡숫게 하니 병이 즉시 나았다. 부모가 죽으매 몹시 슬퍼하며 초상과 장례를 한결같이 예를 따라 행하였고, 상을 마치고는 종신토록 애모하였다. 국상(國喪)에도 심상(心喪) 3년을 치렀다. 광해군(光海君) 때에 그 마을에 정표하였다.

열녀 列女

김씨(金氏) 효자 김인상의 딸이다. 부모와 시부모를 섬기는 데 성심을 극진히 하였다. 어머니가 병이 들자 띠를 풀지 않고 변을 맛보며 대신 죽게 해 달라고 하늘에 기도하였다. 돌아가시자 3년 동안 죽만 먹었다. 본조 광해군 때에 그 마을에 정표하였다.

성천도호부成川都護府

동쪽으로 황해도 곡산군(谷山郡) 경계까지 126리이다. 남쪽으로 삼등현(三登縣) 경계까지 38리, 강동현(江東縣) 경계까지 42리이다. 서쪽으로 은산현(殷山縣) 경계까지 46리이다. 북쪽으로 맹산현(孟山縣) 경계까지 90리, 양덕현(陽德縣) 경계까지 65리이다. 서울과의 거리는 724리이다.

한전 旱田

수전 水田

건치연혁 建置沿革

본래 비류왕(沸流王) 송양(松讓)의 옛 도읍지이다. 고구려 동명왕(東明王)이 북부여(北扶餘)로부터 와서 졸본천(卒本川)에 거주할 때, 송양이 그 나라를 바치고 투항하였다. 고구려가 망한 뒤에 지역이 모두 황폐해졌다. 고려 태조(太祖) 때에 강덕진(剛德鎭)을 설치하였다. 현종(顯宗) 때에 고쳐 성주(成州)로 삼았다가 뒤에 강등시켜 군(郡)으로 삼았다. 본조 공정왕(恭定王 태종) 15년(1415)에 승격시켜 성천도호부로 삼았다.

혜장왕조(惠莊王朝 세조)에 진(鎭)을 설치하였다. 관장하는 면은 25개이다.

진관

군(郡) 5개 덕천(德川), 개천(价川), 순천(順川), 자산(慈山), 상원(祥原)

현(縣) 5개 양덕(陽德), 맹산(孟山), 삼등(三登), 강동(江東), 은산(殷山)

관원

부사(府使), 교수(敎授) 각 1인이다.

군명 郡名

비류(沸流), 성주(成州) 별호는 송양(松讓)이다.

형승 形勝

동쪽으로 옥저(沃沮)에 이르고, 서쪽으로 평양(平壤) 북쪽에 연접해 있다.

토양은 비옥하나 산천이 험준하고 견고하다.《삼국사(三國史)》

동남쪽은 첩첩 산이고, 서북쪽은 큰 하천이다.《부지(府志)》에 "동남쪽은 첩첩 산이고 서북쪽은 큰 하천이니, 예로부터 풍경이 매우 뛰어난 지역이다."라고 하였다.

풍속 風俗

백성들의 성품이 유순하고 농사와 누에치기에 힘쓰며 복식이 검소하다.《부지》

산천 山川

검학산(劍鶴山) 부 동쪽 8리에 있다. 진산(鎭山)이다. 좌우의 절벽이 마치 검 같기도 학 같기도 하므로 이렇게 이름하였다.

회산(檜山) 부 북쪽 70리에 있다. 석벽의 둘레는 30리이고, 그 안에 붉은 빛의 흙 언덕이 펀펀하고 넓으며 큰 하천이 그 아래로 세차게 흐르고 있다. 민간에 전해지기를 하늘이 만든 성이라고 한다. 1000명의 군사를 수용할 수 있다.

백령산(白嶺山) 부 동쪽 130리에 있다. 가운데 석굴(石窟)이 있다.

약수산(藥水山) 부 서쪽 40리에 있다. 일명 보현산(普賢山)이라고 한다. 둘레가 60리이며 위에 연못이 있다.

향풍산(香楓山) 부 동북쪽 30리에 있다. 일명 향풍산(香風山)이라고 하며 또 가이산(加耳山)이라고도 한다. 정상에 피란굴(避亂窟)이 있으며, 북쪽에 영취봉(靈鷲峯), 필탁봉(筆卓峯), 부용봉(芙蓉峯)이 있고, 남쪽에 회란봉(回鸞峯)이 있고, 서쪽에 오주봉(鼇柱峯)이 있다.

운봉산(雲峯山) 부 동쪽 50리에 있다. 동쪽에 모란봉(牧丹峯)이 있고, 남쪽에 피란봉(避亂峯)이 있고, 가운데에 중대굴(中臺窟)이 있으며, 아래에는 천 길 되는 석문(石門)이 있다.

구룡산(九龍山) 부 동쪽 35리에 있다. 삼등현에도 보인다.

오운산(五雲山) 부 남쪽 35리에 있다.

봉두산(鳳頭山) 부 서쪽 40리에 있다.

흘골산(紇骨山) 부 서북쪽 1리에 있다. 옹기종기 모인 봉우리가 12개 있는데, 세상에서 무산십이봉(巫山十二峯)이라고 한다. 제1은 벽옥봉(碧玉峯), 제2는 금로봉(金爐峯), 제3은 천주봉(天柱峯), 제4는 몽선봉(夢仙峯), 제5는 고당봉(高唐峯), 제6은 양대봉(陽臺峯), 제7은 신녀봉(神女峯), 제8은 조운봉(朝雲峯), 제9는 모우봉(暮雨峯), 제10은 생학봉(笙鶴峯), 제11은 자운봉(紫雲峯), 제12는 화주봉(火柱峯)이다. ○ 본조 박원형(朴元亨)의 시에 "강가의 뭇 봉우리는 칼처럼 뾰족하고, 봉우리 앞의 강물은 쪽을 푼 듯 푸르구나.〔江上群峯劍樣尖 峯前江水正挼藍〕" 하였다.

벽산(碧山) 부 동쪽 110리에 있다. 일명 삼각산(三角山)이라고 한다.

백령산(白嶺山) 부 동쪽 130리에 있다. 위에 연못이 있다.

용운산(聳雲山) 부 남쪽 15리에 있다. 위에 돌이 있는데 이름이 승천석(昇天石)이다. 산허리에 석루암(石樓巖)이 있고, 동쪽에는 벽운봉(碧雲峯)이 있고, 서쪽에는 향로봉(香爐峯)이 있다.

비류강(沸流江) 부 서쪽 30보(步)에 있다. 그 원류는 둘인데, 하나는 양덕현 오강산(吳江山)에서 나오고, 하나는 맹산현 대모원동(大母院洞)에서 나온다. 부 북쪽 30리에 이르러 합류하고 흘골산 아래를 지난다. 산 밑에 4개의 석굴〔石穴〕이 있어 물이 굴 안에 들어가 통하여 흐르다가 솟구쳐서 서쪽으로 나간다. 이 때문에 비류라고 이름하였다. 또 남쪽으로 흘러 강동현 지경에 이르러 대동강(大同江)에 합류한다. 《동국여지승람》에서는 이 강을 졸본천(卒本川)이라고 하였다.

박연(博淵) 구룡산 위에 있다. 둘레가 40자이다. 가뭄이 들어 비를 빌면 효험이 있다. 본조 선조(宣祖) 때에 부사(府使) 최립(崔岦)이 가뭄을 만나 글을 지어 제사를 지냈는데, 제사가 끝나기 전에 큰비가 쏟아 붓듯이 내렸다.

온천(溫泉) 부 서쪽 약수산 아래에 있다. ○ 고려 정몽주(鄭夢周)의 시[176]에,

화룡은 물을 뿜으며 땅 밑에 잠겨 있고 火龍吐水潛藏地
작은 골짜기는 봄을 머금어 별천지로다 小洞含春別有天
목욕하고 나서 몸과 마음에 티가 없으니 浴罷身心正無累
무우에서 돌아오는 흥[177]이 참으로 유연하구나 舞雩歸興信悠然

하였다.

냉천(冷泉) 부 동쪽 5리, 학령서원(鶴嶺書院) 앞에 있다.

월로정(月老井) 부 서쪽 7리에 있다. 세상에서 전하기를 동명왕의 옛 우물이라고 한다.

토산 土産

명주실〔絲〕, 삼〔麻〕, 백옥(白玉), 백령산(白嶺山) 석굴에서 난다. 옻〔漆〕, 닥나무〔楮〕, 매〔鷹〕, 꿀〔蜂蜜〕, 황랍(黃蠟), 인삼(人蔘), 복령(茯苓), 송이버섯〔松蕈〕, 잣〔海松子〕, 오미자(五味子), 사향(麝香), 황기(黃芪), 반하(半夏 끼무릇뿌리), 작약(芍藥), 고본(藁本), 무명〔木〕, 원지(遠志), 하수

176 정몽주(鄭夢周)의 시 : 〈성주에 머물며 원일에 목욕하다(成州留元日沐浴)〉이다. 《圃隱集 卷2》

177 무우(舞雩)에서 돌아오는 흥 : 무우는 기우제를 지내는 곳이다. 《논어》 〈선진(先進)〉에 공자가 증점(曾點)에게 장래 포부를 물어보자 "기수에서 목욕하고 무우에서 바람을 쐰 뒤 노래하며 돌아오겠다."라고 대답한 내용에서 인용한 말이다.

오(何首烏), 안식향(安息香), 지치〔紫草〕, 황양(黃楊), 누치〔訥魚〕, 여항어(餘項魚)

성곽 城郭

흘골산성(紇骨山城) 부 서쪽에 있다. 세상에서 전하기를 송양(松讓)이 축성하였다고 한다. 1000명의 군사를 수용할 수 있으며, 비류수가 그 아래를 둘러싸고 흐른다. 고려 태조 때에 돌로 고쳐 쌓았는데 둘레가 3510자이며, 안에 궁궐 터가 남아 있다.

학교 學校

향교(鄕校) 부 동쪽 1리에 있다. 명륜당(明倫堂), 동재(東齋), 서재(西齋), 강당(講堂), 교수청(敎授廳)이 있다.

학령서원(鶴嶺書院) 검학산 아래에 있으니 바로 용천사(龍泉寺)의 옛터이다. 공헌왕(恭憲王 명종) 때에 부사 정현(鄭礥)이 세웠고, 어필(御筆)로 사액(賜額)하고 바로 어적(御籍)을 하사하였다. 서륜당(敍倫堂), 진덕재(進德齋), 수업재(修業齋), 장서각(藏書閣)이 있다. 뒤에 사현사(嗣賢祠)를 세워 정구(鄭逑)와 조호익(曺好益)을 향사하였다.

궁실 宮室

동명관(東明館) 객관(客館)이다. 광해군(光海君) 때에 본관과 강선루(降仙

樓)가 모두 불에 탔는데, 부사 박엽(朴燁)이 재건하면서 일체 옛 제도를 따라 짓고, 명(明)나라 시랑(侍郎) 옹정춘(翁正春)의 글씨를 구하여 편액을 걸었다. ○ 본조 이안눌(李安訥)의 시[178]에,

천고 오래된 동명관은	千古東明館
관서의 첫째 가는 고을에 있네	西關第一州
골짜기 깊어 초왕의 꿈[179] 희미하게 떠오르고	峽深迷楚夢
강물은 굽이돌아 파촉 땅 흐르는 물결 닮아가네[180]	江轉學巴流

하였다.

향사당(鄕射堂) -원문 3, 4자 결락-에 있다.

연무청(鍊武廳) -원문 3, 4자 결락-에 있다.

강선루(降仙樓) 동명관 서쪽 모퉁이에 있다. 비류강을 굽어보고, 서쪽으로 흘골산과 마주하고 있다. 누에 연접한 별관(別館)으로 통선관(通仙觀), 학선관(學仙觀), 승진각(昇眞閣), 유선관(留仙觀), 반선관(伴仙觀), 조운각(朝雲閣), 소요헌(逍遙軒), 봉래각(蓬萊閣), 영롱각(玲瓏閣), 현허각(玄虛閣), 도영헌(倒影軒) 등 총 200여 칸이 있다. 누관(樓觀)의 장엄함과 강산의 화려함이 나라에서 으뜸이어서 고금에 제영(題詠)한 시가 그 위에 많이 새겨져 있다. 누의 편액은 명나라 한림학사(翰林學士) 미만종(米萬鍾)의 글씨

178 이안눌(李安訥)의 시 : 〈강선루에 앉아 삼가 허명부 한천 선생께 드리다(降仙樓席上敬贈許明府寒泉先生)〉이다. 《東岳集 卷5》

179 초왕(楚王)의 꿈 : 전국 시대 초나라의 회왕(懷王)이 운몽택(雲夢澤)에 있는 고당(高唐)이란 누대(樓臺)에서 무산(巫山)의 선녀(仙女)를 만나 논 꿈을 말한다. 《文選 卷19 高唐賦》

180 강물은……닮아가네 : 물살이 협곡을 지나는 것처럼 구비지고 거세다는 말이다. 파촉 땅에 흐르는 양자강이 험준한 무협(巫峽)을 지나는 모습에 비유한 것이다.

이다. ○ 고려 김양경(金良鏡)의 시에,

신인의 옛 고을 몇 번의 봄을 지냈는고 神人古邑幾經春
성곽은 옛 그대로라 학이 오가네 城郭依然鶴去來
경물과 풍류가 인간 세상의 것이 아닌데 景物風流非世有
구경하고 노닐면서 경영한 이 그 누군고 觀遊指畫是誰哉
옥비녀 미인들이 모신 술자리는 두 척 배에 나란하고 瓊簪酒席雙舟竝
비단 같은 산의 신선님들은 줄 지은 배에 벌여 있네 綵嶺仙曹列舸排
눈에 가득한 강산이 십 리에 환히 트였는데 滿目江山明十里
생황 노래 소리에 둘러싸여 요대로 들어오네 笙歌環擁入瑤臺

하였다. ○ 본조 송인(宋寅)의 시[181]에,

신선 내려온 누각이 이미 있으니 降仙旣有樓
신선을 머물게 할 곳이 없겠는가 留仙可無處
아로새긴 용마루는 늘어선 산봉 마주하고 雕甍對列岫
붉은 난간은 강 모래벌판을 굽어보네 丹檻臨江渚
신선 오는 것도 불러서 오는 것 아니니 仙來不待呼
신선이 가는 것도 어찌 막을 수 있는가 仙逝豈容禦
그래도 기대어 쉬기에 편하니 尙憑棲息便
잡아끌어 떠나지 못하게 하리 延之莫敎去

하였다. ○ 본조 이지완(李志完)의 시에,

난간 너머 가을 못물 바닥까지 맑고 檻外秋潭徹底淸
소양대 언덕에 석양빛 환하여라 小陽臺畔夕陽明

181 송인(宋寅)의 시 : 〈유선각에 제하다(題留仙閣)〉이다. 《頤庵遺稿 卷2》

옹기종기 모인 산봉 북쪽으로 향풍령에 모였고　攢峯北集香楓嶺
첩첩의 절벽은 서쪽으로 흘골성을 둘렀네　疊壁西縈紇骨城
고국의 흥망은 한도 끝도 없어라　故國興亡無盡限
높은 누각에 올라 바라보매 여한이 남네　危樓登眺有餘情
다시 술잔 잡아 즐거운 감상 뒤따라 해 보고　更携樽酒追歡賞
채색 밧줄 천천히 당겨 맑은 물가에서 노니네　彩纜徐牽戲渚淸

하였다.

면강정(面江亭) 부 별관에 면강정이 있고, 또 임강정(臨江亭)도 있다.

평관대(平寬臺) 흘골산 남쪽에 있다. ○ 본조 이희득(李希得)의 시에,

묘향산 형세 동쪽에서부터 와서　妙香山勢自東來
아래에는 맑은 강 위에는 누대 있네　下有澄江上有臺
올라가 뭇 신선 있는 곳 찾고자 하니　登臨欲問群仙在
열두 산봉 머리에 구름이 걷히려고 하네　十二峯頭雲欲開

하였다.

회진대(會眞臺) 부 서쪽 4리, 비류강 가에 있다. 또 부 남쪽 6리의 강 위에는 암연대(黯然臺)가 있다.

우역 郵驛

온정원(溫井院) 온천 곁에 있다.

성은원(成殷院) 부 서쪽 55리에 있다.

보강원(保僵院) 부 남쪽 40리에 있다.

영빈원(迎賓院) 부 서쪽 26리에 있다.

임수원(臨水院) 부 북쪽 35리에 있다.

망운원(望雲院) 부 동쪽 34리에 있다.

관량 關梁

구룡교(九龍橋) 객관 앞에 있다.

어정(漁汀)

유거의나루〔遊車衣渡〕

사묘 祠廟

사직단(社稷壇) 부 북쪽 3리에 있다.

문묘(文廟) 향교에 있다.

성황사(城隍祠) 흘골산에 있다.

여단(厲壇) 부 북쪽 3리에 있다.

무학사(武學祠) 부 북쪽 2리에 있다. 소경왕(昭敬王 선조) 때에 부사 정구(鄭逑)가 세웠고, 고려 정의(鄭顗)와 최춘명(崔椿命)을 향사하였다.

능묘 陵廟

이귀령(李龜齡) 묘 부 남쪽 20리, 천일리(泉日里)에 있다.

사찰 寺刹

안동사(安東寺) 검학산에 있다.

보현사(普賢寺) 약수산에 있다.

정진사(淨進寺), 향수암(香水菴) 모두 향풍산에 있다.

월정사(月淨寺) 오운산에 있다.

청량사(淸涼寺) 백운산(白雲山)에 있다.

묘운사(妙雲寺) 부 학관산(鶴官山)에 있다.

망일사(望日寺) 봉두산에 있다.

심곡사(深谷寺) 오봉산(五鳳山)에 있다.

백운사(白雲寺) 부 남쪽에 있다.

고적 古蹟

졸본천(卒本川) 《삼국사(三國史)》에 "부여(扶餘)의 왕에게 일곱 아들이 있어 주몽(朱蒙)과 함께 놀았는데, 재주가 모두 미치지 못하자 시기하며 주몽을 죽이고자 하였다. 이에 주몽이 오이(烏伊), 마리(摩離) 등과 함께 집을 떠나 엄호수(淹淲水)[182]에 이르렀는데, 강을 건너려 하였으나 다리가 없었다. 추격해 오는 군사가 바짝 다가오고 있었는데, 이때 물고기와 자라들이 다리를 놓아 주어 마침내 건널 수 있었다. 모둔곡(毛屯谷)에 이르러 마

182 엄호수(淹淲水) : 《삼국사기》 권13 〈고구려본기 1〉에는 '엄사수(淹㴲水)'로 되어 있고, 그 주(註)에 "일명 개사수(蓋斯水)이니 지금의 압록강 동북쪽에 있다."라고 하고, 《동국이상국집》 권3 〈동명왕편(東明王篇)〉에는 '엄체수(淹滯水)'로 되어 있다. 《신증동국여지승람》 등 여러 문헌에 '엄호수'라 한 것에 근거하여 대본대로 번역하였다.

의(麻衣)를 입은 사람 등을 만나 말하기를 '내가 나라의 터전을 열려고 하는데 이 세 현인(賢人)을 만났으니 어찌 하늘의 뜻이 아니겠소.' 하고, 함께 졸본천에 이르렀다. 그곳의 토양이 비옥하고 산하(山河)가 험고함을 보고 마침내 도읍을 정하고자 하였다. 그런데 미처 궁실을 지을 겨를이 없어 다만 비류수(沸流水) 가에 여막을 짓고 살면서 국호를 고구려라고 하였다. 또 졸본부여(卒本扶餘)라고도 칭하였다." 하였다.

비류국(沸流國) 동명왕 주몽이 처음 졸본(卒本)에 이르러 비류수 가운데에 채소 잎이 떠내려오는 것을 보고 상류에 사람이 있음을 알고 사냥을 나가서 찾아보았더니, 과연 나라가 있었는데 비류(沸流)라고 하였다. 그 왕 송양(松壤)이 주몽을 보고 말하기를 "내가 여러 대를 이어 왕 노릇을 하고 있는데 땅이 좁아서 두 임금을 용납하기에는 부족하다. 그대는 도읍을 세운 지 얼마 안 되니 나의 부용국(附庸國)이 되는 것이 옳지 않겠소?" 하였다. 주몽이 그와 활쏘기를 겨루었는데 송양이 주몽의 활쏘기 솜씨를 보고 크게 놀랐다. 이어 주몽이 계책을 써서 송양을 항복시켰다.

오운(吳澐)이 말하기를 "두우(杜佑)의 《통전(通典)》에 이르기를 '주몽이 부여에서 동남쪽으로 달려 나와 보술수(普述水)를 건너고 흘승골성(紇升骨城)에 이르러 거주하였다.' 하고, 《삼국사(三國史)》 〈본기(本紀)〉[183]에 주몽이 북부여(北扶餘)에서 난을 피해 달아나 졸본천에 이르렀다고 하였으니, 그렇다면 흘승골성과 졸본천은 필시 같은 곳일 것이다. 졸본천은 본래 비류왕 송양의 옛 땅으로 지금의 성천부(成川府)이고, 서로 전하는 말

183 삼국사(三國史) 본기(本紀) : 《삼국사기(三國史記)》 권13 〈고구려본기〉 제1 시조(始祖) 동명성왕(東明聖王)에 실려 있다.

에 고구려 시조 동명왕이 도읍한 곳으로 부지(府地)에 흘골산과 비류강이 있다고 한다. 그러나 김부식(金富軾)이 또 말하기를 '《한서(漢書)》〈지(志)〉에 「요동군(遼東郡)은 낙양(洛陽)과의 거리가 동북쪽으로 3600리이며, 속현(屬縣)에 무려(無慮)가 있으니, 바로 《주례(周禮)》에서 말하는 북진(北鎭) 의무려산(醫巫閭山)이다. 요(遼)나라가 그 아래에 의주(醫州)를 설치하였다. 현도군(玄菟郡)은 낙양과의 거리가 동북쪽으로 4000리이고 속현으로 세 현이 있는데, 고구려가 그중 하나이다.」라고 하였으니, 주몽이 도읍한 흘승골성과 졸본이라는 곳이 대개 한(漢)나라 현도군의 경계이자 요나라 동경(東京)의 서쪽인 것인데, 《한서》에서 말한 바 현도군 속현인 고구려가 이곳인가? 우리나라 사람이 요나라에 빙문(聘問)하고 연경(燕京)에 들어갈 때, 동경을 지나 요수(遼水)를 건너 하루 이틀이면 의주에 당도하여 연계(燕薊)로 향하므로 그렇다는 것을 알겠다.' 하였으니, 만약 이 설에 근거한다면 성천은 졸본이 아닐 것이다." 하였다.

지금 상고하건대 《삼국사》[184]에 "동명왕 주몽은 한 원제(漢元帝) 건소(建昭) 2년(기원전 37)에 처음 일어나 고구려를 세웠다." 하였는데, 《한서》에 "무제(武帝) 원봉(元封) 4년(기원전 107)에 현도군을 설치하였는데 그 속현에 고구려가 있다." 하였고, 《후한서(後漢書)》에 이르기를 "무제가 조선을 멸망시키고 고구려를 현으로 삼아 현도(玄菟)에 속하게 하였으며, 고취(鼓吹)와 기인(伎人)을 하사하였다." 하였다. 그렇다면 어찌 주몽이 일어나기 전에 또 고구려라 하는 것이 있었다가 주몽이 남쪽으로 달려나와 졸본에 이르렀을 때에 미쳐 삼국의 처음이 된 것이 아니겠는가. 《북사(北

184 삼국사 : 《삼국사기》 권37 〈지리지 4 고구려〉이다.

史)》〈고구려전(高句麗傳)〉을 보니, 주몽이 일어난 것은 한 무제 이전인 듯하고, 《통전》에 기록된 것도 그러하다. 그런데 《삼국사》〈본기〉와 〈연표(年表)〉에는 또 모두 저처럼 역력하니 이것을 알 수 없다. 그리고 졸본이 지금의 성천 지역이라고 한 것으로 말하자면, 《삼국사》〈지지(地志)〉에 지금의 관서(關西) 일대 군현이 모두 빠져 있어 상고할 곳이 없다. 그러나 졸본이 비류국과 동일한 곳이고 비류수 가에 있다는 것은 〈본기〉에 이미 분명하게 말하였다. 《고려사(高麗史)》〈지지(地志)〉에 이르기를 "성주(成州)는 본래 비류왕 송양의 옛 도읍이고 별호는 송양(松讓)이며, 성묘(成廟 성종(成宗))가 정하였다." 하였으니, 성종은 바로 고려 초 임금으로서 고려 초에 이미 성주를 비류라 한 것을 알 수 있다. 김부식은 바로 고려 중엽 이후의 인물로, 억측하여 말한 것이고 그 말이 준거가 없다면 성천이 졸본이라는 것은 의심할 바가 없다.

한편 본사(本史)를 반복하여 참고하고 검토하면, 동명왕 주몽이 내려와 졸본에 거주한 2년(기원전 36)에 비류왕 송양이 그 나라를 가지고 항복하였고, 또 동명왕 6년(기원전 32)에 태백산(太白山) 남쪽의 행인국(荇人國)을 멸망시켜 읍으로 삼았는데 태백산은 지금 영변부(寧邊府)에 있다. 동명왕이 졸하자 용산(龍山)에 안장하였는데, 용산은 지금 평양부(平壤府) 지경에 있다. 유리왕(琉璃王)이 이미 졸본에서 국내성(國內城)으로 천도한 뒤에 태자 해명(解明)이 옛 도읍에 있다가 그 이웃인 황룡국(黃龍國)과 힘을 겨루다가 죽었는데 황룡국은 지금의 용강현(龍崗縣)이다. 이를 근거하여 보면 주몽이 도읍한 졸본천이라는 곳은 응당 요동의 지경에 있지 않으니, 그렇다면 지금 성천이라 하는 것이 더욱 의심이 없다. 《한서》에서 "현도의 속현 고구려"라고 한 것은 아마 주몽 이전의 고구려인 듯한데, 김부식은 〈본기〉를 기술하면서는 주몽이 일어난 것이 한 원제 때라고 하고서 그 도읍을 논할 때에는 한 무제가 설치한 고구려현에 해당시키려 하였으니, 어째서인가.

또 상고하건대 요나라 때의 동경은 바로 지금 요동의 도사성(都司城)이니, 《한서》에서 이미 말하기를 "요동군은 낙양과의 거리가 동북쪽으로 3600리이고, 현도군은 낙양과의 거리가 4000리인데, 고구려현이 현도에 속하였다." 하고, 또 이르기를 "고구려현에 요산(遼山)과 요수(遼水)가 있다." 하고 주를 내기를 "요산은 소요수(小遼水)가 나오는 곳으로, 이 물이 서남쪽으로 요대(遼隊)에 이르러 대요수(大遼水)에 들어간다." 하고, 《당서(唐書)》에도 이르기를 "소요수가 요산 서쪽에서 나와 남쪽으로 흐른다." 하고, 《대명일통지(大明一統志)》에 "소요수는 일명 혼하(渾河)라고 한다. 변새 밖으로 나가 서남쪽으로 흐르다가 심양위(瀋陽衛)에 이르러 사하(沙河)에 합류하고, 또 서남쪽으로 요동 도사성 서북쪽에 이른 다음 태자하(太子河)에 합류하고, 또 대요수와 만나 바다에 들어간다." 하였다. 그렇다면 《한서》에서 말한 고구려현은 또한 응당 요동의 동북쪽에 있어야 한다. 김부식이 요동 서쪽에 있다고 한 것도 모두 오류인 듯하다.

명환 名宦

고려

윤승해(尹承解) 지성주사(知成州事)가 되었다. 강건하고 청렴하며 위엄과 사랑이 있었다. 주에 세력 있는 무리가 멋대로 관기(官妓)를 죽인 일이 있었는데, 전후로 사명을 받든 자들이 무마하여 넘기고 다스리지 않았다. 윤승해가 그 주모자를 조사하여 죽이고 나머지는 모두 불문에 부치자 온 고을이 평안해졌다.

본조

신영손(辛永孫) 성천 부사가 되었다.

민효증(閔孝曾) 성종(成宗) 말에 성천 부사가 되었다. 정사를 잘 행하였으며, 학궁(學宮)과 공관(公館)을 모두 중수하였다. 관도(官道)에는 버드나무를 심었는데, 뒤에 큰물이 져서 민가가 모두 떠내려갈 때 고을 사람들이 버드나무를 잡고 목숨을 건졌으므로 그 버드나무를 일러 민류(閔柳)라고 칭하였다.

공서린(孔瑞璘) 중종조(中宗朝)에 성천 부사가 되었다. 자상하고 백성을 사랑하여 고을 사람들이 추모하였다.

최립(崔岦) 성천 부사가 되었다. 재임 중에 직무를 잘 거행하여 조세와 부역을 균평하게 하는 것을 급선무로 삼았고, 모든 학교와 관우(館宇) 가운데 폐해진 곳을 모두 다시 일으켜 세웠다. 어느 해 기근이 들자 구황 정사를 행하는 데에 진심을 다하였다. 선조가 명하여 통정대부(通政大夫)로 승진시켰다.

조호익(曺好益) 선조 때 성천 부사가 되었는데 은혜로운 정사가 있었다. 조호익은 덕의(德義)가 평소 드러나서 부임한 지 오래지 않아 사민(士民)이 믿고 따랐다.

정구(鄭逑) 조호익의 후임으로 부사가 되었다. 백성을 편안히 하는 정사를 행하고 선비들을 의(義)로써 가르쳤다. 당시 왜구가 재차 침입하자 비빈

(妃嬪)과 여러 왕자가 모두 서쪽으로 피신하여 부에 머물게 되었다. 이때 정구가 예대(禮待)하는 법도가 있었으므로 상하 사람들이 의지하고 중히 여겼다.

이상의(李尙毅) 선조 말에 병조 참판을 거쳐 외직으로 나가 성천 부사가 되었다. 관대하게 다스리는 데 힘썼으므로 백성들이 그 덕을 마음에 품었고 떠나게 되자 비를 세워 추모하였다. 그가 지은 《성천지(成川志)》가 남아 있다.

유우 流寓

정의(鄭顗) 본래 청주(淸州) 사람인데, 성주(成州)에 우거하였다. 고려 고종(高宗) 4년(1217)에 대연(臺掾)으로서 서경 분사(西京分司)에 있었는데,[185] 성주 사람 최광수(崔光秀)가 서경 병마사(西京兵馬使)를 살해하고는 그 성을 점거하고 북계(北界) 여러 성[186]에 격문을 전하여 성언(聲言)하기를 "고구려를 부흥시킨다." 하였다. 정의가 본래 최광수와 한 마을에 살았으므로 교위(校尉) 필현보(畢玄甫) 등 10여 인을 데리고 도끼를 소매에 감추고 최광수를 찾아갔다. 말을 주고받다가 바로 쳐서 죽이고 그 무리 8인은 죽이되 나머지는 불문에 부치니 성안이 마침내 편안해졌다. 왕이 크게 기뻐하여 특별히 중랑장(中郎將)에 제수하였으며, 여러 관직을 거쳐 대장군

185 대연(臺掾)으로서……있었는데 : 대연은 대성(臺省)의 아전이다. 정의는 분대녹사(分臺錄事)로서 서경에서 근무하고 있었다. 《高麗史節要 卷15 高宗安孝大王2》

186 여러 성 : 대본에는 없는데 《고려사절요》 권15 〈고종 안효대왕(高宗安孝大王)2〉에 근거하여 '諸城'을 보충하여 번역하였다.

(大將軍)에 제수하였다. 뒤에 필현보가 서경을 근거지로 삼아 모반하자 정의가 왕명을 받들어 신속히 달려가 선유(宣諭)를 전하였다. 필현보는 정의를 만나자 주장(主將)으로 삼고자 하여 한편으로 회유하고 한편으로 위협하였으나, 끝내 굽히지 않아 죽임을 당하였다.

인물 人物

고려

이귀령(李龜齡) 그 선조는 수안(遂安) 사람이다. 조관(朝官)으로 좌정승(左政丞)에 이르렀다.

김의충(金義忠) 관직이 양덕 현감(陽德縣監)에 이르렀다. 효성스럽고 우애가 있으며 행실이 신중하였으므로 마을 사람들이 존경하고 따랐다.

덕천군德川郡

동쪽으로 영원군(寧遠郡) 경계까지 39리이다. 남쪽으로 맹산현(孟山縣) 경계까지 34리, 순천군(順川郡) 경계까지 25리이다. 서쪽으로 개천군(价川郡) 경계까지 46리이다. 북쪽으로 영변부(寧邊府) 경계까지 39리이다. 서울과의 거리는 923리이다.

한전 旱田

수전 水田

건치연혁 建置沿革

본래 고구려 지역이다. 뒤에 발해에 함락되고 이어서 여진의 점거지가 되었다. 고려 때에 요원군(遼原郡)을 설치하였고, 목종(穆宗) 때에 고쳐 덕주(德州)로 삼았다. 충렬왕(忠烈王) 초에 몽고 군사의 침입을 받아 잔파되어 성주(成州)에 병합시켰다가 공민왕(恭愍王) 때에 다시 떼어 내 덕주를 설치하였다. 본조 태종(太宗) 때에 고쳐 덕천군으로 삼았다. 태종 13년(1413)에 지금 이름으로 고쳤고, 14년(1414)에 맹산현(孟山縣)을 병합시켜 덕맹현(德孟縣)이라고 칭하였으며, 15년(1415)에 다시 떼어 내 맹산(孟山)을 설치하고 또 덕천군으로 승격시켰다. 관장하는 면은 □개이다.

관원

군수(郡守), 훈도(訓導) 각 1인이다.

군명 郡名

요원(遼原), 덕주(德州)

형승 形勝

땅은 향산(香山)과 접해 있고, 강은 풍해(豐海 서해(西海))와 통하였다.

본조 박은(朴訔)의 시

산천 山川

장안산(長安山) 군 남쪽 25리에 있다. 진산(鎭山)이다.

당산(堂山) 군 북쪽 3리에 있다.

남산(南山) 군 남쪽 4리에 있다.

금성산(金城山) 군 동쪽 20리에 있다.

장양산(長楊山) 군 남쪽 25리에 있다.

향산(香山) 군 북쪽 45리에 있으니, 바로 영변부의 묘향산(妙香山)이다.

관음산(觀音山) 군 북쪽 48리에 있다.

응강(凝江) 원류는 영원군에서 나와 군 남쪽 2리를 지나고, 또 남쪽으로 흘러 개천(价川)과 순천(順川)을 경유하여 대동강(大同江)이 된다.

대천(大川) 군 남쪽 30리에 있다. 막탄(瘼灘)이라고도 칭하니, 바로 맹산현 대천의 하류로서 응강에 들어간다.

삼탄(三灘) 군 동쪽 15리에 있다. 응강의 물이 대천의 물과 여기에 이르러 합류하므로 이렇게 이름하였다. 여울 가에 굴이 있고 굴 안에 못이 있는데, 깊이를 헤아릴 수 없다. 가뭄이 들어 비를 빌면 효험이 있다.

토산 土産

명주실〔絲〕, 삼〔麻〕, 백옥(白玉), 장양산에서 난다. 지치〔紫草〕, 인삼(人蔘), 오미자(五味子), 복령(茯苓), 잣〔海松子〕, 석청밀(石淸蜜), 사향(麝香), 안식향(安息香), 영양(羚羊), 여항어(餘項魚)

성곽 城郭

금성(金城) 금성산에 있으니, 산의 이름이 여기에서 얻어졌다. 본조 태조(太祖) 때에 돌로 쌓았다. 삼면이 절벽이고, 둘레가 3125자이다. 문이 있으며, 안에 샘이 1개 있고, 또 군창(軍倉)이 있다.

학교 學校

향교(鄕校) 군 서쪽 7리에 있다.

궁실 宮室

객관(客館)

우역 郵驛

평지원(平地院) 군 서쪽 40리에 있다.

사묘 祠廟

사직단(社稷壇) 군 서쪽에 있다.

문묘(文廟) 향교에 있다.

성황사(城隍祠) 당산(堂山)에 있다.

여단(厲壇) 군 북쪽에 있다.

사찰 寺刹

관음사(觀音寺) 관음산에 있다.

흥덕사(興德寺) 장안산에 있다.

고적 古蹟

고무산현(古撫山縣) 군 서쪽 180리에 있다. 예전에는 영변부에 편입되었다가 본조 혜장왕(惠莊王 세조) 때에 이입(移入)되었다. 영변부에 자세히 나온다.

개천군 价川郡

동쪽으로 덕천군(德川郡) 경계까지 37리이다. 남쪽으로 자산군(慈山郡) 경계까지 79리, 순천군(順川郡) 경계까지 60리, 은산현(殷山縣) 경계까지 32리, 안주(安州) 경계까지 32리이다. 서쪽으로 영변부(寧邊府) 경계까지 34리이다. 북쪽으로 같은 부 경계까지 63리이다. 서울과의 거리는 780리이다.

한전 旱田

수전 水田

건치연혁 建置沿革

본래 고구려 지역이다. 뒤에 발해에 함락되고 이어서 여진의 점거지가 되었다. 고려 때에 안수진(安水鎭)을 설치하였고, 현종(顯宗) 때에 고쳐 연주(連州)로 삼았다가, 뒤에 조양진(朝陽鎭)으로 고쳤다. 고종(高宗) 초에 다시 연주로 삼았으니, 거란(契丹) 군사를 방어한 공적이 있어서 다시 승격시켜 주(州)로 삼은 것이다. 얼마 뒤에 익주(翼州)로 고치고, 뒤에 또 개주(价州)로 고쳤다. 본조 공정왕(恭定王 태종) 13년(1413)에 고쳐 개천군으로 삼았다. 관장하는 면은 □개이다.

관원

군수(郡守), 훈도(訓導) 각 1인이다.

군명 郡名

안수(安水), 연주(連州), 조양(朝陽), 익주(翼州), 개주(价州)

산천 山川

임대산(林大山) 군 북쪽 4리에 있다. 진산(鎭山)이다.

광산(光山) 군 북쪽 7리에 있다.

오봉산(五峯山), 건지산(巾之山) 모두 군 서쪽 30리에 있다.

고야산(姑射山) 군 남쪽 30리에 있다.

백운산(白雲山) 군 남쪽 8리에 있다.

횡계산(橫溪山) 군 남쪽 40리에 있다.

난결현(卵結峴) 군 동쪽 44리에 있다.

순천강(順川江) 군 남쪽 30리에 있다. 원류는 영원(寧遠)과 맹산(孟山)에서 나와 덕천군에 이르러 응강(凝江)이 되고 군 경내에 들어오는데, 또 순천(順川) 옛터를 지나므로 이렇게 이름하였다. 또 남쪽으로 흘러 대동강(大同江)이 된다.

청천강(淸川江) 군 북쪽 39리, 영변부 경계에 있다. 세속에서 장항강(獐項

江)이라고 칭한다. 그 원류는 영원과 희천(熙川)에서 나와 다시 묘향산(妙香山) 물과 합해지고, 군 서북쪽 지경에 이르러 분탄(奔灘)이 되며, 또 서쪽으로 흘러 안주(安州) 경계에 들어간다.

남천(南川) 군 남쪽 1리에 있다. 그 원류는 둘인데 하나는 백운산에서 나오고 하나는 난결현에서 나와 합해져서 서쪽으로 흘러 청천강에 들어간다.

부연(釜淵) 군 동쪽 20리에 있다. 원류는 난결현에서 나와 남천에 들어가는데 깊이를 헤아릴 수가 없다. 가뭄이 들면 비를 빈다.

분탄(奔灘) 군 서북쪽 38리에 있으니, 바로 청천강 여울이다. 물살이 빠르고 급하므로 이렇게 이름하였다.

토산 土産

명주실〔絲〕, **삼**〔麻〕, **수철**(水鐵), **석철**(石鐵), 모두 건지산에서 난다. **지치**〔紫草〕, **인삼**(人蔘), **잣**〔海松子〕, **궁간상**(弓幹桑), **꿀**〔蜂蜜〕, **황랍**(黃蠟), **영양**(羚羊), **수달**(水獺), **은구어**(銀口魚 은어), **여항어**(餘項魚)

궁실 宮室

객관(客館)

학교 學校

향교(鄕校) 군 동쪽 1리에 있다.

우역 郵驛

소고역(所古驛) 군 서쪽 30리에 있다.

난결원(卵結院) 난결현 아래에 있다.

관량 關梁

장항나루〔獐項渡〕 군 북쪽 38리에 있으니, 바로 청천강진나루〔淸川江津渡〕이다. 길이 영변(寧邊)으로 통한다.

사묘 祠廟

사직단(社稷壇) 군 서쪽에 있다.

문묘(文廟) 향교에 있다.

성황사(城隍祠) 군 북쪽 2리에 있다.

여단(厲壇) 군 북쪽에 있다.

사찰 寺刹

관음사(觀音寺) 고야산에 있다.

대림사(大林寺) 대림산(大林山)에 있다.

삼각사(三角寺) 백운산에 있다.

횡계사(橫溪寺) 횡계산에 있다.

뇌사(磊寺) 오봉산에 있다.

고적 古蹟

조양진성(朝陽鎭城) 옛터가 군 서남쪽 20리에 있다. 흙으로 쌓았다. 둘레가 1만 5436자이다.

장환성(長桓城) 옛터가 군 서쪽 30리에 있다.

분탄역(奔灘驛) 옛터가 군 북쪽에 있다.

장리역(長里驛) 옛터가 군 남쪽에 있다.

고야산고성(姑射山古城) 돌로 쌓았다. 둘레가 3만 6761자이다.

명환 名宦

고려

소현(蘇顯) 문종(文宗) 때에 연주 방어부사(連州防禦副使)가 되었다. 장리(長吏), 군민(軍民) 등 800여 인이 병마사(兵馬使) 양대춘(楊帶春)에게 고하여 말하기를 "부사(副使)가 부임해 온 이래 농사와 누에치기를 권과(勸課)하여 백성들을 구휼해 주었습니다." 하므로 양대춘이 조정에 보고하니, 상서이부(尙書吏部)에 제령(制令)을 내려 법제에 준거하여 헤아려 서용하도록 하였다.

권단(權呾) 충렬왕(忠烈王) 때에 개주 부사(价州副使)가 되어 청렴하고 부지런하며 정밀하고 밝다고 칭송되었다. 뒤에 삼도(三道)를 안찰하게 되어서는 문서를 행할 때에 영판(鈴板)[187]을 사용하였을 뿐 한 사람의

187 영판(鈴板) : 영첩(鈴牒)이라고도 한다. 긴급히 전달하여야 하는 공문서를 말한다.

사자(使者)도 파견한 적이 없는데 명령이 행해지고 금령(禁令)이 지켜졌다.

순천군順川郡

동쪽으로 은산현(殷山縣) 경계까지 11리, 맹산현(孟山縣) 경계까지 15리, 덕천군(德川郡) 경계까지 89리이다. 남쪽으로 자산군(慈山郡) 경계까지 11리이다. 서쪽으로 개천군(价川郡) 경계까지 12리이다. 북쪽으로 같은 군 경계까지 19리이다. 서울과의 거리는 701리이다.

한전 旱田

수전 水田

건치연혁 建置沿革

본래 고구려 지역이다. 뒤에 발해에 함락되고 이어서 여진의 점거지가 되었다. 고려 때에 정융군(靜戎郡)을 설치하였고, 성종(成宗) 때에 고쳐 순주(順州)로 삼았다. 고종(高宗) 때에 덕주(德州)에 편입시켰다가 뒤에 다시 순주를 떼어 내 군(郡)으로 삼았다. 본조 공정왕(恭定王 태종) 13년(1413)에 순천군으로 고쳤다. 관장하는 면은 □개이다.

관원

군수(郡守), 훈도(訓導) 각 1인이다.

군명 郡名

정융(靜戎), 순주(順州)

산천 山川

도산(刀山) 군 북쪽 4리에 있다. 진산(鎭山)이다.

용주산(龍住山) 군 동쪽 10리에 있다.

봉서산(鳳棲山) 군 서쪽 10리에 있다.

팔봉산(八峯山) 군 동쪽 100리에 있다. 산에 여덟 봉우리가 있으므로 이렇게 이름하였다.

봉일산(奉日山) 군 북쪽 20리에 있다.

관타재(官墮岾) 군 동쪽 110리에 있다. 민간에 전해지기를 예전에 군수가 이곳에서 놀다가 떨어져 죽었으므로 이렇게 이름하였다 한다.

용도(龍島) 옛 읍성(邑城) 북쪽에 있다. 둘레가 400여 자이다. 섬 북쪽 7리에 용지(龍池)가 있으니, 둘레가 또한 400여 자이다.

추암(鷲巖) 군 -원문 4, 5자 결락-에 있다. ○ 본조 민제인(閔齊仁)의 시[188]에,

깎아지른 푸른 절벽 만 길도 넘어 削成蒼壁萬尋强

188 민제인(閔齊仁)의 시 : 〈추암 2절(鷲岩二絶)〉이다. 《立巖集 卷1》

푸른 하늘 가닿아 큰 들판 굽어보네 倚薄靑空俯大荒
한 번 바라보매 사람들 의기 솟게 하여 一望令人增意氣
잽싸게 올라 곧장 무수리 타고 날고 싶네 飛登直欲駕鶖鶬

하고, 또

우뚝 솟은 암석들 무엇이 상대할 만한가 屹立巖巖孰可當
찬 벼랑 반들거리는 바위에 가을빛이 쌀쌀하네 崖寒石滑凜秋光
검푸른 면모 오랜 세월 지나도 변함없는데 蒼顏萬古還如昨
흘러가는 구름은 절로 하 바삐 날아가네 流來行雲太自忙

하였다.

순천강(順川江) 바로 개천군의 순천강 하류이다. 군 동쪽을 경유하고 또 자산군을 지나 대동강(大同江)이 된다.

금천(金川) 군 서남쪽 13리에 있다. 원류는 안주(安州) 검산(檢山)에서 나와 순천강에 들어간다.

부연(釜淵) 용도 남쪽 15리, 천장리(天將里)의 산골짜기 안에 있다. 가물어도 마르지 않으며 겨울에도 얼지 않는다. 3리를 흘러서 땅속으로 스며든다.

이재탄(貍岾灘) 군 동쪽 112리에 있으니, 바로 순천강 여울이다. 물이 협곡 안을 흐르는데 위아래로 여울이 많고 물살이 급하다.

사탄(斜灘) 군 동쪽 8리에 있으니, 순천강 여울이다. 그 아래에 또 기탄(岐灘)이 있다.

귀출천(貴出泉) 군 동쪽 35리에 있다. 산 남쪽 석벽에 구멍이 있어 폭포수가 쏟아져 나오는데 굴 둘레가 수십 자이고, 그 물이 흘러 내가 되어 남쪽으로 순천강에 들어간다.

광천(廣泉) 군 동쪽 120리에 있다. 남쪽으로 흘러 순천강에 들어간다.

토산 土産

명주실〔絲〕, 삼〔麻〕, 지치〔紫草〕, 녹반(綠礬), 군 동쪽 110리 잠서리(蠶墅里)에서 난다. 옻〔漆〕, 인삼(人蔘), 석창포(石菖蒲), 안식향(安息香), 오미자(五味子), 수유(酥油), 꿀〔蜂蜜〕, 황랍(黃蠟), 영양(羚羊)

학교 學校

향교(鄕校) 군 서쪽 2리에 있다.

궁실 宮室

객관(客館)

청원루(淸遠樓) 객관의 문루(門樓)이다.

관량 關梁

성암나루〔城巖渡〕 군 동쪽 7리에 있으니, 바로 순천강진나루〔順川江津渡〕이다.

안평나루〔安平渡〕 군 동쪽 110리에 있으니, 바로 순천강상류진나루〔順川江上流津渡〕이다. 그 아래에 또 두음진(豆音津)과 잠서진(蠶墅津)이 있는데, 모두 군과의 거리는 동쪽으로 100여 리이다.

사묘 祠廟

사직단(社稷壇) 군 서쪽에 있다.

문묘(文廟) 향교에 있다.

성황사(城隍祠) 군 서쪽 4리에 있다.

여단(厲壇) 군 북쪽에 있다.

사찰 寺刹

동림사(東林寺) 용주산에 있다.

서림사(西林寺) 봉서산에 있다.

남선사(南禪寺) 팔봉산에 있다.

북천사(北泉寺) 봉일산에 있다.

고적 古蹟

밀전역(密田驛) 옛터가 군 동쪽 60리에 있다.

함덕역(咸德驛) 옛터가 군 동쪽 90리에 있다.

옛 읍성〔古邑城〕 군 동쪽 105리에 있다. 흙으로 쌓았다. 둘레가 4867자이다. 고려 초에 쌓은 것인데 지금은 군 경계를 넘어 은산현 동북쪽에 들어간다.

인물 人物

본조

이귀철(李龜鐵) 태조조(太祖朝)에 봉직하여 여러 관직을 거쳐 도총제(都摠制)에 이르렀다. 시호는 정양(貞襄)이다.

자산군 慈山郡

동쪽으로 은산현(殷山縣) 경계까지 4리이다. 남쪽으로 평양부(平壤府) 경계까지 36리, 순안현(順安縣) 경계까지 39리이다. 서쪽으로 숙천부(肅川府) 경계까지 34리이다. 북쪽으로 순천군(順川郡) 경계까지 11리, 개천군(价川郡) 경계까지 22리이다. 서울과의 거리는 679리이다.

한전 旱田

수전 水田

건치연혁 建置沿革

본래 고구려 지역이다. 고구려가 망하자 지역이 모두 황폐해졌다. 고려 태조(太祖)가 문성군(文城郡)을 설치하였고, 얼마 뒤에 대안주(大安州)로 고쳤다. 성종(成宗) 초에 고쳐 자주(慈州)로 삼았고, 뒤에 강등시켜 군(郡)으로 삼았다. 본조 태종(太宗) 13년(1413)에 고쳐 자산군으로 삼았다. 관장하는 면은 □개이다.

관원

군수(郡守), 훈도(訓導) 각 1인이다.

군명 郡名

문성(文城), 대안주(大安州), 자주(慈州)

산천 山川

봉린산(鳳麟山) 군 서남쪽 30리에 있다.

자모산(慈母山) 군 서쪽 20리에 있다.

대동강(大同江) 순천군 경계에서 흘러 들어와 군 동쪽을 경유하고, 또 동남쪽으로 흘러 강동현(江東縣) 지경에 이르러 비류강(沸流江)과 합해진다.

우가연(禹家淵) 군 동쪽 4리에 있다. 대동강 물이 여기에 이르러 멈춰 모여 들어 못이 되는데, 그 깊이는 헤아릴 수 없다. 민간에 전해지기를 -원문 3, 4자 결락-으로 이렇게 이름하였다고 한다.

생두리지(生頭里池) 군 북쪽 7리에 있다.

토산 土産

명주실〔絲〕, 삼〔麻〕, 석종유(石鍾乳), 안식향(安息香), 수유(酥油)

성곽 城郭

자모산성(慈母山城) 돌로 쌓았다. 둘레가 1만 2733자이다. -원문 2, 3자 결락- 문이 있으며, 성안 골짜기마다 샘물이 솟아 나오는데, 민간에서는 구십구정(九十九井)이라고 한다. 군영(軍營) 옛터가 있으며 또 군창(軍倉)도 있다.

학교 學校

향교(鄕校) 군 북쪽 2리에 있다.

궁실 宮室

객관(客館)

사묘 祠廟

사직단(社稷壇) 군 서쪽에 있다.

문묘(文廟) 향교에 있다.

성황사(城隍祠) 군 서쪽 3리에 있다.

여단(厲壇) 군 북쪽에 있다.

사찰 寺刹

안국사(安國寺) 봉린산에 있다.

천왕사(天王寺) 자모산에 있다.

정수사(正水寺) 수고산(水庫山)에 있다.

고적 古蹟

이성(泥城) 옛터가 군 남쪽 30리에 있다. 흙으로 쌓았다. 둘레가 1250자이다.

금천역(金川驛) 옛터가 군 북쪽 30리에 있다.

선전역(善田驛) 옛터가 군 서쪽 15리에 있다.

명환 名宦

고려

최춘명(崔椿命) 고종(高宗) 18년(1231)에 자산 부사(慈山副使)가 되었다. 몽고 군사가 고을을 포위하였으나 아전과 백성들을 거느리고 굳게 지켰다. 왕이 몽고의 원수(元帥) 살례탑(撒禮塔)의 힐책을 받을 것을 걱정하여 사람을 보내 항복하기를 권유하였으나, 최춘명은 성문을 닫고 응대하지 않았다. 삼군의 장수가 왕명에 따라 항복하자 회안공(淮安公) 왕정(王侹)이 대집성(大集成)을 보내 항복하기를 권유하였으나, 최춘명은 성루에 앉아 사람을 시켜 대답하기를 "성안에서는 회안공이 있는 줄도 모른다." 하였다. 대집성이 돌아와 최이(崔怡)에게 모함하기를 "최춘명이 항복하지 않으면 화가 장차 적지 않을 것이니, 의당 죽여서 몽고에게 보이는 것이 좋겠소." 하였다. 최이가 사람을 보내 베려고 하였는데, 최춘명은 언사나

얼굴빛도 변하지 않았다. 몽고 사람이 사실을 물어 알고는 이에 말하기를 "이 사람은 우리에게는 명을 거역하였지만 너희에게는 충신이다. 우리도 죽이지 않는데 너희가 성을 보전한 충신을 죽여서야 되겠는가." 하여 마침내 풀려나게 되었다. 뒤에 전공을 논할 때에 1등이 되고, 관직은 추밀부사(樞密副使)에 이르렀다.

인물 人物

본조

김광귀(金光貴) 태조조(太祖朝)에 공조 전서(工曹典書)를 지냈다.

상원군祥原郡

동쪽으로 황해도 수안군(遂安郡) 경계까지 40리이다. 남쪽으로 같은 도 황주(黃州) 경계까지 41리이다. 서쪽으로 평양부(平壤府) 경계까지 23리, 중화군(中和郡) 경계까지 20리이다. 북쪽으로 삼등현(三登縣) 경계까지 37리, 강동현(江東縣) 경계까지 37리이다. 서울과의 거리는 600리이다.

한전旱田

수전水田

건치연혁建置沿革

본래 고구려 식달현(息達縣)이다. 신라 헌덕왕(憲德王) 때에 이름을 토산(土山)으로 고쳤다. 고려 현종(顯宗) 때에 황주(黃州)에 예속시켰다. 충숙왕(忠肅王) 때에 승격시켜 상원군으로 삼았고 공신 조인규(趙仁規)의 고향이므로 승격시켰다. 뒤에 본도에 예속시켰다. 본조에서 그대로 따랐다. 관장하는 면은 -원문 3, 4자 결락-개이다.

관원

군수(郡守), 훈도(訓導) 각 1인이다.

군명 郡名

식달(息達), 토산(土山)

형승 形勝

높은 산이 둘러싸고 있다. 본조 장덕량(張德良) 기문에 "높은 산이 둘러싸고 있고 수목이 울창하다."라고 하였다.

산천 山川

반룡산(盤龍山) 군 서쪽 3리에 있다. 진산(鎭山)이다.

화산(花山) 군 동쪽 3리에 있다.

관문산(觀門山) 일명 관음산(觀音山)이라고 한다. 군 북쪽 20리에 있다. 산 안에 굴이 있으니 가수굴(佳殊窟)이라고 한다.

고령산(高嶺山) 군 북쪽 20리에 있다.

성산(城山) 군 남쪽 15리에 있다.

용란산(龍卵山) 군 동쪽 1리에 있다.

화산(禾山) 군 동쪽 30리에 있다.

가수석굴(佳殊石窟) 관문산 안에 있다. 굴 안에 돌이 있는데 사람 모양으로 한데 엉겨 붙었고, 혹 금수(禽獸), 훼목(卉木), 대사(臺榭), 당번(幢幡), 정부(鼎釜)와 같은 온갖 사물의 모양이 천태만상으로 모두 갖추어져 있다.

○ 본조 남효온(南孝溫)의 기문[189]에 "굴은 입구가 하나이고 구멍이 여덟 개이다. 그 안에 들어가면 기기괴괴(奇奇怪怪)하여 그 형상이 수만 가지이다. 내가 그 굴을 유람할 때 승려로 하여금 길을 잡아 인도하도록 하고 종복들이 30개의 횃불을 잡고 따르게 하였다. 입구가 남쪽으로 난 굴이 있었는데, 그 가운데에 가수굴 신판(神板)이 있으니 현관(縣官)이 강향(降香)하는 곳이다. 동쪽에 사자처럼 생긴 바위가 있고 서쪽에 미륵처럼 생긴 바위가 있으며, 사자 바위 북쪽에 구멍 하나가 있으니 이름을 독존굴(獨存窟)이라고 한다. 그 구멍이 매우 좁아 겨우 한 사람만 들어갈 수 있으므로 엉금엉금 기어갔고, 횃불은 들어갈 수 없어서 등불을 밝힌 뒤에야 볼 수 있었다. 독존굴의 북쪽에 사람 모양 같은 돌이 있고 그 아래에는 배 모양 같은 돌이 있었으며, 그 북쪽을 올려다보면 당번과 일산(日傘) 같은 모양의 돌들이 수도 없이 아래로 드리워져 있어서 광경이 매우 특이하였다. 배 모양의 돌 뒤쪽에 구멍 하나가 있는데, 몇 장(丈)쯤 들어간 곳에 위로 산을 뚫고 있어 이름을 천창굴(天窓窟)이라고 한다. 굴 앞에 첩첩 바위가 단을 이루었으니 승려들의 말에 성인이 재계하던 곳이라 한다.

독존굴에서 서쪽으로 수백 보 되는 곳에 남쪽 아래로 구멍이 하나 있으니 관음굴(觀音窟)이라고 한다. 두 손으로 땅을 짚고 무릎으로 수십 보를 기어가며 횃불을 따라 들어가니, 그 안은 매우 넓고 좌우로 기묘한 형상의 돌이 헤아릴 수 없이 많았다. 그 중간에 사람 모양의 돌 하나가 있는데 동

189 남효온(南孝溫)의 기문 : 〈유가수굴기(遊佳殊窟記)〉이다. 《秋江集 卷4》

자석(童子石)이라고 칭한다. 이것을 지나 좌측에는 일산이 끈이 있어 위로 매달려 있는 듯한 돌이 있고, 우측에는 일산이 끈 없이 땅에 떨어진 듯한 돌이 있으니 이름을 마천개(磨天蓋)라고 한다. 이들을 지나 좌우에 천왕(天王)이라고 이름한 돌이 두 개 있다. 또 이것을 지나 있는 바위는 위로 높고 크게 솟아 있으니 승려가 수미대(須彌臺)라고 칭하였다. 대 위에 있는 돌은 이름이 관음석(觀音石)이다. 대 아래에 우물이 있는데 이름이 감로천(甘露泉)으로 물맛이 매우 좋았다. 대 남쪽에 솥 모양을 한 둥근 돌이 있고 이것을 지나서 10여 층 석탑의 모양을 한 것이 두 개 있는데, 두 탑 사이에 동자가 절하여 엎드린 형상의 돌이 있으니 그것도 동자석이라고 칭한다. 이것을 지나 논을 구획한 형상이 있다.

이윽고 내가 발길을 돌려 왔던 길을 따라 나와서는 곧바로 탑의 서쪽 뒷길로 들어가서 우뚝 솟은 한 쌍의 돌 곁에 이르렀다. 물이 두 돌 위에 뚝뚝 떨어지는데 쌍룡대(雙龍臺)라고 부른다. 대 뒤에 오목하게 파여 물이 들어 있는 돌이 있고, 대 뒤를 넘어가면 아까 지나갔던 수미대이다. 쌍룡대와 수미대 사이에서 서쪽으로 한 구멍에 들어가니, 칠보굴(七寶窟)이라고 한다. 왼쪽은 돌이 모두 구슬을 꿴 형상이고, 위쪽에는 유리로 만든 보당(寶幢)[190] 같은 것들이 무수하다. 여기를 지나면 사람 형상과 불상 같은 돌이 무려 천만 개나 있어 기괴함을 헤아릴 수 없으니 완연히 하나의 별세계이다. 굴 안은 넓이가 반 리나 된다. 두루 돌아보고 다시 나올 때에는 좌측으로 수미대를 끼고서 엎드려 입구를 나왔다.

또 이곳 서쪽으로 고개를 넘어 반 리쯤 가니 세 개의 굴이 있었는데, 기

190 보당(寶幢) : 보주(寶珠 구슬)로 장식한 깃대 혹은 깃발을 말한다.

립한 바위가 아래로부터 위로 연결되어 있었다. 바위 남쪽 동굴을 우협굴(牛脥窟)이라고 하고 북쪽 동굴을 용설굴(龍舌窟)이라고 하며 바위의 서쪽을 지함굴(地陷窟)이라고 하니, 세 굴이 이 바위 하나를 사이에 두고 한 구역을 이루고 있다. 내가 북쪽 길에서 북쪽 편 바위 모서리를 더위잡고 오르니, 형세가 마치 구름사다리 같았다. 용바위를 지나 북쪽으로 가다가 길이 다하는 곳에 용의 혀처럼 생긴 돌이 절벽에 드리워져 있는데 혀끝에 물방울이 떨어져 우물을 만들었으며, 그 위에 용의 형상 같은 돌이 있고 아래에 용의 발 같은 돌이 있다. 관람을 마치고 도로 나와서 비스듬히 오른쪽으로 걸어가 어떤 바위에 이르니, 그 위에 돌을 쌓아 만든 구들이 있었다. 승려들이 전하기를 예전에 선승(禪僧)이 이곳에 들어가 도를 닦았다고 한다. 이곳을 지나 남쪽으로 가서 오른쪽으로 지함굴(地陷窟)에 들어갔다. 몸을 웅크리고 수십 걸음을 가서 둘러보니 매우 넓었다. 또 그 북쪽에 수직으로 내려가는 작은 동굴이 있었는데 그 깊이를 헤아릴 수 없어서 횃불 하나를 던지자 굴러 내려가는 소리가 아득히 들리면서 오래도록 끊어지지 않았다. 민간에 전해지는 말로는 이곳에 들어가면 북쪽으로 영북(嶺北 함경도)과 통한다고 한다. 예전에 학기(學己)라는 승려가 밥을 싸 가지고 횃불을 들고서 이 굴에 들어갔는데, 그 안이 끝이 없었고 냇물이 가로질러 흘러 끝없이 건너도 맞은편 언덕에 닿지 못하고 마침내 되돌아오니, 7일 밤낮이 지났다고 한다. 내가 동굴 앞에 서니 정신이 아찔하여 오래 서 있을 수 없었다. 이에 바로 나와 다시 비스듬히 남쪽으로 걸어가서 우협굴에 들어가니 동굴 입구가 매우 시원하게 트여 있었고 가운데에 돌을 쌓아 단(壇)을 이루었다. 이곳을 지나 서쪽으로 가니 소갈비가 가로놓인 듯한 바위가 있었다. 그 아래쪽으로 다 지나가서 위로 어떤 작은 동굴을 보며 가파른 암석을 더위잡고 한 층을 올라갔는데, 층층 바위의 좌우가 모두 검었다. 대처럼 생긴 큰 바위를 보았는데 그 위가 까마득히 끝이 없어 승려들도 다 가보지 못한 곳이었다.

이때에 심신이 피곤하여 다시 굴 입구로 나오니, 횃불 30개도 다 소진되었다. 나오고 보니 한바탕 꿈인양 어렴풋하였다. 아아, 이 또한 조물주가 장난한 것이리라. 어찌면 이렇게 천태만상을 모두 굴 안에 갖추고 있단 말인가." 하였다. ○ 본조 김시습(金時習)의 시[191]에,

텅 빈 동굴은 하도 깊어 바닥이 없고	空洞深無底
험준한 바위는 우뚝 솟아 형상 이루었네	崚嶒聳有形
떨어지는 종유는 휘장이 되었고	滴乳成幰蓋
불쑥 내민 등성이는 난간이 되었네	起脊作欄欞
문득 제선국[192]에 들어와	淹入梯仙國
송나라 운석[193] 놀라 문질러 보네	驚捫隕宋星
유공[194]이 만일 이곳을 보았다면	柳公如見此
기문을 지어 산에 새겼으리라	作記勒山屛

191 김시습(金時習)의 시 : 〈가수굴(佳殊窟)〉이다. 《梅月堂集 梅月堂詩集 卷4》

192 제선국(梯仙國) : 신선이 처음 된 자는 이 나라에 보내져 70만 일을 수행한 뒤에 비로소 하늘에 오르게 된다는 고사가 있다. 《太平廣記 神仙二十》 여기서는 동굴을 신선 세계 혹은 신선 세계로 들어가는 길목에 비유한 것이다.

193 송나라 운석(隕石) : 《춘추좌씨전(春秋左氏傳)》 희공(僖公) 16년에 "하늘에서 돌멩이가 송나라 도성에 떨어졌는데, 이는 하늘 위의 별들이 쏟아져 내린 것이다."라는 기록이 있다. 여기서는 굴 안의 돌을 하늘에서 떨어진 별들에 비유한 것이다.

194 유공(柳公) : 유종원(柳宗元)을 일컬은 듯하다. 〈연주군의 종유굴에서 석종유가 다시 나온 데 대한 기문〔連州郡復乳穴記〕〉을 지었다. 《古文眞寶 後集 卷5》

하였다.

동천(東川) 군 동쪽 2리에 있다. 화산에서 나와 대동강에 들어간다.

오정탄(於丁灘) 군 북쪽 37리에 있다.

토산 土産

명주실〔絲〕, 삼〔麻〕, 지치〔紫草〕, 꿀〔蜂蜜〕, 황랍(黃蠟), 닥나무〔楮〕

학교 學校

향교(鄕校) 군 서쪽 1리에 있다.

궁실 宮室

객관(客館)

동락루(同樂樓) 장덕량의 기문이 있다.

우역 郵驛

보제원(普濟院) 군 북쪽 5리에 있다.

광제원(廣濟院) 군 남쪽 20리에 있다.

와좌미원(臥佐未院) 군 동쪽 30리에 있다.

오정탄원(於丁灘院) 군 북쪽 31리에 있다.

신원(新院) 군 동쪽 30리에 있다.

사묘 祠廟

사직단(社稷壇) 군 서쪽에 있다.

문묘(文廟) 향교에 있다.

성황사(城隍祠) 용란산에 있다.

여단(厲壇) 군 북쪽에 있다.

사찰 寺刹

운제사(雲際寺) 반룡산에 있다.

심곡사(深谷寺), 동일사(東日寺) 모두 화산에 있다.

은고사(銀古寺) 관문산에 있다.

법화사(法華寺) 성산에 있다.

개천사(開天寺) 고령산에 있다.

명환 名宦

고려

곽종(郭宗) 지상원군사(知祥原郡事)가 되었다.

인물 人物

고려

최응(崔凝) 대상(大相) 최우달(崔佑達)의 아들이다. 어머니가 임신했을 때 집의 호박 넝쿨에 갑자기 참외가 열렸다. 고을 사람이 궁예(弓裔)에게 고하여 궁예가 점을 치게 하였더니, 말하기를 "사내아이를 낳으면 나라에 이롭지 않습니다." 하였다. 이에 부모가 숨겨 길렀는데, 어려서부터 학문에 힘썼으며 자라서는 오경(五經)을 통달하고 글을 잘 지었다. 태조(太祖)를 도와 삼한(三韓)을 통합하고, 누차 승진하여 지원봉성사(知元鳳省事), 광평시랑(廣評侍郞)을 거치고 태자태부(太子太傅)에 이르렀다. 시호는 희개(熙愾)이다. 태조의 묘정에 배향되었다.

이주헌(李周憲) 처음엔 소리(小吏)로서 시작하였는데, 부지런하고 야무지다는 칭찬을 많이 들었다. 성종(成宗)이 일찍이 말하기를 "쇠 중에도 쟁쟁(錚錚)한 쇠다."라고 하고 감찰 사헌(監察司憲)에 제수하였다. 현종 때 관직이 상서 우복야(尙書右僕射)에 이르렀다.

안소광(安紹光) 대대로 장수를 지낸 집안으로, 체모가 크고 걸출하였다. 목종(穆宗)이 즉위하자 익대(翼戴)한 공이 있다 하여 숙위(宿衛)를 관장하도록 명하였다. 현종조(顯宗朝)에 상서 우복야에 제수되었다. 시호는 경강(敬剛)이다.

조인규(趙仁規) 어머니가 해가 품안으로 들어오는 꿈을 꾸고 이내 임신하였다. 나면서부터 영특하였으며 조금 자라 학교에 나아가 문의(文義)를 대략 통하였다. 충렬왕(忠烈王) 때에 영민한 자제들을 뽑아서 몽고어를 학습시켰는데, 조인규가 여기에 뽑혀 3년 동안 문을 닫고 밤낮으로 쉬지 않고 익혀서 드디어 이름이 알려졌다. 그리하여 주청(奏請)이 있을 때마다 반드시 조인규를 보내었으니, 사신으로 간 것이 무려 30회로서 근로한 것이 많이 드러났다. 어떤 원(元)나라 사람이 우리나라와 유감이 쌓여 있어서 우리 풍속을 바꾸려고 황제에게 호소하여 일이 예측할 수 없게 되었다. 이에 조인규가 단기(單騎)로 중국에 들어가 황제를 뵙고 주달하여 명쾌하게 변명하였으므로 일이 마침내 무사하게 되었다. 서북면 두 변방이 우리에게 복귀된 것[195] 또한 그의 공이다. 딸이 충선왕(忠宣王)의 비(妃)가 되었다. 여러 관직을 거쳐 자의도첨의사사(諮議都僉議司事)에 이르고, 평양군(平壤君)에 봉해져 부(府)를 열고 관속을 두었다. 조회(朝會) 때에 옥대(玉帶)를 띠고 일산(日傘)을 받치고 시종(侍從)을 대동하는 것을 허락하고,[196] 찬배(贊拜)할 때에 이름을 부르지 않게 하고, 칼을 차고 신을 신고 전(殿)에 오르게 하였다. 나라에 큰일이 있으면 집으로 사람을 보내 자문을 구하였다. 죽은 뒤에 정숙(貞肅)의 시호를 받았다.

조서(趙瑞) 조인규의 아들이다. 충렬왕조에 문과에 급제하고 누차 승진하여 동지밀직(同知密直)이 되었다. 원나라에 들어가 천추절(千秋節)을 축

195 서북면……것 : 서북면 병마사 영리인 최탄(崔坦)이 서북 지방에서 반란을 일으켜 서북 지방이 몽고 영토로 편입된 것을 다시 우리 영토로 복귀시킨 일을 말한다. 몽고에서 최탄의 반란 지역을 몽고 영토로 편입시켜 동녕주(東寧府)라고 지명을 고치고 자비령(慈悲嶺)을 국경선으로 정하여 최탄 등을 총관(摠管)으로 임명하였는데, 조인규 등이 왕명을 받고 몽고에서 보내온 사신과 함께 동녕부로 가서 최탄이 날조한 죄를 밝히자 황제가 동녕부를 폐지하고 서북의 여러 성들을 모두 고려로 귀속시켰다.《高麗史 卷130 崔坦列傳》

196 조회(朝會)……허락하고 : 대본에는 '許朝會'으로 되어 있는데,《고려사(高麗史)》 권105 〈조인규열전(趙仁規列傳)〉 및《신증동국여지승람(新增東國輿地勝覽)》 권55 〈평안도(平安道) 상원군(祥原郡)〉 인물(人物)에 근거하여 뒤에 '玉帶傾蓋侍從'을 보충하여 번역하였다.

하하니, 황제가 회원대장군 고려부원수(懷遠大將軍高麗副元帥)에 제수하였다. 돌아오자 왕이 또 검교찬성사(檢校贊成事)에 제수하였다. 시호는 장민(莊敏)이다.

조련(趙璉) 조서의 동생이다. 관직이 첨의찬성사(僉議贊成事)에 이르고, 평양부원군(平壤府院君)에 봉해졌다. 원나라에서 고려국 왕부단사관(高麗國王府斷事官)으로 삼았다. 충숙왕이 일찍이 원나라에 있을 때 조련이 임시로 일을 살핀 것이 5년이었다.[197]

조위(趙瑋) 조련의 동생이다. 충선왕조에 밀직 대언(密直代言)에 제수되고, 충숙왕 때에 첨의찬성사로 승진되고, 평양부원군(平壤府院君)에 봉해졌다. 조위는 재상이 되어 대체(大體)를 힘써 보존하고 사소한 일은 돌아보지 않았다. 이에 사람들이 그 아버지의 풍도가 있다고 하였다.

조덕유(趙德裕) 조련의 아들이다. 아버지의 작위를 이어 왕부단사관이 되었다. 성품이 청백하고 강압을 두려워하지 않았으며 영화와 이익을 좋아하지 않았다. 관직이 판도 판서(版圖判書)에 이르렀다.

197 임시로……5년이었다 : 원나라가 일본을 침략하기 위해 고려에 정동행중서성(征東行中書省)을 설치하고 고려왕이 겸하게 하였는데, 조련이 정동행중서성 좌승상(征東行中書省左丞相)으로서 원나라에 간 왕을 대신하여 5년간 직무를 맡았다. 《高麗史 卷105 趙璉列傳》

삼등현三登縣

동쪽으로 성천부(成川府) 경계까지 19리이다. 북쪽으로 같은 부 경계까지 43리, 강동현(江東縣) 경계까지 27리이다. 남쪽으로 황해도 수안군(遂安郡) 경계까지 2리이다. 서쪽으로 평양부(平壤府) 경계까지 46리, 상원군(祥原郡) 경계까지 31리이다. 서울과의 거리는 667리이다.

한전 旱田

수전 水田

건치연혁 建置沿革

본래 고려 성주(成州) 지역이다. 문종(文宗) 때에 떼어 내 서경(西京)에 편입시켰고, 인종(仁宗) 14년(1136)에 떼어 내 삼등현을 설치하였다. 본조에서 그대로 따랐다. 세종조(世宗朝)에 강동현(江東縣)에 편입시켜 병합하였다가 세조(世祖) 1년(1455)에 다시 떼어 내 설치하였다. 관장하는 면은 □개이다.

관원

현령(縣令), 훈도(訓導) 각 1인이다.

군명 郡名

별호(別號)는 양양(陽壤)이다.

산천 山川

봉두산(鳳頭山) 현 동북쪽 1리에 있다. 진산(鎭山)이다.

제령산(祭靈山) 현 서쪽 20리에 있다.

봉미산(鳳尾山) 현 북쪽 30리에 있다.

건달산(巾達山) 현 서쪽 25리에 있다.

구룡산(九龍山) 현 서쪽 90리에 있다.

능성강(能成江) 현 남쪽 2리에 있다. 그 원류는 바로 양덕현(陽德縣) 남천(南川)이며, 황해도 곡산군(谷山郡) 지경을 지나 고달산(高達山) 물과 합해져서 현 남쪽을 지나고, 또 서쪽으로 흘러 강동현 경계에 이르러 대동강(大同江)에 들어간다. 또 수안군에도 보인다.

관동천(串洞泉) 현 서쪽 20리에 있다.

토산 土産

명주실〔絲〕, 삼〔麻〕, 자연동(自然銅), 강지동(江知洞)에서 난다. 지치〔紫

草〕, 닥나무〔楮〕

학교 學校

향교(鄕校) 현 동쪽 2리에 있다.

궁실 宮室

객관(客館)

우역 郵驛

대사원(大寺院) 현 북쪽 23리에 있다.

사묘 祠廟

사직단(社稷壇) 현 서쪽에 있다.

문묘(文廟) 향교에 있다.

성황사(城隍祠) 현 서쪽 5리에 있다.

여단(厲壇) 현 북쪽에 있다.

사찰 寺刹

쌍봉사(雙鳳寺), 건달사(巾達寺) 모두 건달산에 있다.

동림사(東林寺) 봉두산에 있다.

고산사(高山寺) 봉미산에 있다.

고적 古蹟

벽운대(碧雲臺) 현 서쪽 25리에 있다. 옛터가 있다.

양덕현 陽德縣

동쪽으로 함경도 고원군(高原郡) 경계까지 33리, 같은 도 안변부(安邊府) 경계까지 37리이다. 남쪽으로 황해도 곡산군(谷山郡) 경계까지 22리이다. 서쪽으로 성천부(成川府) 경계까지 128리이다. 북쪽으로 맹산현(孟山縣) 경계까지 154리, 함경도 영흥부(永興府) 경계까지 51리이다. 서울과의 거리는 989리이다.

한전 旱田

수전 水田

건치연혁 建置沿革

본래 고구려 지역이다. 고구려가 망하고 지역이 모두 황폐해졌다. 고려 때에 양암진(陽巖鎭)과 수덕진(樹德鎭)을 설치하였다. 본조 태조(太祖) 5년(1396)에 병합하여 양덕현으로 삼았다. 관장하는 면은 □[198]개이다.

198 □ : 대본에는 없는데, 《동국여지지》 건치연혁(建置沿革) 서술 투식에 근거하여 보충하

관원

현감(縣監), 훈도(訓導) 각 1인이다.

군명 郡名

양암(陽巖), 수덕(樹德)

산천 山川

은우산(隱于山) 현 북쪽 25리에 있다. 진산(鎭山)이다.

영산(靈山) 현 북쪽 20리에 있다. 일명 재령산(載靈山)이라고 한다. 산 정상에 용연(龍淵)이 있는데, 민간에 전해지기를 "나무꾼이나 사냥꾼이 이곳에 올라 시끄럽게 떠들면 구름과 비가 갑자기 쏟아진다." 한다.

우라발산(于羅鉢山) 일명 거차리(巨次里)라고 한다. 현 북쪽 40리, 함경도 고원군과의 경계에 있다.

오강산(吳江山) 현 북쪽 115리, 함경도 영흥부와의 경계에 있다.

청룡산(靑龍山) 현 동쪽 10리에 있다.

남천(南川) 현 남쪽 1리에 있다. 원류는 우라발산에서 나오고, 또 서쪽으로 흘러 황해도 곡산군을 지나 삼등현(三登縣)에 이르러 능성강(能成江)이 된다.

견탄천(犬灘川) 현 서쪽 145리에 있다.

여 번역하였다.

□□동(□□洞) -원문 다수 결락-

완전온천(翫田溫泉) 현 북쪽 20리에 있다. 모두 세 곳인데 매우 뜨겁다.

초천온천(草川溫泉) 현 서쪽 70리에 있다. 모두 두 곳인데 미지근하다.

토산 土産

명주실〔絲〕, 삼〔麻〕, 송이버섯〔松蕈〕, 석이버섯〔石蕈〕, 인삼(人蔘), 오미자(五味子), 복령(茯苓), 잣〔海松子〕, 지치〔紫草〕, 매〔鷹〕, 꿀〔蜂蜜〕, 황랍(黃蠟), 수달(水獺)

성곽 城郭

양암성(陽巖城) 현 서쪽 4리에 있다. 고려 태조(太祖) 21년(938)에 돌로 쌓았다. 둘레가 1637자이며, 안에 샘이 2개 있다. 성지가 높고 험하며 삼면에 물이 있어 1000명의 군사를 수용할 만하다. 군창(軍倉)이 있다.

학교 學校

향교(鄕校) 현 북쪽 1리에 있다.

궁실 宮室

객관(客館)

우역 郵驛

초천역(草川驛) 온천 곁에 있다.

순희원(淳熙院) 현 서쪽 36리에 있다.

사묘 祠廟

사직단(社稷壇) 현 서쪽에 있다.

문묘(文廟) 향교에 있다.

성황사(城隍祠) 현 서쪽 □리에 있다.

여단(厲壇) 현 북쪽에 있다.

사찰 寺刹

백운사(白雲寺) 청룡산에 있다.

고적 古蹟

고수덕(古樹德) 현 서쪽 70리에 있다. 토성(土城) 터가 있는데 둘레가 1824자이다. 고려 성종(成宗) 2년(983)에 쌓았다. 지금은 없어졌다.

맹산현孟山縣

동쪽으로 함경도 영흥부(永興府) 경계까지 31리이다. 남쪽으로 양덕현(陽德縣) 경계까지 54리이다. 서쪽으로 순천군(順川郡) 경계까지 20리, 덕천군(德川郡) 경계까지 33리이다. 북쪽으로 영원군(寧遠郡) 경계까지 50리이다. 서울과의 거리는 1197리이다.

한전 旱田

수전 水田

건치연혁 建置沿革

본래 고구려 지역이다. 뒤에 발해에 함락되고 이어서 여진의 점거지가 되었다. 고려 때에 철옹(鐵甕)을 설치하였고, 현종(顯宗) 때에 고쳐 맹주(孟州)로 삼았다. 맹(孟)은 한편 '맹(猛)'이라고 쓴다. 고종(高宗) 때에 몽고 군사를 피하여 그 땅을 비워 두고 안주(安州) 동촌(東村)에 임시로 거주하였다. 본조 초기에 다시 백성들을 모아서 덕주(德州)에 병합시켰다가, 얼마 뒤에 떼어 내 맹산현으로 삼았다. 관장하는 면은 □개이다.

관원

현감(縣監), 훈도(訓導) 각 1인이다.

군명 郡名

철옹(鐵甕), 맹주(孟州)

산천 山川

두무산(豆無山) 현 동북쪽 60리에 있다. 진산(鎭山)이다.

박달산(朴達山) 현 남쪽 50리에 있다.

안도리산(安都里山) 현 북쪽 70리에 있다.

우장산(牛場山) 현 동쪽 18리에 있다.

수라산(秀羅山) 현 서쪽 5리에 있다.

공암산(孔巖山) 현 남쪽 60리에 있다.

대천(大川) 현 북쪽 20리에 있다. 박달산, 두무산, 안도리산의 물이 합해져서 하나가 되고, 또 서쪽으로 흘러 덕천군에 이르러 응강(凝江)에 들어간다.

남천(南川) 현 남쪽 1리에 있다.

대천(大泉) 객관(客館) 앞에 있다. 동쪽으로 흘러 남천에 들어간다.

원지(圓池) 현 동쪽 60리에 있다. 가뭄이 들어 비를 빌면 효험이 있다.

토산 土産

명주실〔絲〕, 삼〔麻〕, 지치〔紫草〕, 인삼(人蔘), 복령(茯苓), 오미자(五味子), 잣〔海松子〕, 석이버섯〔石蕈〕, 사향(麝香), 매〔鷹〕, 꿀〔蜂蜜〕, 황랍(黃蠟), 수달(水獺), 누치〔訥魚〕, 여항어(餘項魚)

학교 學校

향교(鄕校) 현 북쪽 2리에 있다.

궁실 宮室

객관(客館)

사묘 祠廟

사직단(社稷壇) 현 서쪽에 있다.

문묘(文廟) 향교에 있다.

성황사(城隍祠) 현 북쪽 4리에 있다.

여단(厲壇) 현 북쪽에 있다.

사찰 寺刹

소림사(小林寺) 수라산에 있다.

관음사(觀音寺) 공암산에 있다.

두무사(豆無寺) 두무산에 있다.

고적 古蹟

철옹성(鐵甕城) 현 동쪽 30리에 있다. 둘레가 650자이다. 사면이 절벽이어서 독 주둥이(甕口)처럼 생겼으므로 이렇게 이름하였다. 고려 정종(定宗) 때 쌓았다. 지금은 함경도 영흥부에 예속되었다.

강동현江東縣

동쪽으로 성천부(成川府) 경계까지 5리이다. 북쪽으로 같은 부 경계까지 32리, 자산군(慈山郡) 경계까지 44리이다. 남쪽으로 삼등현(三登縣) 경계까지 8리, 상원군(祥原郡) 경계까지 46리이다. 서쪽으로 평양부(平壤府) 경계까지 39리이다. 서울과의 거리는 668리이다.

한전 旱田

수전 水田

건치연혁 建置沿革

본래 평양부 동촌(東村) 지역이다. 고려 인종(仁宗) 14년(1136)에 떼어 내 강동현을 설치하고 그대로 서경(西京)에 예속시켰다가 뒤에 성주(成州)에 편입시켰다. 공양왕(恭讓王) 때에 다시 떼어 내 현(縣)을 설치하였다. 본조 세종(世宗) 17년(1435)에 삼등현에 병합시켰다가 그대로 본현을 치소(治所)로 삼았다. 현 사람 곽거(郭巨)가 현령을 구타하고 욕보였으므로 혁파하였다. 성종(成宗) 13년(1482)에 다시 떼어 내 설치하였다.

관장하는 면은 □개이다.

관원

현감(縣監), 훈도(訓導) 각 1인이다.

군명 郡名

산천 山川

대박산(大朴山) 현 북쪽 4리에 있다. 진산(鎭山)이다.

구룡산(九龍山) 현 남쪽 15리에 있다.

손자산(孫子山) 현 서쪽 30리에 있다.

만달산(蔓達山) 현 남쪽 30리에 있다. 산 정상에 수철마(水鐵馬)가 있다.

환희산(歡喜山) 현 북쪽 10리에 있다.

진사봉(進士峯) 현 서쪽 22리에 있으니, 바로 옛 읍성(邑城) 서쪽 산기슭이다. 강물을 굽어보고 있다.

대동강(大同江) 자산군 경계에서 흘러 들어와 현 동쪽에 이르러 성천부 비류강(沸流江)과 합해져서 현 서쪽 23리의 옛 읍성 아래에 이르고, 또 삼등현 능성강(能成江)과 합해진 다음 또 서쪽으로 흘러 평양부 지경에 들어간다. 현 서쪽에 있는 것은 서강(西江)이라고 한다. ○ 서강 가운데 석교(石橋)가 있으니, 너비가 7, 8자이고 높이가 13자이며 길이가 70여 보(步)이다. 다리 주변의 수심이 5, 6자여서 사람이 건널 수가 없다. 세속에서 용교

(龍橋)라고 칭한다.

잡파탄(雜派灘) 현 동쪽에 있으니, 대동강이 비류강과 합류하는 곳이다.

수정천(水精川) 현 남쪽 1리에 있다. 서강에 들어간다.

토산 土産

명주실〔絲〕, 삼〔麻〕, 지치〔紫草〕, 닥나무〔楮〕

학교 學校

향교(鄕校) 현 북쪽 2리에 있다.

궁실 宮室

객관(客館)

우역 郵驛

서강원(西江院) 현 서쪽 22리, 서강 동쪽 언덕에 있다.

사묘 祠廟

사직단(社稷壇) 현 서쪽에 있다.

문묘(文廟) 향교에 있다.

성황사(城隍祠) 대박산에 있다.

여단(厲壇) 현 북쪽에 있다.

총묘 塚墓

대총(大塚) 하나는 현 서쪽 3리에 있다. 둘레가 410자이며, 민간에 전해지기를 단군(檀君) 묘라고 한다. 또 하나는 현 북쪽 30리, 도마산(刀亇山)에 있다. 민간에 전해지기를 옛 황제의 묘라고 한다.

사찰 寺刹

용복사(龍福寺) 구룡산에 있다.

대산사(臺山寺) 환희산에 있다.

고적 古蹟

옛 읍성〔古邑城〕 현 서쪽 22리에 있다. 흙으로 쌓았다. 둘레가 5759자이다. 안에 우물이 2개 있다. 고려 고종(高宗) 3년(1216)에 거란(契丹) 유종(遺種)인 금산(金山)과 금시(金始) 두 왕자가 스스로 대요수국왕(大遼收國王)이라고 칭하고 세력을 넓히며 동쪽으로 가서 강동성(江東城)에 들어가 웅거하였다. 몽고 장수 합진(哈眞) 및 찰랄(札剌)이 동진(東眞) 만노(萬奴)가 보낸 완안자연(完顔子淵)의 군사와 함께 와서 토벌하였는데, 마침 대설(大

雪)이 내려 군량을 보급하는 길이 끊어졌다. 합진이 사람을 보내 군량을 청하니, 왕이 조충(趙冲)과 김취려(金就礪)를 보내 10명의 장군과 그 군사를 거느리고 가서 성 아래에서 만나게 하였다. 합진이 성 남문에서 동남쪽 문까지 못을 팠는데, 넓이와 깊이가 10자씩 되었다. 서문 이북은 완안자연에게 맡기고 동문 이북은 김취려에게 맡겨서 모두 해자를 파서 도망하는 자를 막게 하였다. 적의 괴수 감사(喊捨) 왕자는 스스로 목을 매어 죽었고 그 관인(官人), 군졸, 부녀 5만 인이 성문을 열고 나와 항복하였다. 왕자의 처자식 및 위승상(僞丞相), 평장(平章) 이하 100여 인은 모두 군문 앞에서 베어 죽였다. 합진은 부녀와 사내아이 700명 및 우리 백성 가운데 적의 포로가 되었던 200명은 우리에게 돌려보내고 그 나머지는 모두 자기를 따르게 하여 돌아갔다.

태자원(太子院) 현 남쪽 25리에 있다. 석탑이 있고, 탑 남쪽에 연산(連山)이 있다. 세속에서 전하기를 예전에 태자의 태(胎)를 묻어 둔 곳이라고 한다.

유우 流寓

조호익(曺好益) 본조 창원(昌原) 사람이다. 어렸을 때 행의(行義)로 소문이 났다. 경상 도사(慶尙都事)의 모함을 받아[199] 강동에 유배되어 고지산(高芝山) 아래에서 우거하며 그 집을 수지재(遂志齋)라고 편액하고, 좌우에 도

199 경상……받아 : 경상 도사 최황(崔滉)이 자신이 맡긴 임무를 조호익이 제대로 수행하지 못하자 토호(土豪)라고 모함하는 장계를 올려 유배되는 처벌을 받았다.《潛谷遺稿 卷11 贈吏曹參判芝山曹先生行狀》

서를 두고는 침잠하여 깊이 생각하고 연구하였다. 누가 물품을 보내 주는 일이 있으면 의롭지 않은 것은 받지 않았으며, 〈유거부(幽居賦)〉를 지어서 뜻을 드러내었다. 서관(西關) 토박이들은 예전에는 학문을 몰랐는데, 풍문을 듣고 줄지어 모여들었다. 조호익은 각자의 재주에 따라 가르치고 인도하였으며 학규(學規)를 세워 경계를 보였으니, 17년을 지내는 동안 서하(西河)의 유풍(遺風)[200]이 성대하게 일어났다. 만력(萬曆) 연간의 왜란에 소경왕(昭敬王 선조)이 서쪽으로 행차하면서 석방하여 소모관(召募官)으로 삼았다. 조호익은 성천(成川) 쪽으로 달려가 문인(門人)들과 함께 백성들을 효유하여 500여 명을 모집하였으며 사졸들과 동고동락하면서 충의로써 격발시켜 적을 참획한 바가 많았다. 함경도에 들어가 가등청정(加藤淸正) 군사를 후미에서 치고 여러 번 전투를 치르며 내려와 양주(楊州)에 이르자, 왕이 명하여 절충장군(折衝將軍)으로 승진시키고 장려하는 유지와 포상을 내렸다. 안주 목사(安州牧使), 성천 부사(成川府使)를 역임하고 뒤에 영천(永川)으로 돌아가 죽었다. 시호는 지산(芝山)이다.

200 서하(西河)의 유풍(遺風) : 학교를 일으키고 강학(講學)하는 풍속을 말한다. 공자의 제자인 자하(子夏)가 서하 교수(西河敎授)로 있으면서 학교를 일으킨 데서 나온 말이다.

은산현殷山縣

동쪽으로 순천군(順川郡) 경계까지 20리이다. 서쪽으로 같은 군 경계까지 12리, 자산군(慈山郡) 경계까지 23리이다. 남쪽으로 성천부(成川府) 경계까지 20리이다. 북쪽으로 개천군(价川郡) 경계까지 49리이다. 서울과의 거리는 751리이다.

한전 旱田

수전 水田

건치연혁 建置沿革

본래 고구려 지역이다. 고구려가 망하고 지역이 모두 황폐해졌다. 고려 때에 흥덕군(興德郡)을 설치하였고, 성종(成宗) 때에 고쳐 은주(殷州)로 삼았다. 원종(元宗) 초에 몽고 군사의 침략을 받아 잔파되어 성주(成州)에 병합시켰다. 공양왕(恭讓王) 때에 다시 은주를 떼어 내 현(縣)으로 삼았다. 본조 태종(太宗) 때에 고쳐 은산현으로 삼았다. 관장하는 면은 10개이다.

관원

현감(縣監), 훈도(訓導) 각 1인이다.

지금 증보하건대 인조(仁祖) 20년(1642)에 승격시켜 도호부(都護府)로 삼았다가 본현의 관노(官奴)인 정명수(鄭命守)가 청나라에 들어가 용사(用事)하였으므로 승격시켰다. 얼마 뒤에 다시 현으로 삼았다.

군명 郡名

홍덕(興德), 은주(殷州)

산천 山川

진강산(鎭江山) 현 북쪽 5리에 있다. 진산(鎭山)이다.

천성산(天聖山) 현 동북쪽 30리에 있다. 관음삼봉(觀音三峯)이 있고 중봉(中峯) 바위 위에는 말 발자국이 있으니, 민간에 전해지기를 동명왕(東明王)의 기린마(麒麟馬) 자국이라고 한다.

숭화산(崇化山) 현 남쪽 15리에 있다. 산 위 석벽(石壁)에는 굴이 있고 굴 안에는 못이 있고 못 안에는 청련(靑蓮)이 있다.

부판산(付板山) 현 북쪽 30리에 있다.

풍혈(風穴) 부판산 아래에 있다. 큰 바람이 열흘마다 두세 차례씩 분다.

동천(東川) 객관(客館)의 동쪽에 있다. 천성산에서 나와 남쪽으로 흘러 대천(大川)에 들어간다.

대천(大川) 현 동북쪽 60리에 있다. 남쪽으로 흘러 자산군에 이르고 대동강

(大同江)에 들어간다.

개동지(价洞池) 현 서쪽 3리에 있다. 동쪽으로 흘러 동천에 들어간다.

토산 土産

명주실〔絲〕, 삼〔麻〕, 연철(鉛鐵), 자오리(自吾里)에서 난다. 옻〔漆〕, 지치〔紫草〕, 인삼(人蔘), 오미자(五味子), 안식향(安息香), 잣〔海松子〕, 사향(麝香), 궁간목(弓幹木 애끼찌), 꿀〔蜂蜜〕, 황랍(黃蠟), 수달〔獺〕, 영양(羚羊)

학교 學校

향교(鄕校) 현 북쪽 1리에 있다.

궁실 宮室

객관(客館)

가학정(駕鶴亭) 객관 동쪽에 있다.

담담정(澹澹亭) -원문 2, 3자 결락-에 있다. ○ 본조 이안눌(李安訥)의 시[201]에,

천 자 되는 푸른 암벽 위에 千尺蒼巖上

201 이안눌(李安訥)의 시 : 〈은산의 담담정에서 명재 홍방 경망에게 써서 주다〔殷山澹澹亭書贈洪明宰霧景望〕〉이다. 《東岳集 卷5》

붉은 정자 아득히 구름 밖으로 솟았네 紅亭迥出雲
산이 평평하여 하늘이 광활히 펴지고 山平天勢闊
내가 굽이져 흘러 들판이 나뉘어졌네 川曲野形分

하고, 또

우뚝한 정자 어지러운 산봉우리 굽어보고 飛亭俯壓亂山顚
아스라하게 주렴이 허공에 걷혀 있네 縹渺朱簾捲半天
긴 피리 소리 한가락에 나그네 잠 못 이루는데 長笛一聲人不寐
오경의 찬 달만 앞 시내에 가득 차누나 五更寒月滿前川

하였다.

사묘 祠廟

사직단(社稷壇) 현 서쪽에 있다.

문묘(文廟) 향교에 있다.

성황사(城隍祠) 현 서쪽 3리에 있다.

여단(厲壇) 현 북쪽에 있다.

사찰 寺刹

천성사(天聖寺), 관음사(觀音寺) 모두 천성산에 있다.

가섭암(迦葉菴), 아난굴(阿難窟) 모두 승화산에 있다.

고적 古蹟

옛 읍성〔古邑城〕 흙으로 쌓았다. 둘레가 5168자이다. 안에 우물이 9개, 못이 3개 있다.

흥덕역(興德驛) 옛터가 현 남쪽 15리에 있다.

금천역(金川驛) 옛터가 현 동북쪽 29리, 옛 순천(順川) 지역에 있다.

인물 人物

본조

이자화(李自華) 어려서부터 부모를 효성으로 섬기고 보살피기를 게을리하지 않았다. 조석으로 반드시 직접 음식을 만들어 올리고, 매양 제철 음식이 나올 때마다 필히 부모님께 올렸다. 돌아가시자 슬퍼하기를 예에 지나칠 정도로 하고 돌아가신 분 섬기기를 생전에 섬기듯이 하였으며, 상을 마칠 때까지 미음만 마셨다. 일찍이 성종(成宗)을 위해 삼년복(三年服)을 입었는데, 연산군(燕山君) 초에 일이 보고되어 증산 훈도(甑山訓導)에 제수하고, 정문(旌門)을 세우고 복호(復戶)하였다. 갑자년(1504, 연산군10)에 이르러서는 위법 행위라 하여 죽이려고 하자, 이자화가 대부(對簿)[202]하기를 "단지 군부일체(君父一體)라는 것만 알았고 나라 법이 이런 줄 몰랐다." 하고 조용히 형(刑)을 받으니, 그때 나이 70여 세였다. 나라 사람들이 모두 슬퍼하고 애통해하였다.

202 대부(對簿) : 심문(審問)을 받으면서 서면(書面)으로 사실 조사에 답하는 것을 말한다.

강계도호부江界都護府

동쪽으로 옛 자산군(慈山郡) 경계까지 130리이다. 남쪽으로 희천군(熙川郡) 경계까지 270리, 함경도 함흥부(咸興府) 경계까지 306리이다. 서쪽으로 위원군(渭原郡) 경계까지 36리이다. 북쪽으로 압록강(鴨綠江)까지 130리이다. 서울과의 거리는 1361리이다.

한전 旱田

수전 水田

건치연혁 建置沿革

본래 고구려 지역이다. 뒤에 발해에 들어가고, 이어서 여진의 점거지가 되어 독로강(禿魯江)이라고 불리었다. 고려 공민왕(恭愍王) 때에 강계만호부(江界萬戶府)를 설치하였다. 본조 태종(太宗) 1년(1401)에 입석(立石)과 등이언(等伊彦) 두 지역을 병합시켜 석주(石州)라고 칭하였다가 3년(1403)에 다시 강계부(江界府)로 삼고, 13년(1413)에 도호부(都護府)로 삼았다. 세조(世祖) 때에 진(鎭)을 설치하였다. 관장하는 면은 □[203]개이다.

진관

만호진(萬戶鎭) 2개 추파(楸坡), 상토(上土)

관원

부사(府使), 판관(判官), 교수(敎授) 각 1인이다.

군명 郡名

석주(石州)

형승 形勝

땅은 말갈(靺鞨)에 이어져 있고, 산천이 둘러 있다. 본조 정문형(鄭文炯)의 〈인풍루기(仁風樓記)〉에 "강계부는 땅이 말갈에 연하여 있고, 산천이 둘러 있다." 하였다.

압록강이 그 뒤를 두르고 있다. -원문 다수 결락-

서북(西北)의 거진(巨鎭)이다. 정문형의 〈인풍루기〉에 "바로 서북의 거진이며 한 방면을 지키는 중요한 요새가 된다." 하였다.

203 □ : 대본에는 없는데, 《동국여지지》 건치연혁(建置沿革) 서술 투식에 근거하여 보충하여 번역하였다.

풍속 風俗

백성들의 풍속이 순박하고 간략하다. 본조 황희(黃喜)의 시[204]

판잣집을 짓고 화전(火田)을 일군다.

산천 山川

독산(獨山) 부 서남쪽 46리에 있다.

설렬한령(薛列罕嶺) 부 동남쪽 306리에 있다. 동쪽은 함경도 함흥부 경계이니 바로 장백산(長白山) 남쪽 줄기로서 우리나라 서북쪽의 거대한 관문이다. ○ 공민왕이 우리 태조(太祖)를 동북면 원수(東北面元帥)로 삼아 동녕부(東寧府)를 쳐서 북원(北元)과 단절하게 하였는데, 이때 태조가 기병 5000명과 보병 1만 명을 거느리고 동북면에서 초황령(草黃嶺)을 넘어 600여 리를 가서 설한령(雪寒嶺)에 이르렀다[205]고 하였으니, 바로 이 고개이다.

적유령(狄踰嶺) 부 남쪽 269리, 희천군과의 경계에 있다. 산세가 웅장하게 수백 리를 뻗어 나가는데 매우 높고 험하니, 바로 설한령의 서쪽 줄기이다. 압록강 이동(以東)과 청천강(淸川江) 이서(以西)의 여러 산이 모두 여기에서 시작된다.

204 황희(黃喜)의 시 : 《신증동국여지승람》 권55 〈평안도 강계도호부〉 풍속에 "땅은 궁벽한데 풍속은 어찌 그리 순박하고 간략한가. 다시 판잣집에 빗소리만 많게 하는구나.〔地僻民風何朴略? 更教板屋雨聲多.〕"라고 인용되어 있다.

205 공민왕이……이르렀다 : 《고려사(高麗史)》 권42 〈공민왕세가(恭愍王世家)〉 공민왕 19년에 나온다. 《고려사》에는 '초황령(草黃嶺)'이 '황초령(黃草嶺)'으로 되어 있다.

공귀산(公貴山) 부 남쪽 20리에 있다.

두읍개산(豆邑介山) 부 서쪽 36리, 위원군과의 경계에 있다.

이령(梨嶺) 부 북쪽 57리에 있다.

황청동산(黃靑洞山) 부 북쪽 30리에 있다.

어을외령(於乙外嶺) 부 서쪽 36리에 있다.

오만령(五萬嶺) 부 -원문 2, 3자 결락-에 있다.

적유남동(狄踰南洞) 부 -원문 3, 4자 결락-에 있다. ○ 본조 민제인(閔齊仁)의 시[206]에,

푸른 벽 겹겹이 구름 밖에 곧게 서 있고	翠壁重重雲外矗
맑은 시내 굽이굽이 멀리 숲가를 흐르네	淸溪曲曲樹邊遙
석양에 짧은 젓대 소리 들리는 봄 산길을	斜陽短笛春山路
말 가는 대로 읊조리며 열 두 다리 지나가네	信馬吟過十二橋

하고, 또

깊은 골짜기는 선경을 숨기고	邃壑藏仙境
높은 수풀은 햇빛을 가리네	高林蔽日光
천 층 되는 철벽은 웅장도 하고	千層鐵崖壯
백 굽이 석천은 길기도 하여라[207]	百曲石川長
승경 감상 진실로 우연이 아니니	勝賞眞非偶
나그네 시름일랑 문득 잊고 싶네	羈愁便欲忘

206 민제인(閔齊仁)의 시 : 〈적유남동에 내려가서〔下狄踰南洞〕〉이다. 《立巖集 卷1, 卷2》

207 천……하여라 : 철벽은 적유령(狄踰嶺)을 비유하고, 석천은 독로강(禿魯江)을 비유한 듯하다.

다시 오는 것 어찌 기약할 수 있으리오　　重來安可卜
이번 유람 바쁜 것이 도리어 한스럽네　　却恨此遊忙

하였다.

입암(立巖) 부 -원문 2, 3자 결락-에 있다. 강가에 우뚝 서 있는데, 길이가 100여 장(丈)은 되고, 바라보면 모양이 마치 깎아서 만든 것 같다. ○ 민제인의 시[208]에,

풍랑 앞에 우뚝 백 길 넘어 서 있으니　　屹立風濤百丈奇
당당한 기둥 돌을 여기서 보누나　　堂堂柱石見於斯
오늘날 하늘이 무너질까 걱정하는 자 있다면[209]　　今時若有憂天者
조만간 기울음 떠받쳐 줄 이 너 말고 누구이랴　　早晩扶傾舍爾誰

하였다.

장안동(長安洞) 이 또한 강계(江界) 지역인 듯하다. 민제인의 시에 "-원문 다수 결락-"하였다.

압록강(鴨綠江) 부 서쪽 120리에 있다. 그 원류는 호지(胡地)의 백두산(白頭山)에서 나와, 남쪽으로 수백 리 흐르고 꺾여져서 서쪽으로 흘러 갑산(甲山)과 삼수(三水)를 지나고, 여연(閭延), 무창(茂昌), 우예(虞芮), 자성(慈城)에서부터 본부 북쪽 지경을 지나서 또 서쪽으로 흘러 위원군 경계에 들어간다.

독로강(禿魯江) 부 서쪽 1리에 있다. 그 원류는 둘인데, 하나는 희천군 지경

208 민제인의 시 : 〈입암에 제하다〔題立巖〕〉이다. 《立巖集 卷1》
209 하늘이……있다면 : 기우(杞憂)의 고사를 말한다. 중국 기(杞)나라에 살던 어떤 노인이 하늘이 무너질 것을 걱정하여 침식을 잊었다고 한다. 《列子 天瑞》

에 있는 적유령 아래에서 나오고 하나는 함경도 경계인 화을재(和乙岾) 아래에서 나와 부 남쪽 입석(立石)에 이르러 합류하여 독로강이 되고, 위원군 지경을 거쳐 압록강에 들어간다.

마상화(磨尙和) 바로 독로강을 건너는 곳이다.

마마해천(麼麽海川) 부 남쪽 5리에 있다. 함경도 삼수군(三水郡) 경계에서 나와 서쪽으로 흘러 독로강에 들어간다.

고영천(古營川) 부 북쪽 2리에 있다. 원류는 옛 자성(慈城) 서쪽에서 나와 남쪽으로 흘러 추파성(楸坡城) 북쪽을 지나 독로강에 들어간다.

하면동(何眠洞)

호단(呼丹)

입암동(立巖洞)

나한덕(羅漢德)

시개(時介)

원시덕(元時德)

도을한동(都乙恨洞)

가사동(家舍洞)

대훈두(大薰豆)

이상은 무창(茂昌)에 있다.

소훈두(小薰豆)

묵동(墨洞)

나리천(那里川)

감음동(甘音洞)

누둔동(漏屯洞)

봉천대(奉天臺)

야로동(冶鑪洞) 세속에서 부을모동(夫乙毛洞)이라고 칭한다.

주사동(朱砂洞)

이상은 여연(閭延)에 있다.

소롱괴동(所弄怪洞)

조명간동(趙明干洞)

어용괴동(於用怪洞)

신송동(申松洞)

시시내동(時時乃洞)

남파동(南坡洞)

이상은 우예(虞芮)에 있다.

소보리(小甫里)

고도동(古道洞)

파탕동(波湯洞)

이상은 자성에 있다.

삼기현(三岐峴)

황성평(皇城坪) 만포(滿浦)와의 거리가 30리인데, 금(金)나라가 도읍했던 곳이다.

황제묘(皇帝墓) 황성평에 있다. 세상에서 전하기를 금나라 황제묘라고 하는데, 돌을 갈아 만들었고, 높이가 10장은 되며, 안에는 세 개의 침실[210]이

210 세 개의 침실 : 고대의 천자와 제후의 침실로 고침(高寢), 노침(路寢), 소침(小寢)을 말한다.

있다. 또 황후의 묘와 황자 등의 묘가 있다.

구랑포동(仇郎浦洞)

서동(瑞洞)

용괴동(用怪洞)

고도수동(古都水洞)

이상은 강계(江界)에 있다.

옹촌리(甕村里) 건주위(建州衛)에 속하고, 만포와의 거리가 270리이다.

토산 土産

명주실〔絲〕, 삼〔麻〕, 인삼(人蔘), 잣〔海松子〕, 오미자(五味子), 사향(麝香), 지치〔紫草〕, 화피(樺皮), 수포석(水泡石 부석), 석회(石灰), 꿀〔蜂蜜〕, 황랍(黃蠟), 매〔鷹〕, 담비〔貂〕, 청서(靑鼠), 황서(黃鼠), 수달(水獺), 영양(羚羊), 여항어(餘項魚)

성곽 城郭

부성(府城) 돌로 쌓았다. 둘레가 2470자이다. 문을 세웠으니, 동문을 □□, 남문을 □□, 서문을 □□라고 한다. 성안에 우물 12개와 못 1개가 있으며, 군창(軍倉)이 있다.

압록강 행성(鴨綠江行城) 부 서쪽 1백 -원문 다수 결락-에 있다.

공서 公署

만포 첨절제사진(滿浦僉節制使鎭) 부 서쪽 128리에 있다. 석성(石城)이다. 둘레가 3172자이다. 군창이 있다.

고산리 첨절제사진(高山里僉節制使鎭) 부 서쪽 125리에 있다. 석성이다. 둘레가 1106자이다. 병마첨절제사영이 있고, 또 군창이 있다.

○ 이상에는 병마첨절제사가 각 1인씩 있다.

추파 만호진(楸坡萬戶鎭) 부 동쪽 30리에 있다. 석성이다. 둘레가 2230자이다. 군창이 있다.

상토 만호진(上土萬戶鎭) 부 북쪽 100리에 있다. 석성이다. 둘레가 530자이다. 군창이 있다.

○ 이상에는 병마만호가 각 1인씩 있다.

학교 學校

향교(鄕校) 부성 안 서쪽에 있다.

회재서원(晦齋書院) 부성 안에[211] 있다. 이언적(李彥迪)이 일찍이 유배되어 와서 이곳에서 죽었는데, 선조(宣祖) 때에 관찰사 김계휘(金繼輝)가 서원을 세웠다.[212]

211 안에 : 대본에는 '□'로 되어 있는데, 《대동지지(大東地志)》 〈평안도 강계도호부〉 사원(祠院)에 근거하여 '內'를 보충하여 번역하였다.

212 이언적(李彥迪)이……세웠다 : 이언적은 1547년(명종2)에 양재역 벽서 사건(良才驛壁書事件)에 연루되어 강계에 안치되고 1553년(명종8)에 죽었다. 서원 건립과 사액 시기는 사료에 따라 다소 차이가 있는데, 정리해 보면, 1576년(선조9)에 김계휘가 서원을 세웠고, 1614년

궁실 宮室

객관(客館)

인풍루(仁風樓) 부성 안 서쪽에 있다. 누각 앞에 교장(敎場)이 있다. 본조 초에 부사(府使) 윤말손(尹末孫)이 세웠고 순변사(巡邊使) 정문형(鄭文炯)이 이름 짓고 기문을 지었다.

봉수 烽燧

허실리 봉수(虛失里烽燧) 부 북쪽 8리에 있다. 북쪽으로 김마흘가북(金麽訖家北)에 응한다.

김마흘가북 봉수(金麽訖家北烽燧) 부 북쪽 35리에 있다. 동쪽으로 석용봉(石茸峯)에 응하고, 서쪽으로 허실리에 응한다.

석용봉 봉수(石茸峯烽燧) 부 동북쪽 50리에 있다. 서쪽으로 김마흘가북에 응하고, 북쪽으로 안흥도가북(安興道家北)에 응한다.

안흥도가북 봉수(安興道家北烽燧) 부 북쪽 30리에 있다. 동쪽으로 김마흘가북에 응하고 북쪽으로 안명수가북(安明守家北)에 응한다.

안명수가북 봉수(安明守家北烽燧) 부 북쪽 50리에 있다. 남쪽으로 안흥도가북에 응하고, 북쪽으로 이현(梨峴)에 응한다.

이현 봉수(梨峴烽燧) 부 북쪽 70리에 있다. 남쪽으로 안명수가북에 응하고, 북쪽으로 산양천(山羊遷)에 응한다.

(광해군6)에 경현서원(景賢書院)의 액호로 사액되었다.《明齋遺稿 卷26》《書院謄錄 顯宗 9年 4月 24日》

산양천 봉수(山羊遷烽燧) 부 북쪽 110리에 있다. 남쪽으로 이현에 응하고 서쪽으로 송봉(松峯)에 응한다.

송봉 봉수(松峯烽燧) 부 북쪽 93리에 있다. 동쪽으로 산양천에 응하고, 서쪽으로 김성민가북(金成敏家北)에 응한다.

김성민가북 봉수(金成敏家北烽燧) 부 북쪽 150리에 있다. 동쪽으로 송봉에 응하고, 서쪽으로 여둔현(餘屯峴)에 응한다.

여둔현 봉수(餘屯峴烽燧) 부 북쪽 150리에 있다. 동쪽으로 김성민가북에 응하고, 서쪽으로 여둔(餘屯)에 응한다.

여둔 봉수(餘屯烽燧) 부 북쪽 161리에 있다. 서쪽으로 이차가대(伊車加大)에 응하고, 동쪽으로 여둔현에 응한다.

이차가대 봉수(伊車加大烽燧) 부 서쪽 150리에 있다. 남쪽으로 재신동(宰臣洞)에 응하고, 동쪽으로 여둔에 응한다.

재신동 봉수(宰臣洞烽燧) 부 서쪽 140리에 있다. 북쪽으로 이차가대에 응하고, 서쪽으로 분토(分土)에 응한다.

분토 봉수(分土烽燧) 부 서쪽 130리에 있다. 동쪽으로 재신동에 응하고, 남쪽으로 허린포(許麟浦)에 응한다.

허린포 봉수(許麟浦烽燧) 부 서쪽 130리에 있다. 북쪽으로 분토에 응하고, 서쪽으로 마시리(馬時里)에 응한다.

마시리 봉수(馬時里烽燧) 부 서쪽 145리에 있다. 동쪽으로 허린포에 응하고, 서쪽으로 위원(渭原)의 사장구비(舍長仇非)에 응한다.

신증 新增

등공구비 봉수(登公仇非烽燧) 부 북쪽 115리에 있다. 서쪽으로 여둔에 응하고, 북쪽으로 송봉에 응한다.

우역 郵驛

입석역(立石驛) 부 남쪽 165리에 있다.

성간역(城干驛) 부 남쪽 105리에 있다.

종포역(從浦驛) 부성 안에 있다.

인제원(仁濟院) 부 서쪽 55리에 있다.

파원(坡院) 부 남쪽 240리에 있다.

어을외원(於乙外院) 부 서쪽 40리에 있다.

임자파원(林子坡院) 부 서쪽 25리에 있다.

관량 關梁

외괴보(外怪堡) 부 서쪽 123리에 있다. 석성이다. 둘레가 433자이다.

등공구비(登公仇非) 부 북쪽 78리에 있다.

벌등포보(伐登浦堡) 부 서쪽 113리에 있다. 석성이다. 둘레가 655자이다.

○ 이상은 권관(權管)을 차임하여 지키게 한다.

고합책(古哈柵) 부 남쪽 90리에 있다. 공희왕조(恭僖王朝 중종)에 목책(木柵)을 설치하였다.

마마해보(麽麽海堡) 부 동쪽 15리에 있다. 공희왕조에 쌓았다. 석성이다. 둘레가 807자이다.

황청책(黃青柵) 부 북쪽 30리에 있다. 연산군(燕山君) 때에 목책을 설치하였다.

종포책(從浦柵) 부 북쪽 25리에 있다. 연산군 때에 목책을 설치하였다.

사묘 祠廟

사직단(社稷壇) 부 서쪽에 있다.

문묘(文廟) 향교에 있다.

성황사(城隍祠) 부 북쪽 10리에 있다.

여단(厲壇) 부 북쪽에 있다.

사찰 寺刹

법장사(法藏寺) 봉향산(奉香山)에 있다.

영각사(英覺寺) 백운산(白雲山)에 있다.

심원사(深原寺) 선주산(善注山)에 있다.

고적 古蹟

여연폐부(閭延廢府) 동쪽으로 무창(茂昌) 다락구비(多落仇非)까지 45리이고, 남쪽으로 자성(慈城) 신로현(新路峴)까지 105리이고, 서쪽으로 우예(虞芮) 하무로북(下無路北)까지 65리이고, 북쪽으로 압록강까지 4리이다. 본래 함길도(咸吉道) 갑산군(甲山郡)의 여연촌(閭延村)인데, 본조 공정왕(恭定王 태종) 16년(1416)에 군과의 거리가 너무 멀다는 이유로 소훈두(小薰豆) 이서(以西)를 떼어 내 여연군(閭延郡)으로 삼고 본도에 예속시켰다. 장헌왕(莊憲王 세종) 17년(1435)에 승격시켜 도호부로 삼고 이어 진을 설치하여 첨절제사를 두었다. 혜장왕(惠莊王 세조) 1년(1455)에 그 땅을 비워 두고 그 백성을 구성부(龜城府)로 옮겼다.

무창폐군(茂昌廢郡) 동쪽으로 함경도 갑산부 마상화(磨尙和)까지 160리이고, 남쪽으로 자성군(慈城郡) 죽전현(竹田峴)까지 88리이고, 서쪽으로 여연부(閭延府) 소온량(所溫梁)까지 133리이고, 북쪽으로 압록강까지 2리이다. 본래 여연부 상무로보(上無路堡)였는데, 장헌왕 18년(1436)에 만호를 두었고, 22년(1440)에 보가 여연부와 멀리 떨어져 있어 지원이 미치지 못한다는 이유로 여연부의 출합(出哈), 손량(孫梁), 후주(厚州), 보산(甫山) 등지를 떼어 내 무창현(茂昌縣)을 설치하였다가, 24년(1442)에 승격시켜 군으로 삼았다. 혜장왕 1년에 그 땅을 비워 두고 그 백성들을 구성부로 옮겼다.

우예폐군(虞芮廢郡) 동쪽으로 여연(閭延) 하무로(下無路)까지 30리이고, 남쪽으로 자성 잉질항(芿叱項)까지 50리이고, 서쪽으로 강까지 1리이고, 북쪽으로 조명간(趙明干)까지 23리이다. 본래 여연부 우예보(虞芮堡)로, 처음에 만호를 두었다가, 장헌왕 25년(1443)에 보가 본부와 너무 멀리 떨어져 있다는 이유로 본부의 유파(楡坡), 조명간, 소우예(小虞芮) 및 자성군 태일(泰日) 등지를 떼어 내 우예군(虞芮郡)을 설치하고 강계부 관할로 삼았다. 혜장왕 1년에 그 땅을 비워 두고 그 백성들을 부로 옮겼다.

자성폐군(慈城廢郡) 북쪽으로 상토보(上土堡)와의 거리가 120리이다. 본래 여연부 시번강(時番江)의 자작리(慈作里)였는데, 장헌왕 15년(1433)에 그 지역이 여연, 강계와 멀리 떨어져 있다는 이유로 두 고을 중간에 성을 쌓고 자성군을 설치하여 강계부 관할로 삼았다. 혜장왕조에 그 땅을 비워 두고 그 백성들을 부로 옮겼다.

후주보(厚州堡) 옛 무창(茂昌) 동쪽 133리에 있다.

보산보(甫山堡) 옛 무창 동쪽 83리에 있다.

시개보(時介堡) 옛 무창 동쪽 21리에 있다.

봉포보(奉浦堡) 옛 무창 서쪽 38리에 있다.

가사동보(家舍洞堡) 옛 무창 서쪽에 있다.

훈두보(薰豆堡) 옛 여연(閭延) 동쪽 40리에 있다.

성파보(城破堡) 옛 여연 남쪽에 있다.

하무로보(下無路堡) 옛 여연 서쪽 45리에 있다.

유파보(楡坡堡) 옛 우예(虞芮) 동쪽에 있다.

조명간보(趙明干堡) 옛 우예 북쪽 25리에 있다.

소우예보(小虞芮堡) 옛 우예 서쪽에 있다.

태일보(泰日堡) 옛 우예 서쪽에 있다.

명환 名宦

본조

박영(朴英) 공희왕조(恭僖王朝 중종)에 강계 부사가 되었다. 청백하기가 물과 같았으며, 관리를 다스리고 백성을 위무할 적에 위엄과 은혜를 아울러 베풀었다. 3년간 재임하여 정사 고과에서 최상의 점수를 받았고 소명을 받아 승지(承旨)에 제수되었다.

이제신(李濟臣) 소경왕(昭敬王 선조) 때에 강계 부사가 되었다. 낡은 법을 고치고 은혜로운 정사를 행하였다. 읍성을 수보하고 개축하는 데 직접 돌을 운반하여 사졸들에게 솔선수범을 보이니, 한 해를 넘기지 않아서 성지(城池)의 모습이 새롭게 바뀌었다. 어사(御史)가 그의 청백함을 상주(上

奏)하니, 특별히 표리(表裏)를 하사하여 가상하게 여겼다. 장교(將校)들은 두려워하면서도 사랑하였고, 심지어 강 연안의 여러 장수들까지도 감히 잘못을 범하지 못하며 말하기를 "이공께서 듣지 않겠는가." 하였다.

유우 流寓

이언적(李彦迪) 본조 경주(慶州) 사람이다. 유신(儒臣)으로서 공희왕과 영정왕(榮靖王 인종) 두 조정에서 두루 봉직하고 찬성(贊成)이 되었는데, 공헌왕(恭憲王 명종) 초에 유배되어 7년을 귀양살이하고 결국 여기서 죽었다. 《구인록(求仁錄)》, 《대학보유(大學補遺)》, 《중용구경연의(中庸九經衍義)》, 《봉선잡의(奉先雜儀)》 등의 책은 모두 유배 중에 저술한 것이다.

위원군渭原郡

동쪽으로 강계부(江界府) 경계까지 150리이다. 북쪽으로 같은 부 경계까지 52리이다. 남쪽으로 이산군(理山郡) 경계까지 39리이다. 서쪽으로 같은 군 경계까지 43리이다. 서울과의 거리는 1255리이다.

한전 **旱田**

수전 **水田**

건치연혁 **建置沿革**

본래 이산군 지역이다. 본조 세종(世宗) 25년(1443)에 나누어 위원군을 설치하고 아울러 강계부 서쪽 지경을 떼어 내 편입시켰다. 세조(世祖) 6년(1460)에 이산(理山)에 편입시켰다가, 9년(1463)에 다시 설치하고 이어 진(鎭)을 두었다. 관장하는 면은 □개이다.

관원

군수(郡守), 훈도(訓導) 각 1인이다.

군명 郡名

산천 山川

북산(北山) 군 북쪽 4리에 있다. 진산(鎭山)이다. 옛 이름은 야대비라(也大非羅)이다.

남산(南山) 군 남쪽 2리에 있다.

서산(西山) 군 서쪽 2리에 있다.

봉천대산(奉天臺山) 군 동쪽 10리에 있다.

화등라산(和等羅山) 군 남쪽 39리에 있다.

독산(獨山) 군 동쪽 105리에 있다.

남파산(南波山) 군 서쪽 13리에 있다.

동천산(銅遷山) 군 서쪽 60리에 있다.

임리재(林里岾) 군 동쪽 15리에 있다.

압록강(鴨綠江) 강계부 지경에서 나와 군 북쪽을 지나 서쪽으로 흘러 이산군 경계에 들어간다.

독로강(禿魯江) 군 동쪽 18리에 있다. 강계부에 자세히 보인다.

남대천(南大川) 원류는 강계부 및 옛 이산에서 나와 응기천(鷹岐川)과 합해져서 군 남쪽 1리를 지나 서쪽으로 압록강에 들어간다.

회동(檜洞) 이하는 압록강 밖의 지역이다.

용괴동(用怪洞)

야둔동(也屯洞)

다회평(多回坪) 건주위(建州衛)에 속한다. 군과의 거리는 240리이다.

토산 土産

명주실〔絲〕, 삼〔麻〕, 인삼(人蔘), 잣〔海松子〕, 오미자(五味子), 매〔鷹〕, 사향(麝香), 꿀〔蜂蜜〕, 황랍(黃蠟), 수포석(水泡石 부석), 궁간목(弓幹木 애끼찌), 담비〔貂〕, 황서(黃鼠), 청서(靑鼠), 수달(水獺), 영양(羚羊), 여항어(餘項魚)

성곽 城郭

군성(郡城) 돌로 쌓았다. 둘레가 1172자이다. 문이 있고, 성안에 우물이 1개 있다.

압록강 행성(鴨綠江行城) 가을한동(加乙罕洞) 동구에 있는 것은 길이가 870자이고, -원문 4, 5자 결락- 동구에 있는 것은 길이가 1170자인데, 모두 돌로 쌓았다.

학교 學校

향교(鄕校) 성안 동쪽에 있다.

궁실 宮室

객관(客館)

봉수 烽燧

사장구비 봉수(舍長仇非烽燧) 군 북쪽 12리에 있다. 동쪽으로 강계부의 마시리(馬時里)에 응하고, 서쪽으로 남파산(南波山)에 응한다.

남파산 봉수(南波山烽燧) 동쪽으로 사장구비에 응하고, 서쪽으로 동천산(銅遷山)에 응한다.

동천산 봉수(銅遷山烽燧) 서쪽으로 이산군의 합지산(蛤池山)에 응하고, 동쪽으로 남파산에 응한다.

우역 郵驛

하북동역(下北洞驛) 성안에 있다.

상북동역(上北洞驛) 군 동쪽 90리에 있다.

두음현원(豆音峴院) 군 동쪽 146리에 있다.

관량 關梁

가을한동보(加乙罕洞堡) 군 서쪽 24리에 있다. 석성(石城)이다. 둘레가 541자이다.

신증 新增

직동성(直洞城) 군 서쪽 40리에 있다. 공희왕조(恭僖王朝 중종)에 처음 쌓았다. 둘레가 1000자이고, 궁가(弓家)가 130곳이며, 안에 우물이 1개 있다.

남파책(南波柵) 군 서쪽 25리에 있다. 둘레가 55자이다. 공희왕조에 설치하였다.

사묘 祠廟

사직단(社稷壇) 군 서쪽에 있다.

문묘(文廟) 향교에 있다.

성황사(城隍祠) 군 동쪽 5리에 있다.

여단(厲壇) 군 북쪽에 있다.

사찰 寺刹

용복사(龍福寺) 화등라산에 있다.

고적 古蹟

도을한폐보(都乙漢廢堡) 군 동쪽 10리에 있다. 본조 태종(太宗) 때에 보(堡)를 설치하고 만호(萬戶)를 두어 적의 통로를 방비하였다. 세종 25년(1443)에 사방이 아득히 막혀서 대응하고 지원하기가 어려우므로 군을 설치하고 보를 파하였다.

봉화대폐보(烽火臺廢堡) 군 동쪽 30리에 있다. 예전에 강계 지역에 속해 있었는데, 태종 때에 보를 파하고 그 지역을 떼어 내 이산군에 편입시켰다. 세종 때에 또 군에 편입시켰다.

옛 성〔古城〕 군 동쪽 7리에 있다. 돌로 쌓았다. 둘레가 2150자이다. 지금은 없어졌다.

이산군理山郡

동쪽으로 위원군(渭原郡) 경계까지 24리이다. 남쪽으로 같은 군 경계까지 160리, 운산군(雲山郡) 경계까지 253리, 희천군(熙川郡) 경계까지 250리이다. 서쪽으로 벽동군(碧潼郡) 경계까지 59리이다. 북쪽으로 압록강(鴨綠江)까지 12리이다. 서울과의 거리는 1193리이다.

한전 旱田

수전 水田

건치연혁 建置沿革

본래 고구려 지역이다. 뒤에 발해에 들어가고 이어서 여진의 점거지가 되어 두목리(豆木里)라고 불리었다. 고려 말부터 사람들이 점점 들어찼다. 본조 공정왕(恭定王 태종) 2년(1402)에 이주(理州)를 설치하고, 13년(1413)에 고쳐 이산군으로 삼았다. 장헌왕(莊憲王 세종) 때에 치소(治所)를 앙토리(央土里)로 옮겼고, 혜장왕조(惠莊王朝 세조)에 진(鎭)을 두었다. 관장하는 면은 □[213]개이다.

관원

군수(郡守), 훈도(訓導) 각 1인이다.

군명 郡名

초산(楚山), 이주(理州)

형승 形勝

땅은 큰 사막과 이어져 있으며, 산은 높고 물살이 급하다. 본조 이지완(李志完)의 상소[214]에 "대개 강 연안의 여러 고을은 땅이 큰 사막과 이어져 있어 서리와 눈이 일찍 내리며, 산이 높고 물살이 급하여 홍수나 가뭄의 재해를 쉽게 입습니다."라고 하였다.

풍속 風俗

백성의 풍속은 가난하고 소박하다. 본조 이지완의 상소에 "변두리에는 목

213 □ : 대본에는 없는데, 《동국여지지》 건치연혁(建置沿革) 서술 투식에 근거하여 보충하여 번역하였다.

214 이지완(李志完)의 상소 : 《동국여지지》 권9 〈삭주도호부(朔州都護府)〉 관량(關梁)에 〈서쪽 변방의 형세에 대한 상소〔西邊形勢疏〕〉가 나오는데, 같은 글인지는 미상이다.

화밭과 어염이 없으며 백성들의 풍속은 가난하고 소박하여 먹는 것은 차조, 콩, 나물 뿌리 정도이고, 입는 것은 개가죽과 삼베에 불과합니다." 하였다.

산천 山川

숭적산(崇積山) 군 동쪽 125리에 있다. 진산(鎭山)이다.

거쌍산(巨雙山) 군 서남쪽 20리에 있다. ○ 본조 민제인(閔齊仁)의 시[215]에,

거쌍령에 올라 보니 登臨巨雙嶺
이역 땅이 아득하여 구분하기 어려워라 異域邈難分
대지는 모두 산악이고 大地皆山嶽
긴 하늘은 바다 구름에 닿았네 長天極海雲

하였다.

안찬령(安贊嶺) 군 서쪽 25리에 있다.

조동산(曹東山) 군 남쪽 60리에 있다.

합지산(蛤池山) 군 동쪽 15리에 있다.

가을한령(加乙罕嶺) 군 동쪽 30리, 위원군과의 경계에 있다.

취사령(吹沙嶺) 군 남쪽 150리에 있다.

판막령(板幕嶺) 군 남쪽 170리, 벽동군과의 경계에 있다. ○ 본조 민제인의 시[216]에,

판막령은 높이 광막한 땅에 임하였고 板幕嶺高臨廣漠

215 민제인(閔齊仁)의 시 : 〈거쌍령, 이산의 지경〔巨雙嶺理山境〕〉이다. 《立巖集 卷2》
216 민제인의 시 : 〈판막령(板幕嶺)〉이다. 《立巖集 卷1》

긴 숲 깊은 골짝은 멀리 감아 돌고 있네	長林邃谷遠縈迴
새나 다니는 길 하나가 남북을 나누었는데	鳥邊一路分南北
예부터 다니는 사람 왕래는 적다오	從古行人少往來

하였다.

우령(牛嶺) 군 남쪽 250리에 있다.

대물이산(大物伊山) 옛 이산군(理山郡) 동쪽 20리에 있다.

산양회평(山羊會坪) 군 서쪽 23리에 있다. ○ 본조 이지완의 상소에 "산양회평은 토지가 기름지고 윤택하기가 강변의 돌밭과는 현격히 다릅니다. 그 땅은 3~4월이면 밭을 갈 만하고, 또 강 연안 일대에 넓은 유휴지가 없지 않아서 개간할 만하니, 둔전을 넓혀서 군량을 채우소서." 하였다.

압록강(鴨綠江) 위원군 경계에서 흘러 들어와 군 북쪽 15리를 지나고, 또 서쪽으로 흘러 벽동군 지경으로 들어간다.

상운대천(上雲臺川) 옛 이산군 남쪽 1리에 있다.

우장천(牛場川) 우장역(牛場驛) 남쪽에 있다. 원류는 우령 아래에서 나와 북쪽으로 흘러 동건강(童巾江)에 들어간다.

동건강(童巾江) 군 서쪽 78리, 벽동군과의 경계에 있다. 상운대천과 우장천 등 여러 물이 모여 이 강이 되며, 아이보(阿耳堡)를 지나 압록강에 들어간다.

남천(南川) 성 남쪽 2리에 있다. 신동(薪洞)에서 나와 압록강에 들어간다.

파저강(婆猪江) 이하는 압록강 바깥 지역에 해당된다.

연시산(延時山)

토자산(兎子山)

알미부(斡眉府) 군과의 거리가 240리이다.

홍타리(紅陀里) 군과의 거리가 270리이다.

아한리(阿閑里) 군과의 거리가 270리이다.

올랄산(兀剌山) 군과의 거리가 270리이다. 앙토구자(央土口子)에서 북쪽으로 압록강과 파저강을 건너면 큰 들 가운데 성이 있는데 이름이 올랄산성(兀剌山城)이다. 사면이 벽처럼 높이 솟아 오직 서쪽으로만 오를 수 있다. 고려 공민왕(恭愍王)이 북원(北元)과 절교하고자 하여 우리 태조(太祖)를 동북면 원수(東北面元帥)로 삼아 동녕부(東寧府)를 치게 하였는데, 동지(同知) 이올로첩목아(李兀魯帖木兒)가 태조가 이르렀다는 말을 듣고 험지를 점거하고자 하여 이 성으로 옮겨 와서 지키고 있었다. 태조가 야돈촌(也頓村)에 이르니 이올로첩목아가 나와 도전하다가 갑자기 무기를 버리고 두 번 절하고 300여 호를 이끌고 항복해 왔다. 그 추장 고안위(高安慰)는 오히려 성을 점거하고 항복하지 않으므로 우리 군사가 그곳을 포위하였다. 태조가 직접 70여 명을 쏘았는데 모두 얼굴에 명중하니 성안 군사들이 사기를 잃었다. 고안위는 밤중에 도망하고 여러 성은 모두 항복하였다. 이로써 동쪽은 황성(皇城)까지, 북쪽은 동녕부까지, 서쪽은 바다까지, 남쪽은 압록강까지 모두 빈 땅이 되었다.

○ 이상 네 곳은 지금은 야인(野人)의 거주지가 되었다.

토산 土産

명주실〔絲〕, 삼〔麻〕, 인삼(人蔘), 오미자(五味子), 잣〔海松子〕, 매〔鷹〕, 사향(麝香), 꿀〔蜂蜜〕, 황랍(黃蠟), 수포석(水泡石 부석), 석회(石灰), 담비〔貂〕, 청서(靑鼠), 황서(黃鼠), 수달(水獺), 어항어(餘項魚)

성곽 城郭

군성(郡城) 돌로 쌓았다. 둘레가 3905자이다. -원문 3, 4자 결락- 남쪽에 문이 있고, 성 안에 샘이 6개 있다.

압록강 행성(鴨綠江行城) 적탄(赤灘)에 있는 것은 길이가 2870자이고, 남문(南門) 밖에 있는 것은 길이가 440자이다. 모두 돌로 쌓았다.

공서 公署

아이 만호진(阿耳萬戶鎭) 군 서쪽 55리에 있다. 석성(石城)이다. 둘레가 5784자이다. 안에 우물이 3개 있고, 군창(軍倉)이 있다. ○ 병마만호(兵馬萬戶) 1인이 있다.

학교 學校

향교(鄕校) 성 서쪽 안에 있다.

궁실 宮室

객관(客館)

봉수 烽燧

합지산 봉수(蛤池山烽燧) 동쪽으로 위원군의 동천(銅遷)에 응하고, 서쪽으로 송봉(松峯)에 응한다.

송봉 봉수(松峯烽燧) 군 북쪽 18리에 있다. 동쪽으로 합지산에 응하고, 서쪽으로 구천산(九天山)에 응한다.

구천산 봉수(九天山烽燧) 군 북쪽 21리에 있다. 동쪽으로 송봉에 응하고, 서쪽으로 고연대산(古煙臺山)에 응한다.

고연대산 봉수(古煙臺山烽燧) 군 서쪽 31리에 있다. 동쪽으로 구천산에 응하고, 서쪽으로 아이보(阿耳堡)에 응한다.

아이보 봉수(阿耳堡烽燧) 동쪽으로 고연대산에 응하고, 서쪽으로 벽동군의 광평(廣坪)에 응한다.

우역 郵驛

우장역(牛場驛) 군 남쪽 194리에 있다.

고이산역(古理山驛) 고이산성(古理山城) 안에 있다.

앙토역(央土驛) 성안에 있다.

판막원(板幕院) 군 남쪽 150리에 있다.

차유원(車踰院) 군 남쪽 240리에 있다.

우령원(牛嶺院) 군 남쪽 225리에 있다.

관량 關梁

산양회보(山羊會堡) 군 서쪽 23리에 있다. 석성이다. 둘레가 914자이다.

김사동보(金士洞堡) 군 서남쪽 75리에 있다.

○ 이상 두 곳의 보는 모두 권관(權管)을 차임하여 지키게 한다.

사묘 祠廟

사직단(社稷壇) 군 북쪽에 있다.

문묘(文廟) 향교에 있다.

성황사(城隍祠) 군 북쪽 3리에 있다.

여단(厲壇) 군 북쪽에 있다.

고적 古蹟

앙토리책(央土里柵) 군 동쪽 5리에 있다.

고이산성(古理山城) 군 남쪽 103리에 있다. 돌로 쌓았다. 둘레가 2만 3010자이다. 안에 우물이 4개 있고, 군창(軍倉)이 있다.

평지성(坪地城) 군 남쪽 120리에 있다. 돌로 쌓았다. 둘레가 3917자이다. 안에 샘이 4개 있었다. 지금은 없어졌다.

산성(山城) 군 남쪽 180리에 있다. 돌로 쌓았다. 둘레가 6만 4209자이다. 안에 우물이 2개 있었다. 지금은 없어졌다.

명환 名宦

고려

강윤철(康允哲) 부만호(副萬戶)가 되었는데, 방어를 잘하였다.

열녀 列女

김씨(金氏) 교생(校生) 박학손(朴鶴孫)의 아내이다. 성품이 바르고 강하였다. 지아비가 죽자 밤낮으로 호곡(號哭)하며 한 모금의 물도 마시지 않아서 기력이 쇠진하여 죽었다. 친척들이 슬퍼하고 감동하여 마침내 같은 묘혈에 합장하였다. 본조 중종조(中宗朝)에 그 마을에 정표하였다.

벽동군碧潼郡

동쪽으로 이산군(理山郡) 경계까지 145리이다. 북쪽으로 같은 군 경계까지 91리이다. 남쪽으로 창성부(昌城府) 경계까지 77리이다. 서쪽으로 같은 부 경계까지 71리이다. 서울과의 거리는 1387리이다.

한전 旱田

수전 水田

건치연혁 建置沿革

본래 고구려 지역이다. 뒤에 발해에 들어가고 이어서 여진의 점거지가 되어 임토(林土)와 벽단(碧團) 두 부락을 이루었다. 고려 공민왕(恭愍王) 때에 그 지역을 회복하여 임토를 고쳐 음동(陰潼)이라고 하고 벽단과 아울러 이성부(泥城府)에 예속시켰다. 본조 태종(太宗) 3년(1403)에 벽동군을 설치하고, 세조(世祖) 때에 진(鎭)을 두었다. 관장하는 면은 □개이다.

진관

만호진(萬戶鎭) 1개 아이(阿耳)

관원

군수(郡守), 훈도(訓導) 각 1인이다.

군명 郡名

벽단(碧團), 음동(陰潼)

산천 山川

구봉산(九峯山) 군 남쪽 3리에 있다. 진산(鎭山)이다.

달각산(達覺山) 군 서남쪽 55리에 있다.

삼일산(三日山) 군 남쪽 60리에 있다. 달각산과 서로 이어져 있고, 가장 높고 험하다.

금창산(金昌山) 군 북쪽 12리에 있다.

국사현(國士峴) 군 동쪽 6리에 있다.

실호령(失號嶺) 군 서쪽 71리, 창성부와의 경계에 있다. 가장 높고 험하다.

부계현(夫界峴) 군 남쪽 78리, 창성부와의 경계에 있다.

가막동(加幕洞) 군 동남쪽 120리에 있다. 예전에 사창(社倉)이 있었다.

조골산(照鶻山) 군 남쪽 70리에 있다.

압록강(鴨綠江) 이산군 경계에서 흘러 들어와 군 서쪽 5리를 경유하고 또 서쪽으로 흘러 창성부 지경에 들어간다.

동건강(童巾江) 군 동북쪽 140리, 이산군과의 경계에 있다. 원류는 이산(理山) 남쪽 지경의 우령(牛嶺)에서 나와 북쪽으로 200여 리를 흘러 압록강에 들어간다.

동천(潼川) 군 남쪽 1리에 있다. 혹 읍천(邑川)이라고 칭한다. 달각산 동쪽에서 나와 북쪽으로 흘러 압록강에 들어간다.

신동천(新洞川) 군 남쪽 90리에 있다. 부계현에서 나와 북쪽으로 흘러 동천에 들어간다.

여시산(余時山) 이하는 압록강 바깥 지역에 해당된다.

채가동(蔡家洞)

김이동(金伊洞)

사창포(沙倉浦)

동산(銅山)

사양재(斜陽岾)

매창동(賣昌洞)

호조리동(胡照里洞)

동자동(銅子洞)

도을한동(都乙恨洞)

올랄산(兀剌山)

고음한리(古音漢里) 야인(野人)의 거주지로, 군과의 거리가 7일 걸리는 곳이다.

토산 土産

명주실〔絲〕, 삼〔麻〕, 옻〔漆〕, 수포석(水泡石 부석), 석회(石灰), 매〔鷹〕, 꿀〔蜂蜜〕, 황랍(黃蠟), 지치〔紫草〕, 인삼(人蔘), 잣〔海松子〕, 은구어(銀口魚 은어), 누치〔訥魚〕, 담비〔貂〕, 황서(黃鼠), 청서(靑鼠), 영양(羚羊), 수달(水獺)

성곽 城郭

군성(郡城) 돌로 쌓았다. 둘레가 8045자이다. -원문 2, 3자 결락- 문이 있고, 성안에 우물이 4개 있다.

압록강 행성(鴨綠江行城) 군 북쪽에 있는 것은 길이가 190자이고, 군 서쪽에 있는 것은 길이가 1만 3030자이며, 대파아(大坡兒)와 소파아(小坡兒) 사이에 있는 것은 길이가 2만 4020자이다. 모두 돌로 쌓았다.

공서 公署

벽단 첨절제사진(碧團僉節制使鎭) 군 서쪽 51리에 있다. 석성(石城)이다. 둘레가 1만 3032자이다. 안에 샘이 4개 있다. ○ 병마첨절제사 1인이 있다.

학교 學校

향교(鄕校) 군성 안 동쪽에 있다.

궁실 宮室

객관(客館)

봉수 烽燧

광평 봉수(廣坪烽燧) 동쪽으로 이산군의 아이(阿耳)에 응하고, 서쪽으로 소파아 송림(松林)에 응한다.

송림 봉수(松林烽燧) 군 북쪽 40리에 있다. 동쪽으로 광평에 응하고, 서쪽으로 두음지(豆音只)에 응한다.

두음지 봉수(豆音只烽燧) 군 북쪽 45리에 있다. 동쪽으로 송림에 응하고, 서쪽으로 파한천(波限遷)에 응한다.

파한천 봉수(波限遷烽燧) 군 북쪽 30리에 있다. 동쪽으로 두음지에 응하고, 서쪽으로 금창산(金昌山)에 응한다.

금창산 봉수(金昌山烽燧) 동쪽으로 파한천에 응하고, 서쪽으로 추구비(楸仇非)에 응한다.

추구비 봉수(楸仇非烽燧) 동쪽으로 금창산에 응하고, 서쪽으로 호조리(胡照里)에 응한다.

호조리 봉수(胡照里烽燧) 군 서쪽 65리에 있다. 동쪽으로 추구비에 응하고, 서쪽으로 창성부의 고림성(古林城)에 응한다.

우역 郵驛

벽단역(碧團驛) 벽단진(碧團鎭)에 있다.

관량 關梁

대파아보(大坡兒堡) 군 북쪽 25리에 있다. 석성이다. 둘레가 480자이다.

소파아보(小坡兒堡) 일명 판막(板幕)이라고 한다. 군 북쪽 40리에 있다. 석성이다. 둘레가 425자이다.

추구비보(楸仇非堡) 군 서쪽 40리에 있다. 석성이다. 둘레가 400자이다.

소실호리보(小失號里堡) 군 서쪽 66리에 있다. 석성이다. 둘레가 254자이다.

광평보(廣平堡) 군 북쪽 55리에 있다. 석성이다. 둘레가 56자이다.

○ 이상은 권관(權官)을 차임하여 지키게 한다.

마전동보(麻田洞堡) 군 서쪽 30리에 있다. 석성이다. 둘레가 1120자이다.

신성보(新城堡) 군 남쪽 40리에 있다. 석성이다. 둘레가 1746자이다.

비아리보(非兒里堡) 군 북쪽 70리에 있다. 석성이다. 둘레가 900자이다. 겨울에는 보를 비우고 성에 들어가고, 여름에는 아이 만호(阿耳萬戶)가 여기에 나와 지킨다.

오음회책(五音會柵) 군 동쪽 80리에 있다. 또 군 동쪽 50리에 우농괴책(于農怪柵)이 있고, 군 동쪽 30리에 다대동책(多大洞柵)이 있다.

사묘 祠廟

사직단(社稷壇) 군 서쪽에 있다.

문묘(文廟) 향교에 있다.

성황사(城隍祠) 군 북쪽 2리에 있다.

여단(厲壇) 군 북쪽에 있다.

사찰 寺刹

묘향사(妙香寺), 상암(上菴) 모두 달각산에 있다.

삼일암(三日菴) 삼일산에 있다.

중암(中菴) 청석산(靑石山)에 있다.

고적 古蹟

고벽단성(古碧團城) 군 서쪽 58리에 있다. 돌로 쌓았다. 둘레가 1754자이다.

영원군寧遠郡

동쪽으로 함경도 정평부(定平府) 경계까지 160리이다. 남쪽으로 맹산현(孟山縣) 경계까지 102리이다. 서쪽으로 덕천군(德川郡) 경계까지 106리이다. 북쪽으로 희천군(熙川郡) 경계까지 45리이다. 서울과의 거리는 1008리이다.

한전旱田

수전水田

건치연혁建置沿革

본래 고구려 지역이다. 뒤에 발해에 함락되고 이어서 여진의 점거지가 되었다. 고려 때에 영원진(寧遠鎭)을 설치하였다. 뒤에 진을 영청현(永淸縣) 바닷가로 옮기고, 영청현에 옮긴 뒤에도 또한 영원진이라고 이름하였다. 영유현(永柔縣) 고적에 자세히 보인다. 그 고을은 희주(熙州)에 편입시켰다. 본조 세조(世祖) 12년(1466)에 다시 영원군을 설치하고, 희천(熙川)과 정평(定平) 사이의 거리가 너무 멀어 위급할 때에 대응하고 지원하기가 어려우므로 옛 영원 지역에 나아가 다시 군을 설치하였다. 그대로 진

(鎭)으로 삼았다. 관장하는 면은 □[217]개이다.

관원

군수(郡守), 훈도(訓導) 각 1인이다.

군명 郡名

별호는 요원(遼原)이다.

형승 形勝

산천 山川

쾌산(快山) 군 서쪽 5리에 있다. 진산(鎭山)이다.

남산(南山) 군 남쪽 100리에 있다.

낭림산(狼林山) 군 동쪽 180리에 있다. 그 북쪽은 강계부(江界府) 경계이고, 동쪽은 함경도 함흥부(咸興府) 경계이다.

검산령(劍山嶺) 군 동쪽 91리, 함경도 정평부와의 경계에 있다.

마유령(馬踰嶺) 군 남쪽 60리, 함경도 영흥부(永興府)와의 경계에 있다. 함

217 □ : 대본에는 없는데, 《동국여지지》 건치연혁(建置沿革) 서술 투식에 근거하여 보충하여 번역하였다.

흥과 강계의 경계인 설렬한령(薛列罕嶺)에서부터 남쪽으로 이어져 검산령이 되고 이 영이 된다. 또 여기서 남쪽으로 뻗어 애전령(艾田嶺), 장평령(長平嶺), 두무산(豆無山), 오강산(吳江山)이 되고 면면히 4, 5백 리를 뻗어나간다. 그 동쪽은 함경도 함흥, 정평, 영흥 지경이 되고 그 서쪽은 바로 강계 동남쪽 지경 및 영원과 맹산 지역이다. 예전에 총칭하여 개마대산(蓋馬大山)이라고 하였으니, 이는 개마국(蓋馬國)의 땅이었고 산의 면적이 매우 크기 때문이다. ○ 살피건대 평안도와 함경도의 경계에 척령(脊嶺)이 연이어 뻗어 나간 것이 있으니, 예전에 개마대산이라고 칭하였다. 전기(傳記)에 명백한데, 고려 중기 이후 서북 지역이 대부분 여진에게 함락되어 그 때문에 산천 이름을 어디라고 지적할 수 없는 경우가 있다. 《동국여지승람》에는 개마대산을 평양부(平壤府)에 붙여 보였는데 매우 잘못된 것이다. 대개 개마대산은 예전 개마국의 지경에 있었는데, 고구려 대무신왕(大武神王)이 개마국을 멸하고 그 지역을 군현으로 삼았으니 이후로 고구려 땅이 되었다. 《후한서(後漢書)》에 이르기를 "동옥저(東沃沮)는 고구려 개마대산 동쪽에 있다." 하였고, 고려 임언(林彦)의 〈구성기(九城記)〉에는 "구성(九城) 땅은 사방 300리인데, 동쪽은 바다에 이르고, 남쪽은 장주(長州), 정주(定州) 두 고을에 접하였으며, 서북쪽은 개마산(蓋馬山)에 끼어 있다." 하였다. 옥저와 구성은 지금 함경도이다. 또 《삼한회토기(三韓會土記)》에 "본국의 산맥은 몽라골령(蒙羅骨嶺)부터 장령산(長嶺山)이 되고 두리산(頭里山)이 되고 두백산(頭白山)이 되고 개마산이 되며, 그 아래는 동옥저가 된다." 하였다. 또 이르기를 "개마산의 맥은 돌아서 철령(鐵嶺)이 되고, 그 서남쪽 맥은 검지산(劍池山)이 되고 송악(松嶽)이 된다.……" 하였으니, 개마산을 가리킨 것이 역력하고 분명할 뿐이 아니다. 《대명일통지(大明一統志)》의 〈조선(朝鮮)의 산천〉에 개마대산이 실려 있는데, 이르기를 "평양성(平壤城) 서쪽에 있으며, 그 동쪽은 바로 옛 동옥저국(東沃沮國)이다." 하였으니, 이는 개마산이 고구려 경내에 있고 평양이 고구려 옛 도읍이기 때문에 이렇게 말하였다. 그러나 거기서 "그 동쪽은 바로 동옥저"라고 말한 것은 맞되, "평양성 서쪽에 있다."라는 말은 틀렸다. 《동국여지승람》에서는 이를 근거로 하여 개마대산을 평양 고적조 아래에 붙인 것이다. 또 인용하여 이르기를 "수 양제(隋煬帝)가 고구려를 칠 때 좌(左) 12군(軍)이 개마 등의 길로 나가 압록수(鴨綠水) 서쪽에서 만났다." 하고,[218] 또 〈구성기〉를 인용하여 그 지면을 억지로 끌어대며 이 산이 압록강 밖 서북 경계에 있는 것으로 의심하였으니 심히 잘못된 것이다. 수 양제가 고구려를 정벌할 때 보낸 좌우 각 12군 중에 우문술(宇文述)은 부여(扶餘) 길로 나갔고, 우중문(于仲文)은 낙랑(樂浪) 길로 나갔고, 설세웅(薛世雄)은 옥저(沃沮) 길로 나갔고, -원문 3, 4자 결락-은 개마(蓋馬) 길로 나갔으며, 그 나머지 군대는 모두 나갈 길을 나누어 주었는데, 요(遼)를 건넌 것은 오직 9군뿐이었고, -원문 3, 4자 결락-은 원래 요를 건너지 않았다. 그 이른바 아무 길로 나갔다는 것은 여러 군대를 나누어 그 길로 나가게 한 것이지 그 길을 지나간 뒤에 압록수 서쪽에서 만났다는 말이 아니다. 과연 《동국여지승람》의 내용과 같다면 낙랑과 옥저의 길 또한 압록강 서쪽에 있다고 말할 수 있겠는가. 또한 고려의 구성(九城)은 바로 지금의 함경남도이니, 그 지역이 사방 300리로서 남쪽으로 장주, 정주 두 고을에 이른다고 한 것

218 또……하고 : 《신증동국여지승람》 권51 〈평안도 평양부〉 고적에 실려 있는 내용으로, 《자치통감(自治通鑑)》에서 인용한 말이다.

을 보더라도 절로 쉽게 알 수 있는데 또 어찌 지금의 북도에 구성을 끌어 들인단 말인가. 그리고 그 서북쪽이 개마산에 끼어 있다고 한 것을 가지고 지금의 야인(野人)의 지역이라고 해서야 되겠는가.

지막지산(池莫只山) 군 북쪽 60리에 있다.

광성산(廣城山) 군 북쪽 30리에 있다. 산중에 석굴이 있고, 굴 안에 좌우로 작은 못이 있다. 또 두 개의 석룡(石龍)이 있는데 마치 굼틀굼틀 위로 올라가는 형상과 같아서 석룡굴(石龍窟)이라고 이름하였다.

간삼현(干三峴) 군 동쪽 100리에 있다. 군 남쪽에서 이 고개에 이르러 산이 높고 나무가 울창해지면서 돌길이 실처럼 가늘게 나 있어서 사람이나 말이 나란히 갈 수 없다. 시내가 있으니, 지막지산에서 나와 고개 한 면을 감싸고 남쪽으로 흘러 덕천군 지경에 이르러 흑연천(黑淵川)에 들어간다.

흑연천(黑淵川) 일명 흑연강(黑淵江)이라고 한다. 군 남쪽 30리에 있다. 그 원류는 둘인데, 하나는 낭림산에서 나오고 하나는 지막지산에서 나와 합해져서 남쪽으로 흘러 덕천군 지경에 들어가 응강(凝江)이 된다. 가뭄이 들 때마다 이곳에서 비를 빈다.

광성천(廣城川) 군 동쪽 3리에 있다. 원류는 지막지산에서 나와 남쪽으로 흘러 흑연천에 들어간다.

온정(溫井) 군 동쪽 30리, 구로파리(九老波里)에 있다.

토산 土産

백옥(白玉), 군 남쪽 천동(穿洞)에서 난다. 삼〔麻〕, 궁간목(弓幹木 에끼찌), 석이버섯〔石蕈〕, 인삼(人蔘), 잣〔海松子〕, 오미자(五味子), 매〔鷹〕, 꿀〔蜂

蜜], **황랍**(黃蠟), **사향**(麝香), **담비**[貂], **황서**(黃鼠), **청서**(靑鼠), **영양**(羚羊), **여항어**(餘項魚)

성곽 城郭

군성(郡城) 돌로 쌓았다. 둘레가 4744자이다. -원문 4, 5자 결락- 문이 있고, 성안에 샘이 4개 있다.

학교 學校

향교(鄕校) 군 서쪽 1리에 있다.

궁실 宮室

객관(客館)

우역 郵驛

소초역(所草驛) 군 남쪽 90리에 있다.

가막역(加莫驛) 군 동쪽 90리에 있다.

광성원(廣城院) 광성산 아래에 있다.

검산원(劍山院) 군 동쪽 90리에 있다.

지산원(支山院) 군 북쪽 45리에 있다.

사묘 祠廟

사직단(社稷壇) 군 서쪽에 있다.

문묘(文廟) 향교에 있다.

성황사(城隍祠) 성안 서쪽에 있다.

여단(厲壇) 군 북쪽에 있다.

사찰 寺刹

온정사(溫井寺) 약수산(藥水山)에 있다.

남산사(南山寺) 타대산(駝大山)에 있다.

고적 古蹟

옛 읍성〔古邑城〕 군 남쪽 90리에 있다. 흙으로 쌓았다. 둘레가 7270자이다. 안에 샘이 5개 있다.

지은이

유형원(柳馨遠)

1622(광해군14)~1673(현종14). 조선 후기의 실학자이다. 본관은 문화(文化), 자는 덕부(德夫), 호는 반계(磻溪)·둔암(遁庵)이다. 부친인 예문관 검열 유흠(柳欽)이 유몽인(柳夢寅)의 옥사에 연루되어 죽은 뒤 5세 때부터 외삼촌 이원진(李元鎭)과 고모부 김세렴(金世濂)에게 수학하였다. 두 차례 과거에 응시했으나 낙방하고, 32세 때 전라도 부안군 보안면 우반동에 은거하였다. 이곳에서 학문과 저술에 전념하며 여생을 보냈다. 저술로는 그의 실학사상을 집대성한《반계수록(磻溪隨錄)》 외에《주자찬요(朱子纂要)》,《이기총론(理氣總論)》,《동국여지지(東國輿地志)》,《무경사서초(武經四書抄)》,《기효신서절요(紀效新書節要)》,《정음지남(正音指南)》,《동국문초(東國文抄)》 등 수십 권이 있으나《반계수록》과《동국여지지》 외에 시문 몇 편만 전하고 나머지는 유실되었다. 그의 저작과 사상은 생전에는 인정받지 못하였으나 100여 년이 지난 뒤《반계수록》의 개혁 사상이 널리 알려지면서 영조의 관심을 받아 높은 평가를 받고 책이 간행되어 세상에 전해졌다. 1770년(영조46) 통정대부 호조참의 겸 세자시강원찬선에 증직되었다. 그의 개혁안은 이후에도 실행되지 못하였으나 이익, 안정복, 정약용으로 이어지는 실학자들에게 큰 영향을 주었다.

옮긴이

오세옥(吳世玉)

전 한국고전번역원 수석연구위원.《한국문집총간》 수록 문집 해제를 집필하였고,《승정원일기》,《명재유고》,《사직서의궤》,《경모궁의궤》,《천의소감》 등의 번역에 참여하였다.

동국여지지 9

유형원 지음 | 오세옥 옮김

2023년 8월 31일 초판 1쇄 발행

발행인 김언종 | 발행처 한국고전번역원
등록 2008. 3. 12. 제25100-2018-000049호
주소 (03310) 서울시 은평구 진관1로 85
전화 02-350-4886 | 팩스 02-350-4899 | 홈페이지 www.itkc.or.kr

연구총괄 정영미 | 연구책임 장희성 | 연구기획 강지원

책임편집 이선주 | 편집진행·제작 조은지
교정 노성완 | 디자인 은희주
인쇄 명일인쇄

값 20,000원
ISBN 978-89-284-1006-4(94910)
978-89-284-0621-0(세트)